智能产品
设计与开发

廖建尚 胡坤融 尉洪 / 编著

电子工业出版社
Publishing House of Electronics Industry
北京•BEIJING

内 容 简 介

本书主要介绍智能产品的设计与开发，通过智能台灯、智能腕表、运动手环、创意水杯和共享单车等5个具体的案例，详细地阐述了智能产品的需求分析与设计、HAL 层硬件驱动设计与开发、GUI 设计、通信设计、应用 App 设计，由浅入深地分析了在智能产品开发中涉及的技术。本书通过具体的案例将理论学习和工程实践紧密结合起来，每个案例均给出了完整的开发代码，读者可以在开发代码的基础上快速地进行二次开发。

本书既可作为高等学校相关专业的教材或教学参考书，也可供相关领域工程技术人员查阅。对于智能产品开发的爱好者来说，本书也是一本深入浅出、贴近社会应用的技术读物。

本书配有配套资源和 PPT 课件，读者可登录华信教育资源网（www.hxedu.com.cn）免费注册后下载。

图书在版编目（CIP）数据

智能产品设计与开发 / 廖建尚，胡坤融，尉洪编著. —北京：电子工业出版社，2021.1
（物联网开发与应用丛书）
ISBN 978-7-121-40280-7

Ⅰ. ①智…　Ⅱ. ①廖…　②胡…　③尉…　Ⅲ. ①智能技术—应用—产品设计—研究　Ⅳ. ①TB472

中国版本图书馆 CIP 数据核字（2020）第 257486 号

责任编辑：田宏峰
印　　刷：涿州市般润文化传播有限公司
装　　订：涿州市般润文化传播有限公司
出版发行：电子工业出版社
　　　　　北京市海淀区万寿路 173 信箱　邮编：100036
开　　本：787×1 092　1/16　印张：23.5　字数：598 千字
版　　次：2021 年 1 月第 1 版
印　　次：2024 年 7 月第 10 次印刷
定　　价：88.00 元

凡所购买电子工业出版社图书有缺损问题，请向购买书店调换。若书店售缺，请与本社发行部联系，联系及邮购电话：（010）88254888，88258888。

质量投诉请发邮件至 zlts@phei.com.cn，盗版侵权举报请发邮件至 dbqq@phei.com.cn。

本书咨询联系方式：tianhf@phei.com.cn。

FOREWORD 前言

近年来，物联网、移动互联网、大数据和云计算的迅猛发展，逐步改变了社会的生产方式，大大提高了生产效率和社会生产力。工业和信息化部发布的《信息通信行业发展规划物联网分册（2016—2020 年）》总结了"十二五"规划中物联网发展所获得的成就，并分析了"十三五"期间面临的形势，明确了物联网的发展思路和目标，提出了物联网发展的 6 大任务，分别是强化产业生态布局、完善技术创新体系、推动物联网规模应用、构建完善标准体系、完善公共服务体系、提升安全保障能力；提出了 4 大关键技术、6 大重点领域应用示范工程；指出要健全多层次、多类型的物联网人才培养和服务体系，支持高校、科研院所加强跨学科交叉整合，加强物联网学科建设，培养物联网复合型专业人才。该发展规划为物联网发展指出了一条鲜明的道路，同时也表明了我国在推动物联网应用方面的坚定决心，相信物联网的规模会越来越大。

智能产品设计与开发涉及的技术很多，包括微处理器的接口驱动开发技术、传感器的驱动开发技术、智能产品 GUI 设计技术、无线通信技术和应用开发技术等。本书首先对智能产品的开发进行了概述，然后通过智能台灯、智能腕表、运动手环、创意水杯和共享单车等 5 个具体的案例，对智能产品设计与开发涉及的技术进行了详细的讲解。全书分为 6 章：

第 1 章是智能产品开发概述，主要内容包括智能产品概述及相关技术、智能产品开发基础。

第 2 章是智能台灯设计与开发，主要内容包括智能台灯需求分析与设计、智能台灯 HAL 层硬件驱动设计与开发、智能台灯 GUI 设计，以及智能台灯应用 App 设计。

第 3 章是智能腕表设计与开发，主要内容包括智能腕表需求分析与设计、智能腕表 HAL 层硬件驱动设计与开发、智能腕表 GUI 设计，以及智能腕表应用 App 设计。

第 4 章是运动手环设计与开发，主要内容包括运动手环需求分析与设计、运动手环 HAL 层硬件驱动设计与开发、运动手环通信设计，以及运动手环应用 App 设计。

第 5 章是创意水杯设计与开发，主要内容包括创意水杯需求分析与设计、创意水杯 HAL 层硬件驱动设计与开发、创意水杯通信设计，以及创意水杯应用 App 设计。

第 6 章是共享单车设计与开发，主要内容包括共享单车需求分析与设计、共享单车 HAL 层硬件驱动设计与开发、共享单车通信设计，以及共享单车应用 App 设计。

本书通过具体的案例将理论学习和工程实践紧密结合起来，将智能产品设计与开发涉及的技术融入具体的案例开发中，可帮助读者快速掌握智能产品设计与开发技术。本书中的每个案例均给出了完整的开发代码，读者可以在开发代码的基础上快速地进行二次开发。

本书既可作为高等学校相关专业的教材或教学参考书，也可供相关领域工程技术人员查阅。对于智能产品开发的爱好者来说，本书也是一本深入浅出、贴近社会应用的技术读物。

本书在编写过程中，借鉴和参考了国内外专家、学者、技术人员的相关研究成果，我们尽可能按学术规范予以说明，在此谨向有关作者表示深深的敬意和谢意。如有疏漏，请及时通过出版社与我们联系。

本书由廖建尚负责总体内容的规划和定稿，廖建尚编写了第1章、第2章、第3章和第4章，尉洪编写了第5章，胡坤融编写了第6章。

感谢中智讯（武汉）科技有限公司在本书编写过程中提供的帮助；特别感谢电子工业出版社在本书出版过程中给予的大力支持。

由于智能产品设计与开发涉及的技术很多，以及限于作者的水平和经验，书中疏漏之处在所难免，恳请广大专家和读者批评指正。

作　者
2020 年 10 月

CONTENTS 目录

智能产品开发概述

智能产品是指具备信息采集和处理，以及网络连接能力，并可实现智能感知、交互、大数据服务等功能的互联网终端产品，是人工智能的重要载体。在手机、电视机等终端产品实现智能化后，新一代信息技术正加速与个人穿戴、交通出行、医疗健康、生产制造等领域的融合，促使了智能产品产业的蓬勃发展。

1.1 智能产品概述及相关技术

我国智能产品产业机遇与挑战并存。一方面，我国是电子信息产品的使用大国，拥有全球最大的互联网用户群体，智能产品市场空间广阔；另一方面，关键技术和高端产品供给不足、创新支撑体系不健全、产用互动不紧密、生态碎片化等问题和风险不容忽视。工业和信息化部会同国家发展和改革委员会发布了《智能硬件产业创新发展专项行动（2016—2018年）》，该专项行动着力推动智能产品的创新发展，提升高端共性技术与产品的有效供给，满足社会生产、生活对智能产品的多元化需求，培育信息技术产业增长新动能。

1.1.1 智能产品概述

1. 智能产品发展与分析

（1）智能产品发展现状。随着新一代信息技术的逐渐成熟、概念的虚热渐退、行业的理性洗牌，智能产品行业从 2014 年开始进入了发展正轨。从全球市场规模来看，2014—2018年智能产品终端产品出货量从 19.9 亿部（台）增至 32.5 亿部（台），同比增长率均在 8%以上，智能产品市场日渐稳定。

从全球的智能产品市场结构来看，2019 年，在全球智能产品细分领域中，智能移动通信设备出货量为 17.7 亿台，智能可穿戴设备出货量为 2.3 亿台，智能车载设备出货量为 1.2 亿台，智能健康医疗设备出货量为 6.3 亿台，智能家居设备出货量为 8.4 亿台，工业级智能产品出货量为 0.8 亿台，智能机器人出货量为 0.2 亿台，无人机出货量为 0.04 亿台。预计到 2025年，全球智能产品领域增速排名前三的是智能机器人、工业级智能产品设备和智能健康医疗设备。

在全球加快数字生态系统的拓展，推动全业务转型的智能革新思维下，我国的智能产品产业正顺应市场新需求，终端产品从中低端向着高端不断转化。为此，智能产品行业的领军者将突破数字化前沿，将智能产品创新推至发展新高度。从我国的市场规模来看，2019 年，智能产品市场出货量将达到 7.7 亿部（台）；预计到 2025 年，在 5G 和人工智能等新一代信息技术的影响下，我国的智能产品出货量将达到 36.12 亿部（台），年均复合增长率将达到 24.8%。

从市场结构来看，2019 年，在我国的智能产品细分领域中，按照出货量统计排名前三的为智能移动通信设备、智能家居设备和智能可穿戴设备，出货量分别为 4.62 亿台、1.02 亿台和 0.83 亿台。预计到 2025 年，我国智能产品细分领域增速排名前三的为智能车载设备、智能健康医疗设备和智能机器人。

（2）智能产品的产业链。智能产品产业链分为四个主要环节，分别是基础感知环节、网络传输环节、系统平台环节及终端应用环节。

① 基础感知环节。在过去的 10 年，全球半导体产业的增长主要依赖于智能移动通信设备、智能控制设备和智能车载设备等的需求，以及物联网、云计算等技术应用的发展。受益于经济增长，移动通信的崛起以及部分全球最重要的半导体的发展，自 2013 年开始，我国半导体产业的规模不断扩大，产业增速持续加快。

我国半导体产业未来稳定增长的市场驱动力量主要来自现有终端产品向着高端环节的强化、人工智能和 5G 网络等新一代信息技术的融合创新，以及智能产品产业的迅速增长。

② 网络传输环节。无线通信技术是智能产品进行高速率、大批量数据交互的网络传输的主要技术。随着 5G 时代的到来，无线通信的理论传输速率的峰值可以达到每秒数 10 Gb/s，5G 通信技术将会把移动市场推到一个全新的高度，也将大大促进智能产品产业的迅速发展。

无线通信模块是实现信息交互的核心部件，是连接智能产品基础感知环节和网络传输环节的关键部件。从功能的角度来看，可以将无线通信模块分为基于蜂窝网络的无线通信模块和基于非蜂窝网络的无线通信模块，传统的蜂窝网络包括 5G 通信、NB-IoT；非蜂窝网络包括 Wi-Fi、Bluetooth、ZigBee 和 LoRa 等。

从传输速率的角度来看，智能产品所使用的无线通信模块业务可分为高速率、中速率及低速率业务。高速率业务主要是 4G、5G 及 Wi-Fi 技术，可应用于智能摄像头、智能车载导航等设备；中速率业务主要使用 Bluetooth 等技术，可应用于智能家居等频繁使用的设备；低速率业务及低功耗广域网主要使用 NB-IoT、LoRa 及 ZigBee 等技术，可以应用于资产追踪、远程抄表等使用使用频率较低的设备。

③ 系统平台环节。系统平台环节是智能产品进行数据分析、处理、响应和服务的基础，包括操作系统和云平台。操作系统可分为服务器操作系统、桌面操作系统和嵌入式操作系统，云平台主要是智能产品服务平台。

④ 终端应用环节。终端应用环节处于智能产品产业链的下游，是实现智能产品服务应用价值的环节。从功能属性的角度来看，可将智能产品分为智能移动通信设备、智能穿戴设备、智能车载设备、智能健康医疗设备、智能家居设备、工业级智能产品、智能机器人和无人机等。

（3）智能产品发展趋势。智能产品广泛应用于消费电子、智能家居、智能交通、智能工业、智能医疗等领域。消费电子领域的智能产品以为消费者提供服务为主，普及程度较高；智能家居、智能交通等领域的智能产品可以为消费者和企业提供服务；智能工业和智能医疗等领域的智能产品则主要面向企业。

在新一代信息技术革命、数字经济发展和产业变革的影响下，智能芯片、云计算、边缘计算、人工智能、物联网和大数据等新兴技术和各个产业相结合，为智能产品产业向着智能化发展和全面释放数字化潜能带来了新的机遇。未来智能产品产业发展趋势主要表现为以下4 个方面：

① 从产品服务向信息服务发展。利用新一代信息技术促使智能产品产业的高质量发展并非一蹴而就的事情，大多数企业通常会围绕"产品即服务"的商业模式，以产品本身为导向，以功能、质量、成本和技术为核心战略，通过预测性维护来实现产品的实时优化，从而巩固其市场地位。然而，仅仅依靠产品功能服务，为客户所带来的价值始终是有限的，也常常跟不上用户需求的变化节奏。

基于信息的服务发展思路为满足客户的多元化服务要求提供了新的空间。所谓信息服务，是指"数据即服务"，为客户提供价值的本质不再聚焦于产品本身，而是通过产品所带来的数据价值和再生服务，智能产品通过各类低功耗的传感器获取数据，通过对数据的分析和处理，为客户提供多元化和协同化的服务。更为重要的是，企业可以借助于信息服务迅速了解客户需求的变化，及时改革服务模式、调整战略布局，实现市场价值的最大化。

② 从协同感知向自主决策发展。随着智能芯片、GPU 和低功耗传感器的技术创新以及感知能力的提高，使得智能产品可以获取到的数据量不断增大。为了满足智能服务对实时响应和预测性服务的需求，智能产品的服务应用也应从协同感知、辅助智能向增强感知、自主决策发展。

在这种发展趋势中，智能产品对感知系统、传输系统和数据分析系统的速度及精度有着更高的要求，一方面需要采用深度机器学习方法，另一方面更需要向普适计算和融合一体化的计算发展，客户能够通过智能产品的自主采集、分析和判断的结果在任何时间、任何地点、以任何方式做出决策和执行。

③ 从小数据向大数据发展。随着客户对智能产品的服务需求不断扩大，其场景不断增多，通过智能产品获取的数据也越来越多，以数据为中心的服务也必然将从单品智能的小数据阶段向万物交融的大数据发展。在服务生态圈不断扩大的同时，跨行业平台将会整合更多来自合作伙伴的数据，对数据的广度、深度、速度和精度等方面的需求都会在数字产品的全生命周期中持续扩大。

④ 从分工合作向生态整合发展。从挖掘智能产品的数字化价值，进化到与尖端科技技术的深度融合，在释放"协同+共享"服务价值的同时，各厂商之间的合作模式也将发生转变。这种转变将会从现有上下游供应链厂商之间的分工合作阶段转变为未来万物智能服务间的"共建+共营+共享"式的生态整合阶段。在此阶段，各个智能产品的合作者将解除现有的供求关系，合作模式将围绕不同应用场景、不同服务达成数据共建、服务共营和价值共享的共赢局面。

2．智能产品发展的重点任务

《智能硬件产业创新发展专项行动（2016—2018 年）》明确提出了智能产品发展的重点任务：

（1）提升高端智能产品的有效供给。面向价值链高端环节，提高智能产品质量和品牌附加值，加强产品功能性、易用性、增值性的设计能力，发展多元化、个性化、定制化的供给模式，强化应用服务及商业模式的创新，提升高端智能穿戴设备、智能车载设备、智能医疗健康设备、智能机器人及工业级智能产品的供给能力。

① 智能穿戴设备。支持企业面向消费者在运动、娱乐、社交等方面的需求，加快智能腕表、运动手环、智能服饰、虚拟现实等智能穿戴设备的研发和产业化，提升智能产品功能、性能及设计水平，推动智能产品向工艺精良、功能丰富、数据准确、性能可靠、操作便利、节能环保的方向发展，加强跨平台应用开发及配套的支撑，加强不同智能产品间的数据交换和交互控制，提升大数据采集、分析、处理和服务的能力。

② 智能车载设备。支持企业加强跨界合作，面向司乘人员的交通出行需求，发展智能车载雷达、智能后视镜、智能记录仪、智能车载导航等设备，提升智能产品的安全性、便捷性、实用性，推进操作系统、北斗导航、宽带移动通信、大数据等新一代信息技术在智能车载设备中的集成应用，丰富行车服务、车辆健康管理、紧急救助等车辆联网信息服务。

③ 智能医疗健康设备。面向人们对健康监护、远程诊疗、居家养老等方面需求，发展智能家庭诊疗设备、智能健康监护设备、智能分析诊断设备的开发及应用，鼓励智能产品的生产企业与医疗机构对接，着力提升智能产品的性能及数据的可信度，加强不同智能产品及系统间接口、协议和数据的互联互通，推动智能产品与数字化医疗器械及相关医疗健康服务平台的数据集成。

④ 智能机器人。面向家庭、教育、商业、公共服务等应用场景，推进多模态人机交互、环境理解、自主导航、智能决策等技术的开发，发展开放式智能机器人软硬件平台及解决方案，完善智能机器人编程和图形用户接口的控制、安全、设计平台等标准，提升智能机器人的智能化水平，拓展应用市场。

⑤ 工业级智能产品。面向工业生产的需要，发展高可靠智能工业传感器、智能工业网关、智能 PLC、工业级可穿戴设备和无人系统等智能产品及服务，支持新型工业通信、工业安全防护、远程维护、工业云计算与服务等技术架构和设备的产业化，提升工业级智能化系统的开发、优化、综合仿真和测试验证能力。

（2）加强智能产品核心关键技术的创新。瞄准智能产品产业发展的制高点，组织实施一批重点产业化创新工程，支持关键软硬件 IP 核的开发和协同研发平台的建设，掌握具有全局影响力、带动性强的智能产品共性技术，加强国际产业交流合作，鼓励国内外企业开源或开放芯片、软件技术及解决方案等资源，构建开放生态，推动各类创新要素资源的聚集、交流、开放和共享。

① 低功耗轻量级底层软硬件技术。发展适合智能产品的低功耗芯片及轻量级操作系统，开发软硬一体化解决方案及应用开发工具，支持骨干企业围绕底层软硬件系统集聚资源、建设标准。

② 虚拟现实和增强现实技术。发展面向虚拟现实产品的新型人机交互、新型显示器件、GPU、超高速数字接口和多轴低功耗传感器，支持面向增强现实的动态环境建模、实时 3D 图像生成、立体显示及传感的技术创新，打造虚拟显示和增强现实应用的系统平台与开发工具研发环境。

③ 高性能智能感知技术。发展高精度高可靠的生物体征、环境监测等智能传感、识别技术与算法，支持毫米波与太赫兹、语音识别、机器视觉等新一代感知技术的突破，加速与云计算、大数据等新一代信息技术的集成创新。

④ 高精度运动与姿态控制技术。发展应用于智能无人系统的高性能多自由度运动姿态控制和伺服控制、视觉/力觉反馈与跟踪、高精度定位导航、自组网及集群控制等核心技术，提

升智能人机协作水平。

⑤ 低功耗广域智能物联技术。发展大规模并发、高灵敏度、长电源寿命的低成本、广覆盖、低功耗智能产品宽/窄带物联技术及解决方案，支持相关协议栈及 IP 研发，加快低功耗广域网连接型芯片与微处理器的 SoC 开发与应用，发挥龙头企业对产业链的市场、标准和技术扩散功能，打造开放、协同的智能物联创新链条。

⑥端云一体化协同技术。支持产业链上下游联动，建设安全可靠的端云一体智能产品服务开发框架和平台，发展从芯片到云平台的全链路安全能力，发展可信身份认证、智能语音与图像识别、移动支付等端云一体化应用。

（3）推动重点领域智能化的提升。深入挖掘健康养老、教育、医疗、工业等领域的智能产品应用需求，加强重点领域智能化的提升，推动智能产品的集成应用和推广。

① 健康养老领域。鼓励智能产品生产企业与健康养老机构对接，对健康数据进行整合管理，实现与健康养老服务平台相关数据的集成应用，发展运动与睡眠数据采集、体征数据实时监测、紧急救助、实时定位等智能产品应用服务，提升健康养老服务的质量和效率。

② 教育领域。支持智能产品企业面向教育需求，在远程教育、智能教室、虚拟课堂、在线学习等领域应用智能产品，提升教育的智能化水平，结合智能产品形态发展，建设相匹配的优质教学资源库，对接线上线下教育资源，扩大优质教育资源覆盖面，促进教育公平。

③ 医疗领域。鼓励医疗机构加快信息化建设的进程，推动智能医疗健康设备在诊断、治疗、护理、康复等环节的应用，加强医疗数据云平台的建设，推广远程诊断、远程手术、远程治疗等模式，支持医疗资源和服务的数字化、定制化、远程化发展，促进社区、家政、医疗护理机构、养老机构协同信息服务，提高医疗保障的服务水平。

④ 工业领域。鼓励工业企业与智能产品生产企业的协同联动，开展工业级智能产品系统的集成适配，加快重点领域智能化的改造进程，提高敏捷制造、柔性制造能力，发展基于智能产品的工业远程维护、工业大数据分析等新兴服务发展。

3. 常见的智能产品

随着科技的进步，越来越多的智能电子产品出现在生活当中，例如：

（1）智能扫地机器人。智能扫地机器人（见图 1.1）是一种能自动吸尘的智能家用电器，可对房间大小、家具摆放、地面清洁度等因素进行检测，并依靠内置的程序规划合理的清洁路线。

（2）智能腕表。智能腕表（见图 1.2）带有摄像头，支持蓝牙连接功能，可以接入互联网，支持通话功能和游戏功能。

图 1.1　智能扫地机器人

图 1.2　智能腕表

（3）智能小夜灯。智能小夜灯（见图 1.3）可以自主调节氛围灯光、设置唤醒时间，灯光会在唤醒时间前 30 min 逐渐变亮，铃声会在 1 min 内逐渐增大，为用户提供一种自然的唤醒方式。

（4）智能 LED 灯泡。智能 LED 灯泡（见图 1.4）的亮度可自由调节，支持多个 LED 灯串联、智能语音控制，是一款会听话的智能灯泡，可通过 Wi-Fi 连接物联网，通过手机的 App 可对智能 LED 灯泡进行远程控制。

（5）智能音箱。用户可通过语音与智能音箱（见图 1.5）进行互动，实现影音播放、家电控制、幼教百科、语音购物新闻的播放等。

图 1.3　智能小夜灯　　　　　图 1.4　智能 LED 灯泡　　　　图 1.5　智能音箱

1.1.2　智能产品开发相关技术

1. 嵌入式系统

随着计算机软硬件技术的发展，计算机的应用形成了两大分支：通用计算机系统和嵌入式计算机系统（简称嵌入式系统）。嵌入式系统一词源于 20 世纪七八十年代，也称为嵌入式计算机系统或隐藏式计算机系统。随着半导体技术及微电子技术的进步，嵌入式系统得以风靡式的发展，其性能不断提高，以至于出现一种观点，即嵌入式系统是基于 32 位微处理器设计的，往往带有操作系统，是瞄准高端领域和应用的。随着嵌入式系统应用的普及，这种高端应用系统和传统广泛应用的单片机系统之间有着本质的联系，使嵌入式系统与单片机毫无疑问地联系在了一起。

1）嵌入式系统的定义和特点

关于嵌入式系统的定义有很多，较通俗的定义是指嵌入对象体系中的专用计算机系统。

我国对嵌入式系统定义为：嵌入式系统是以应用为中心，以计算机技术为基础，并且软/硬件可裁剪，适用于应用系统对功能、可靠性、成本、体积、功耗有严格要求的专用计算机系统。

嵌入式系统是先进的计算机技术、半导体技术和电子技术与各种行业的具体应用相结合的产物，这决定了它是技术密集、资金密集、知识高度分散、不断创新的集成系统。同时，嵌入式系统又是针对特定的应用需求而设计的专用计算机系统，这也决定了它必然有自己的特点。

（1）软/硬件资源有限。过去只在 PC 中出现的电路板和软件现在也被安装到复杂的嵌入式系统之中，这一说法现在只能算"部分"正确。

（2）功能单一、集成度高、可靠性高、功耗低。

（3）一般具有较长的生命周期。嵌入式系统通常与所嵌入的宿主系统（专用设备）具有相同的使用寿命。

（4）软件程序存储（固化）在存储芯片上，开发者通常无法改变，常被称为固件（Fireware）。

（5）嵌入式系统本身无自主开发能力，进行二次开发需专用设备和开发环境（交叉编译）。

（6）嵌入式系统是计算机技术、半导体技术、电子技术和各行业的具体应用相结合的产物。

（7）嵌入式系统并非总是独立的设备，很多嵌入式系统并不是以独立形式存在的，而是作为某个更大型计算机系统的辅助系统。

（8）嵌入式系统通常都与真实物理环境相连，并且是激励系统。激励系统可看成一直处在某一状态，等待着输入信号，对于每一个输入信号，它们完成一些计算并产生输出及新的状态。

（9）大部分嵌入式系统都同时包含数字部分与模拟部分的混合系统。

另外，随着嵌入式微处理器性能的不断提高，高端嵌入式系统的应用方面出现了新的特点：

（10）与通用计算机系统的界限越来越模糊。随着嵌入式微处理器性能的不断提高，一些嵌入式系统的功能也变得多而全。例如，智能手机、平板电脑和笔记本电脑在形式上越来越接近。

（11）网络功能已成为必然需求。早期的嵌入式系统一般以单机的形式存在，随着网络的发展，尤其是物联网、边缘计算等技术的出现，现在的嵌入式系统的网络功能已经不再是特别的需求，几乎成了一种必备的功能。

2）嵌入式系统的组成

嵌入式系统一般由硬件系统和软件系统两大部分组成。其中，硬件系统包括嵌入式微处理器、外设和必要的外围电路；软件系统包括嵌入式操作系统和应用软件。常见嵌入式系统的组成如图1.6所示。

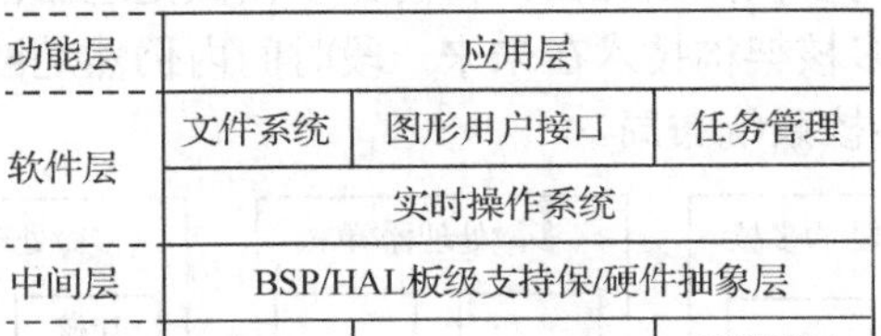

功能层	应用层		
软件层	文件系统	图形用户接口	任务管理
	实时操作系统		
中间层	BSP/HAL板级支持保/硬件抽象层		
硬件层	D/A		通用接口
	A/D	嵌入式微处理器	ROM
	I/O		SDRAM
	人机交互接口		

图1.6 常见的嵌入式系统的组成

（1）硬件系统。硬件系统主要包括：

① 嵌入式微处理器。嵌入式微处理器是嵌入式系统硬件系统的核心，早期嵌入式系统的嵌入式微处理器由（甚至包含几个芯片的）微处理器来担任，而如今的嵌入式微处理器一般

采用 IC（集成电路）芯片形式，可以是 ASIC（专用集成电路）或者 SoC 中的一个核，核是 VLSI（超大规模集成电路）上功能电路的一部分。嵌入式微处理器芯片有如几种。

（a）微处理器（MPU）：世界上第一个微处理器芯片就是为嵌入式服务的。可以说，微处理器的出现，使嵌入式系统的设计发生了巨大的变化。微处理器既可以是单芯片微处理器，还可以有其他附加的单元（如高速缓存、浮点处理算术单元等）以加快指令处理速度。

（b）微控制器（MCU）：微控制器是集成有外设的微处理器，是具有微处理器、存储器和其他一些硬件单元的集成芯片。由于单个微控制器芯片就可以组成一个完整意义上的计算机系统，常被称为单片微型计算机，即单片机。最早的单片机芯片是 8031 微控制器，它和后来出现的 8051 单片机是传统单片机系统的主流。在高端的 MCU 系统中，ARM 芯片占有很大的比重。MCU 可以作为独立的嵌入式设备，也可以作为嵌入式系统的一部分，是现代嵌入式系统的主流，尤其适用于具有片上程序存储器和设备的实时控制。

（c）数字信号微处理器（DSP）：也称为 DSP 微处理器，可以简单地看成高速执行加减乘除算术运算的微芯片，因具有乘法累加器单元，特别适合进行数字信号处理运算（如数字滤波、谱分析等）。DSP 是在硬件中进行算术运算的，而不像通用微处理器那样在软件中实现，因而其信号处理速度比通用微处理器快 2～3 倍，甚至更多，主要用于嵌入式音频、视频及通信应用。

（d）片上系统（SoC）：近来，嵌入式系统正在被设计到单个硅片上，称为片上系统。片上系统是一种 VLSI 芯片上的电子系统，在学术上被定义为将微处理器、IP（知识产权）核、存储器（或片外存储控制器接口）集成在单一芯片上，通常是客户定制的或者面向特定用途的标准产品。

（e）多微处理器和多核微处理器：有些嵌入式应用，如实时视频或多媒体应用等，即使 DSP 也无法满足同时快速执行多项不同任务的要求，这时就需要两个甚至多个协调同步运行的微处理器。另外一种提高嵌入式系统性能的方式是提高微处理器的主频，而主频的提高是有限的，而且过高的主频将导致功耗的上升，因此采用多个相对低频的微处理器配合工作是提升微处理器性能，同时降低功耗的有效方式。当系统中的多个微处理器均以 IP 核的形式存在同一个芯片中时，就成为多核微处理器。目前，多核微处理器已成功应用到多个领域，随着应用需求的不断提高，多核架构技术在未来一段时间内仍然是嵌入式系统的重要技术。图 1.7 所示为多微处理器和多核系统布局。

图 1.7 多微处理器与多核系统布局

② 外设。外设通常包括存储器、I/O 接口及定时器等辅助设备。随着芯片集成度的提高，一些外设被集成到微处理器芯片上，称为片内外设；反之则称为片外外设。尽管 MCU 已经包含了大量的外设，但对于需要更多 I/O 端口和更大存储能力的大型系统来说，还必须连接额外的 I/O 端口和存储器。

（2）软件系统。从复杂程度上看，嵌入式软件系统可以分成有操作系统和无操作系统两大类。对于高端嵌入式应用，多任务成为基本需求，操作系统作为协调各任务的关键是必不可少的。此外，嵌入式软件中除了要使用 C 语言等高级语言外，往往还会用到 C++、Java 等面向对象类的编程语言。

嵌入式软件系统由应用程序、API、嵌入式操作系统及 BSP（板级支持包）组成，必须能解决一些在台式计算机或大型计算机软件中不存在的问题：因经常要同时完成若干任务，所以必须能及时响应外部事件，能在无人干预的条件下响应所有异常的情况。

2．无线通信技术

常用的物联网无线通信技术可分为短距离无线通信技术和长距离无线通信技术，其中常见的短距离无线通信技术包括 ZigBee、低功耗蓝牙（BLE）和 Wi-Fi 无线通信技术，常见的长距离无线通信技术包括 LoRa、NB-IoT 和 LTE。

短距离无线通信主要特点是通信距离短，覆盖范围一般在几十米或上百米之内，发射器的发射功率较低，一般小于 100 mW。短距离无线通信技术的三个基本特征是低成本、低功耗和对等通信，这也是短距离无线通信技术的优势。

（1）ZigBee。ZigBee 是 IEEE 802.15.4 协议的代名词，是根据这个协议规定的一种短距离、低功耗的无线通信技术，使用该技术的设备节点能耗特别低，自组网无须人工干预，成本低廉，复杂度低且网络容量大。

ZigBee 技术本身是针对低数据量、低成本、低功耗、高可靠性的无线数据通信的需求而产生的，在多方面领域有广泛应用，在国防安全、工业应用、交通物流、节能、生产现代化和智能家居有着广泛应用。

（2）低功耗蓝牙（BLE）。蓝牙是一种短距离无线通信技术，与经典蓝牙技术相比，BLE 技术在继承经典蓝牙技术的基础之上，对经典蓝牙协议栈做了简化，将蓝牙数据传输速率和功耗作为主要技术指标，采用两种实现方式，即单模形式和双模形式。双模形式的蓝牙芯片是将 BLE 协议标准集成到经典蓝牙控制器中，实现了两种协议共用；而单模蓝牙芯片采用独立的蓝牙协议栈，它是对经典蓝牙协议栈的简化，进而降低了功耗，提高了传输速率。

（3）Wi-Fi。Wi-Fi 是无线太网 IEEE 802.11 标准的别名，它是一种本地无线局域网网络技术，可以使电子设备连接到网络，其工作频率主要在 2.4～2.48GHz，许多终端设备（如笔记本电脑、视频游戏机、智能手机、数码相机、平板电脑等）都配有 Wi-Fi 模块。Wi-Fi 技术可以为用户提供一种方便快捷的无线上网体验，可以使用户摆脱传统的有线上网的束缚。

（4）LoRa。LoRa 是一种基于 Sub-GHz 技术的无线网络，其特点是传输距离远、易于建设和部署、功耗低和成本低，适用于大范围环境数据采集。

（5）NB-IoT。NB-IoT 构建于蜂窝网络，可直接部署于 GSM 网络、UMTS 网络或 LTE 网络，NB-IoT 的特点是覆盖广泛、功耗极低，由运营商提供连接服务。

（6）LTE。LTE 网络就是熟知的 4G 网络。LTE 采用 FDD 和 TDD 网络技术 LTE 网络的特点是传输速率高、容量大、覆盖范围广、移动性好、有一定的空间定位功能。

3．Android 应用技术

Android 是一种基于 Linux 的开放源代码的操作系统，主要使用于移动设备，如智能手机和平板电脑，由 Google 公司和开放手机联盟领导及开发。

Android 系统架构如图 1.8 所示

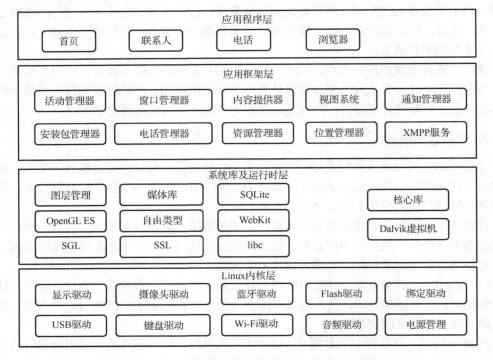

图 1.8　Android 系统架构

Android 系统架构和其操作系统架构一样，都采用了分层架构。Android 系统架构共分四层，分别是应用程序层、应用框架层、系统库及运行时层和 Linux 内核层。

（1）应用程序层：该层提供核心应用程序包，如首页、联系人、电话和浏览器等，开发者可以设计和编写相应的应用程序。

（2）应用框架层：该层是 Android 应用开发的基础，包括活动管理器、窗口管理器、内容提供器、视图系统、通知管理器、安装包管理器、电话管理器、资源管理器、位置管理器和 XMPP 服务。

（3）系统库及运行时层。系统库中的库文件主要包括图层管理、媒体库、SQLite、OpenGL ES、自由类型、WebKit、SGL、SSL 和 libc；运行时包括核心库和 Dalvik 虚拟机。核心库不仅兼容大多数 Java 所需要的功能函数，还包括 Android 的核心库，如 android.os、android.net、android.media 等；Dalvik 虚拟机是一种基于寄存器的 Java 虚拟机，主要完成对生命周期、堆栈、线程、安全和异常的管理，以及垃圾回收等功能。

（4）Linux 内核层。Linux 内核层提供各种硬件驱动，如显示驱动、摄像头驱动、蓝牙驱动、键盘驱动、Wi-Fi 驱动、音频驱动、Flash 驱动、绑定驱动、USB 驱动、电源管理等。

4．HTML5 应用技术

HTML5 是 HTML 最新的修订版本，由万维网联盟（W3C）于 2014 年 10 月完成标准的制定。HTML5 是构建以及呈现互联网内容的一种语言方式，被看成互联网的核心技术之一。HTML 产生于 1990 年，HTML4 于 1997 年成为互联网标准，并广泛应用于互联网应用的开发。HTML5 是 W3C 与 WHATWG（Web Hypertext Application Technology Working Group）合作的结果。WHATWG 致力于 Web 表单和应用程序，而 W3C 专注于 XHTML2.0。在 2006 年，双方决定合作来创建一个新版本的 HTML。

HTML5 技术采用了 HTML4.01 的相关标准并进行了革新，更加符合现代网络发展要求，正式发布于 2008 年。HTML5 在互联网中得到了非常广泛的应用，提供了更多增强网络应用的标准机制。与传统的技术相比，HTML5 的语法特征更加明显，不仅结合了 SVG 的内容（这些内容在网页中使用可以更加便捷地处理多媒体内容），还结合了其他元素，对原有的功能进行调整和修改。HTML5 具有以下优势：

（1）跨平台性好，可以运行在采用 Windows、MAC、Linux 等操作系统的计算机和移动设备上。

（2）对硬件的要求低。

（3）使用 HTML5 生成的动画、视频效果比较绚丽。HTML5 增加了许多新特性，这些新特性支持本地离线存储，减少了对 Flash 等外部插件的依赖，取代了大部分脚本的标记，添加了一些特殊的元素（如 article、footer、header、nav 等）、表单控件（如 email、url、search 等）、视频媒体元素（如 video、audio 等），以及 canvas 绘画元素等相关内容。

（4）HTML5 添加了丰富的标签，其中的 AppCache 以及本地存储功能大大缩短了 App 的启动时间，HTML5 直接连接了内部数据和外部数据，有效解决了设备之间的兼容性问题。此外，HTML5 具有动画、多媒体模块、三维特性等，可以替代部分 Flash 和 Silverlight 的功能，并且具有更好的处理效率。

5. 人工智能技术

人工智能技术集合了计算机科学、逻辑学、生物学、心理学和哲学等众多学科，在语音识别、图像处理、自然语言处理、自动定理证明及智能机器人等应用领域取得了显著成果，在提升效率、降低成本、优化人力资源结构及创造新的工作岗位需求方面带来了革命性的变革。

1）人工智能技术的发展历程

人工智能技术自出现以来，其发展经历了两次低谷和三次浪潮，现在正处于人工智能技术发展的第三次浪潮，如图 1.9 所示。

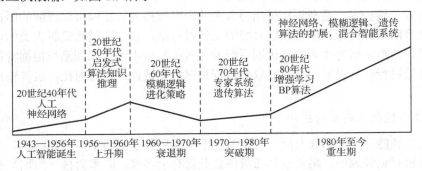

图 1.9 人工智能技术发展的两次低估和三次浪潮

2）人工智能的核心技术

人工智能的核心技术包括计算机视觉、机器学习、自然语言处理和语音识别等技术。

（1）计算机视觉技术。计算机视觉的最终目标是让计算机能够像人一样通过视觉来认识和了解世界，主要是通过算法对图像进行识别和分析。目前计算机视觉技术广泛应用于人脸识别和图像识别，该技术包含了图像分类、目标追踪和语义分割。

传统的图像分类方法主要包括特征提取和训练分类器两个步骤。自 2015 年之后，在图像分类中广泛使用了深度学习，深度学习的使用让图像分类过程得以简化，提升了图像分类的效果和效率。

目标跟踪主要有 3 类算法：相关滤波算法、检测与跟踪相结合的算法，以及基于深度学习的算法，基于深度学习的算法包括分类和回归两种算法。

语义分割是指理解分割后像素的含义，如识别图片中的人、摩托车、汽车及路灯等，它需要对密集的像素进行判别，卷积神经网络的应用推动了语义分割的发展。

（2）机器学习技术。机器学习技术是计算机通过对数据的学习来提升自身性能技术，按照学习方法的不同，机器学习技术可分为监督学习、无监督学习、半监督学习和强化学习。

监督学习是指通过标注好标签的数据来预测新数据的类型或值，根据预测结果的不同可分为分类和回归。监督学习的典型方法有 SVM 和线性判别，回归问题是指预测出一个连续值的输出，例如，可以通过对房价的分析，对输入的样本数据进行拟合，根据得到的连续曲线用来预测房价。

无监督学习是指在数据没有标签的情况下进行数据挖掘，主要体现在聚类，即根据不同的特征对没有标签的数据进行分类。

半监督学习可以理解为监督学习和无监督学习的综合，即在机器学习过程中使用有标签的数据和无标签的数据。

强化学习是一种通过与环境的交互来获得奖励，根据奖励的高低来判断交互的好坏，从而对模型进行训练的方法。

（3）自然语言处理技术。自然语言处理技术可以使计算机拥有认识和理解人类文本语言的能力，是计算机科学与人类语言学的交叉学科。人类的思维建立在语言之上，所以自然语言处理技术从某种程度来说也就代表了人工智能的最终目标。自然语言处理技术包括分类、匹配、翻译、结构预测，以及序列决策过程。

（4）语音识别技术。语音识别是指将人类的语音转换为计算机可以理解的语言，或者转换为自然语言的一种过程。语音识别系统的工作过程是：首先通过话筒将人类的语音信号转变数字信号，该数字信号作为语音识别系统的输入；然后由语音识别系统根据特征参数对输入的数字信号进行特征提取，并对提取的特征与已有的数据库进行对比；最终输出语音识别出的结果。

3）人工智能技术的应用前景

随着人工智能即使的迅速发展，人工智能不断应用到了实践中，例如：

在计算机视觉领域中，融资过亿的国内企业就有十多家。眼擎科技（深圳）有限公司发布的 AI 视觉成像芯片提升了现有的视觉识别能力，即使在极其复杂的环境中依然可以拥有十分优秀的视觉能力。计算机视觉技术在安防领域的应用也十分广泛，可通过视频内容自动识别车辆、人以及其他物体，为智慧安防提供了强有力的技术支持。

机器学习与自动驾驶、金融及零售等行业的紧密结合，不断地提升了这些行业的发展潜力。在自动驾驶领域应用机器学习技术，可以不断提升自动驾驶的路测能力，通过强化学习可以让汽车在环境中不断提升自己的能力，从实践的结果来看，目前训练出的模型在基本路测环境中可以保持稳定运行。在金融领域中，人工智能的市场规模已经变得越来越大，通过机器学习可以预测风险和股市的走向，应用机器学习的手段进行金融风险管控，可以整合多源的资料，实时向人民提供风险预警信息。

自然语言处理应用领域也非常广阔，通过自然语言处理可以对文档进行自动分类，从而节省人力成本，并为企业的自动化运行提供技术支持。

语音识别技术的普及让即时翻译不再困难，例如，在微信中，通过语音识别技术可以将语音直接转换成相应的文本；在智慧家居系统中应用语音识别技术，可以通过解析人们的语音命令，让智慧家居系统进行相应的操作并对语音命令做出响应，提升人们的居住体验。

可以预见的是，人工智能带来的变革不仅体现在技术上，还会对人类的心理、人文及伦理等方面产生较大的影响。

1.1.3　小结

智能产品是以互联网、半导体、智能控制等技术和传统产品相结合的产物，具有软硬件融合、可跨界应用等特征。本节介绍了智能产品的概念及其发展，并简要给出了一些常见的智能产品。智能产品的开发主要涉及嵌入式系统、无线通信技术、Android 应用技术、HTML5 应用技术和人工智能技术等，本节对这些技术进行了简要的介绍。

1.2　智能产品开发基础

1.2.1　硬件产品开发平台

1. 智能产品原型机

通过智能产品原型机可以快速地开发智能产品，本书使用的智能产品原型机搭载了 STM32F407 微处理器、高清 LCD 显示屏、按键、RGB 灯、局域网、高精度温湿度传感器等硬件，可以 ZigBee、BLE、Wi-Fi、LoRa、NB-IoT、LTE 进行数据传输，支持外接采集类传感器、安防类传感器、控制类传感器、识别类传感器。智能产品原型机涉及以下技术：

（1）硬件技术：电路原理图、嵌入式系统、传感器技术。

（2）嵌入式操作系统：Contiki 操作系统、GUI 应用开发。

（3）无线通信技术：LTE、BLE、LoRa、ZigBee、Wi-Fi、NB-IoT。

（4）云平台交互技术：智云 API、ZXBee 数据通信协议。

（5）应用层开发技术：Android 应用技术和 HTML5 应用技术。

2. 智能产品

本书介绍开发 5 个智能产品的开发，即智能台灯、智能腕表、运动手环、创意水杯和共享单车，相关硬件介绍如下：

（1）智能台灯硬件如图 1.10 所示。

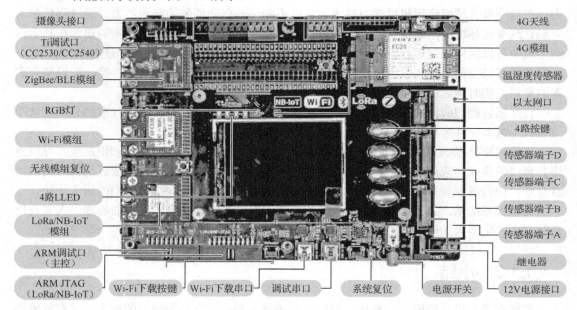

摄像头接口
Ti调试口（CC2530/CC2540）
ZigBee/BLE模组
RGB灯
Wi-Fi模组
无线模组复位
4路LLED
LoRa/NB-IoT模组
ARM调试口（主控）
ARM JTAG（LoRa/NB-IoT）

Wi-Fi下载按键　Wi-Fi下载串口　调试串口　系统复位　电源开关

4G天线
4G模组
温湿度传感器
以太网口
4路按键
传感器端子D
传感器端子C
传感器端子B
传感器端子A
继电器
12V电源接口

图 1.10　智能台灯硬件

（2）智能腕表硬件如图 1.11 示。

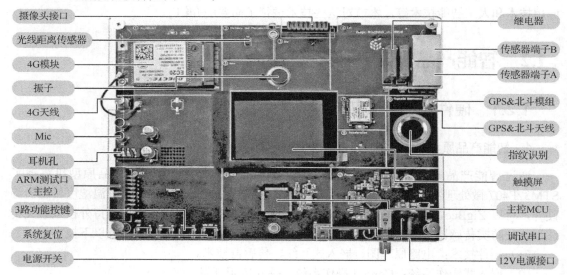

摄像头接口
光线距离传感器
4G模块
振子
4G天线
Mic
耳机孔
ARM测试口（主控）
3路功能按键
系统复位
电源开关

继电器
传感器端子B
传感器端子A
GPS&北斗模组
GPS&北斗天线
指纹识别
触摸屏
主控MCU
调试串口
12V电源接口

图 1.11　智能台灯硬件

（3）运动手环硬件如图 1.12 所示。

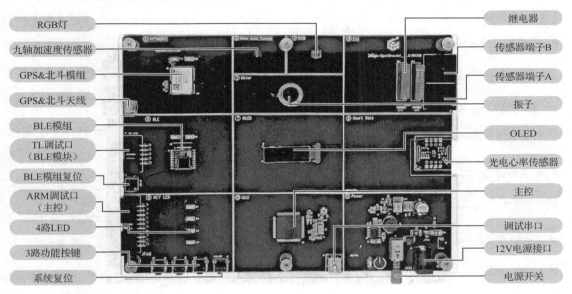

图 1.12　运动手环硬件

（4）创意水杯硬件如图 1.13 所示。

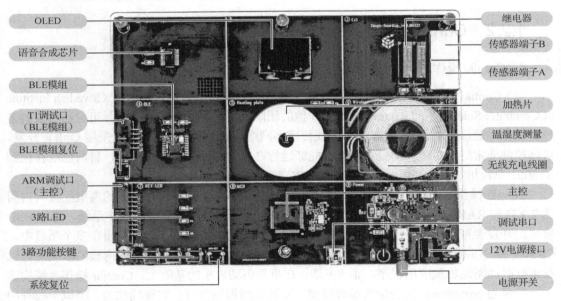

图 1.13　创意水杯硬件

（5）共享单车硬件如图 1.14 所示。

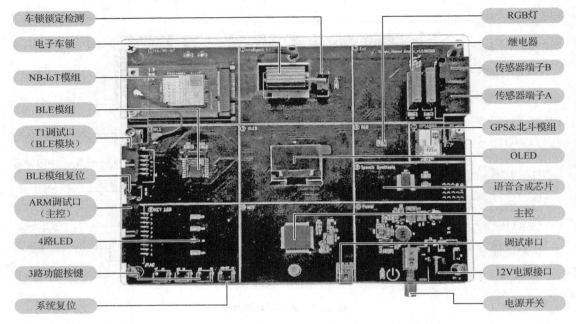

车锁锁定检测
电子车锁
NB-IoT模组
BLE模组
T1调试口（BLE模块）
BLE模组复位
ARM调试口（主控）
4路LED
3路功能按键
系统复位

RGB灯
继电器
传感器端子B
传感器端子A
GPS&北斗模组
OLED
语音合成芯片
主控
调试串口
12V电源接口
电源开关

图 1.14　共享单车硬件

1.2.2　Contiki 操作系统

1．Contiki 操作系统的简介及特点

（1）Contiki 操作系统简介。Contiki 操作系统是由瑞典计算机科学学院（Swedish Institute of Computer Science）的 Adam Dunkels 和他的团队开发的，是一个开源的、可灵活移植的多任务操作系统，适用于嵌入式系统和无线传感器网络。Contiki 操作系统完全采用 C 语言开发，可移植性非常好，对硬件的要求极低，能够运行在多种微处理器和 PC 上，目前已经移植到了 8051 单片机、MSP430、AVR、ARM、PC 等硬件平台上。

Contiki 操作系统适用于硬件资源受限的嵌入式系统，Contiki 操作系统的典型配置只占用约 2 KB 的 RAM 和 40 KB 的 Flash 存储器。Contiki 操作系统是开源的操作系统，遵守 BSD 协议，开发者可以进行任意修改并发布，无须支付任何版权费用，已经应用在多个项目中。Contiki 操作系统是基于事件驱动（Event-Driven）内核的操作系统，在此内核的基础上可以在运行时动态地加载应用程序，非常灵活。在事件驱动内核的基础上，Contiki 操作系统构建了一个名为 protothread 的轻量级线程模型，通过该线程模型可以实现线性的、类似于线程的编程。protothread 类似于 Linux 和 windows 中线程，多个线程共享同一个任务栈，可以减少 RAM 的使用。Contiki 操作系统还提供了一种可选的任务抢占机制、基于事件和消息传递的进程间通信机制；包括一个可选的 GUI 子系统，可以支持本地串口终端、基于 VNC 的网络化虚拟显示或者 Telnet 图形化。

Contiki 操作系统集成了两种类型的无线传感器网络协议栈，即 uIP 和 Rime。uIP 是一个小型的符合 RFC 规范的 TCP/IP 协议栈，可以直接连接互联网，uIP 包含了 IPv4 和 IPv6 两种协议栈，支持 TCP、UDP、ICMP 等协议；Rime 是一个为低功耗无线传感器网络设计的轻量级协议栈，该协议栈提供了大量的通信原语，能够实现从简单的一跳广播通信到复杂的可靠多跳通信。

（2）Contiki 操作系统的特点。Contiki 操作系统的特点如下：

① 采用了事件驱动的多任务内核。Contiki 操作系统基于事件驱动的多任务内核，即多个任务共享同一个栈（Stack），而不是每个任务分别占用独立的栈。Contiki 操作系统每个任务只占用几个字节的 RAM 空间，更适合资源受限的无线传感器网络。

② 集成了 IP 网络和低功耗无线传感器网络协议栈。Contiki 操作系统提供完整的 IP 网络和低功耗无线传感器网络协议栈。对于 IP 网络协议栈，支持 IPv4 和 IPv6 两个版本，IPv6 还包括 6LoWPAN 帧头压缩适配器、ROLL RPL 无线网络组网的路由协议、CoRE/CoAP 应用层协议，以及一些简化的 Web 工具（如包括 Telnet、HTTP 和 Web 服务等）。Contiki 操作系统还实现了无线传感器网络领域的 MAC 层和路由层的协议，MAC 层协议包括 X-MAC、CX-MAC、ContikiMAC、CSMA-CA、LPP 等，路由层协议包括 AODV、RPL 等。

③ 集成了无线传感器网络的仿真工具。Contiki 操作系统提供了无线传感器网络仿真工具 Cooja，能够在 PC 上对协议进行仿真，仿真通过后在下载到设备节点上进行实际测试，有利于发现问题，减少调试的工作量。

④ 集成了命令行调试工具 Shell。无线传感器网络中节点数量非常多，节点的运行维护是一个难题。Contiki 操作系统可以通过多种交互方式，如 Web 浏览器、基于文本的命令行接口，或者存储和显示传感器数据的专用程序等，对节点进行维护。Contiki 操作系统集成的命令行调试工具 Shell 类似于 UNIX 操作系统中的命令行调试工具，用户通过串口输入命令就可以查看和配置无线传感器网络中节点的信息，控制节点的运行状态。

⑤ 采用了基于 Flash 的小型文件系统 CFS。Contiki 操作系统采用了一个简单、小巧、易于使用的文件系统，称为 CFS（Coffee File System）。CFS 是基于 Flash 的小型文件系统，适合在资源受限的节点上存储数据和程序。CFS 是根据无线传感器网络数据采集和传输的需求，以及硬件资源受限的特点来设计的，在耗损平衡、坏块管理、掉电保护方面、垃圾回收、映射机制方等方面进行了优化，具有使用的存储空间少、支持大规模存储的特点。CFS 的编程方法与常用的 C 语言编程类似，提供 open、read、write、close 等函数，易于使用。

⑥ 集成了能量分析工具。Contiki 操作系统提供了一种基于软件的能量分析工具，该工具会自动记录每个节点的工作状态、时间，并计算出的能量消耗。Contiki 操作系统的能量分析工具既可用于评估无线传感器网络的协议，也可用于估算无线传感器网络的生命周期。

⑦ 开源免费。Contiki 操作系统遵守 BSD 协议，开发者可以用于科研和商业，且可以任意修改代码，无须支付任何专利以及版权费用，是彻底的开源软件。

2. Contiki 操作系统的运行原理和 main 函数分析

（1）Contiki 操作系统的运行原理。Contiki 操作系统是基于事件驱动内核构建的，其运行可以看成一个不断处理事件的过程。Contiki 操作系统的运行是通过事件触发完成的，一个事件绑定相应的进程。当事件被触发时，Contiki 操作系统把运行权交给事件所绑定的进程。Contiki 操作系统的运行原理如图 1.15 所示。

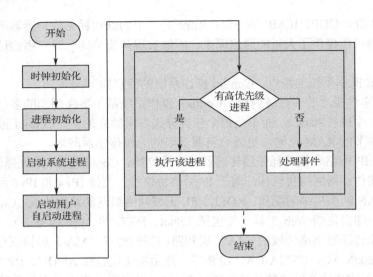

图 1.15　Contiki 操作系统的运行原理

从图 1.15 可以看出，在 Contiki 操作系统的运行过程中，应用程序是作为一个进程放在用户自启动进程的指针数组中。在启动 Contiki 操作系统后，先进行时钟初始化和进程初始化，接着启动系统进程（如管理 etimer 的系统进程 etimer_process）和用户自启动进程，然后进入处理事件的死循环（如图 1.15 右侧的灰色框所示，实际上是运行 process_run 函数）。在处理事件的死循环中，Contiki 操作系统通过遍历的方式判断是否有高优先级进程，执行完所有的高优先级进程后再去处理事件队列的事件，处理事件（执行事件对应的进程）之后，再次判断是否有高优先级进程。具体代码如下：

```
int main()
{
    clock_init();                              //时钟初始化
    process_init();                            //进程初始化
    process_start(&etimer_process, NULL);      //启动系统进程
    autostart_start(autostart_processes);      //启动用户自启动进程
    while(1)
    {
        //函数 process_run 的功能
        if(poll_requested)
        {
            do_poll();                         //执行完所有高优先级的进程
        }
        do_event();                            //仅处理事件队列的一个事件
    }
    return 0;
}
```

（2）Contiki 操作系统的 main 函数分析。对 Contiki 操作系统运行原理的理解，关键在于 main 函数。Contiki 操作系统启动后，首先在 main 函数中先进行时钟初始化和进程初始化；接着启动系统进程 etimer_process 和指针数组 autostart_processes[]里的所有进程，到这里就启

动了所有的进程（当然，在后续的操作中还可能会动态地产生新的进程）。接下来的工作就是反复处理所有 needspoll 标记为 1 的进程及事件队列中的事件，在处理事件的过程中可能会产生新的事件，Contiki 操作系统就是如此反复运行的。main 函数的代码如下：

```
int main()
{
    clock_init();                              //时钟初始化
    process_init();                            //进程初始化
    process_start(&etimer_process, NULL);      //启动系统进程
    autostart_start(autostart_processes);      //启动用户自启动进程
    while(1)
    {
        //函数 process_run 的功能
        if(poll_requested)
        {
            do_poll();                         //执行完所有高优先级的进程
        }
        do_event();                            //仅处理事件队列的一个事件
    }
    return 0;
}
```

main 函数中调用的函数如下所述：

① process_start()函数。process_start()函数用于启动一个进程后，首先将进程加入进程链表（需要事先验证参数，确保该进程不在进程链表中）并进行初始化（将该进程的状态设为运行状态，以及将 lc 设为 0）；然后为该给进程绑定一个 PROCESS_EVENT_INIT 事件后开始执行进行（需要事先参数验证，确保该进程已被设为运行态且该进程的函数指针 thread 不为空），执行进程实际上是执行进程结构体中的 thread 函数指针指向的函数，即 PROCESS_THREAD(name, ev, data)函数；最后通过条件判断语句来判断进程的执行结果，如果返回值表示退出、结尾或者遇到 PROCESS_EVENT_EXIT，则退出该进程，否则将挂起该进程，等待相应事件的发生。代码如下：

```
void process_start(struct process *p, process_data_t data)
{
    struct process *q;
    for(q = process_list; q != p && q != NULL; q = q->next);
    if(q == p) {
        return;
    }
    p->next = process_list;
    process_list = p;
    p->state = PROCESS_STATE_RUNNING;
    PT_INIT(&p->pt);
    PRINTF("process: starting '%s'\n", PROCESS_NAME_STRING(p));
    process_post_synch(p, PROCESS_EVENT_INIT, data);
}
```

② process_post_synch()函数。process_post_synch()函数会直接调用 call_process()函数，在调用期间需要保存 process_current，这是因为在调用 call_process()函数执行进程 p（程序代码中的进程 p）时，process_current 会指向当前进程 p，而进程 p 可能会退出或者被挂起等待一个事件。代码如下：

```
void process_post_synch(struct process *p, process_event_t ev, process_data_t data)
{
    struct process *caller = process_current;
    call_process(p, ev, data);
    process_current = caller;
}
```

③ call_process()函数。如果进程 p 的状态为 PROCESS_STATE_RUNNING，并且进程中的函数指针 thread（相当于该进程的主函数）不为空的话，就执行该进程。如果该进程的执行结果（返回值）表示退出、结尾或者遇到 PROCESS_EVENT_EXIT，则退出该进程，否则该挂起进程，等待相应的事件发生。代码如下：

```
static void call_process(struct process *p, process_event_t ev, process_data_t data)
{
    int ret;
    #if DEBUG
    if(p->state == PROCESS_STATE_CALLED) {
        printf("process: process '%s' called again with event %d\n", PROCESS_NAME_STRING(p), ev);
    }
    #endif /* DEBUG */
    if((p->state & PROCESS_STATE_RUNNING) &&p->thread != NULL) {
        PRINTF("process: calling process '%s' with event %d\n", PROCESS_NAME_STRING(p), ev);
        process_current = p;
        p->state = PROCESS_STATE_CALLED;
        ret = p->thread(&p->pt, ev, data);
        if(ret == PT_EXITED || ret == PT_ENDED || ev == PROCESS_EVENT_EXIT) {
            exit_process(p, p);
        } else {
            p->state = PROCESS_STATE_RUNNING;
        }
    }
}
```

④ exit_process()函数。exit_process()首先进行参数验证，确保即将退出的进程在进程链表中并且不是 PROCESS_STATE_NONE 状态，然后向其他进程发送一个同步事件 PROCESS_EVENT_EXITED，通知其他进行将要该进程即将退出，让与该进程相关的其他进程进行相应的处理。如果要退出一个进程，就会向 etimer_process 进程发送一个 PROCESS_EVENT_EXITED 事件，etimer_process 进程在收到这个事件后查找 timerlist 看看哪个 timer 是与将要退出的进程是相关的，把这个 timer 从 timerlist 中清除。代码如下：

```
static void exit_process(struct process *p, struct process *fromprocess)
{
```

```
register struct process *q;
struct process *old_current = process_current;
PRINTF("process: exit_process '%s'\n", PROCESS_NAME_STRING(p));
for(q = process_list; q != p && q != NULL; q = q->next);
if(q == NULL) {
    return;
}
if(process_is_running(p)) {
    /* Process was running */
    p->state = PROCESS_STATE_NONE;
    for(q = process_list; q != NULL; q = q->next) {
        if(p != q) {
            call_process(q, PROCESS_EVENT_EXITED, (process_data_t)p);
        }
    }
    if(p->thread != NULL && p != fromprocess) {
        process_current = p;
        p->thread(&p->pt, PROCESS_EVENT_EXIT, NULL);
    }
}
if(p == process_list) {
    process_list = process_list->next;
} else {
    for(q = process_list; q != NULL; q = q->next) {
        if(q->next == p) {
            q->next = p->next;
            break;
        }
    }
}
process_current = old_current;
}
```

3．基于 Contiki 操作系统编写温湿度传感器的驱动程序

这里以基于 Contiki 操作系统编写温湿度传感器的驱动程序为例，介绍在 Contiki 操作系统中创建用户进程的方法，以及在智云框架上编写设备节点（以温湿度传感器为例）的驱动程序的方法。

在 Contiki 操作系统中创建用户进程的方法比较简单,此处以编写温湿度传感器的驱动程序为例进行介绍。在 Contiki 操作系统中创建用户进程通常有三个步骤，即定义用户进程、在进程链表中添加用户进程信息、编写用户进程实体。创建完用户进程后，还需要编写设备节点（在 sensor.c 文件中编写，此处以温湿度传感器为例）的接口函数，以及无线连接进程、无线进程处理、蓝牙进程等的代码。

（1）定义用户进程。代码如下：

```
PROCESS(humiture, "humiture");
```

在用户进程的定义中，PROCESS 完成了两个功能：声明一个函数，该函数是用户进程的执行函数，即用户进程的函数指针 thread 所指的函数；定义用户进程的名称，即 humiture。

（2）在进程链表中添加用户进程信息。代码如下：

```
struct process * const autostart_processes[] = { &RF1_GetHwTypeProcess, &humiture, NULL};
autostart_start(autostart_processes);
```

上述代码将用户进程的信息添加到了进程链表中，"&humiture"用于将系统进程的执行指针指向 humiture 进程的执行函数地址。

（3）编写用户进程实体。代码如下：

```
//humiture 进程
#include <contiki.h>
#include "stdio.h"
/**********************humiture 进程**********************/
PROCESS(humiture, "humiture");                          //定义 humiture 进程

//humiture 进程主体
PROCESS_THREAD(humiture, ev, data)
{
    PROCESS_BEGIN();                                    //启动进程
    sensor_init() ;                                     //温湿度传感器初始化
    etimer_set(&etimer_sensorCheck,100);
    etimer_set(&etimer_sensorPoll,1000);
    while(1)
    {
        //PROCESS_WAIT_EVENT();
        if(etimer_expired(&etimer_sensorCheck))
        {
            checkTime = sensor_check();
            etimer_set(&etimer_sensorCheck,checkTime);
        }
        if(etimer_expired(&etimer_sensorPoll))
        {
            etimer_set(&etimer_sensorPoll,1000);
            sensor_poll(++tick);
            if(tick>59999)
            tick=0;
        }
        PROCESS_WAIT_EVENT_UNTIL(ev == PROCESS_EVENT_TIMER);}
    }
    PROCESS_END();                                      //进程结束
}
```

（4）在 sensor.c 文件中编写设备节点的接口函数。设备节点的接口函数如表 1.1 所示。

表 1.1　设备节点的接口函数

函 数 名 称	函 数 说 明
sensorInit()	初始化设备节点
sensor_poll ()	轮询设备节点，并主动上报设备节点采集的数据
sensor_check()	周期性检查函数，可设定轮询时间
z_process_command_call ()	处理上层应用发送的指令

接口函数的代码如下：

```c
#include "sensor.h"
#include "ble-net.h"
void sensor_init(void)
{
    humiture _init();                           //初始化温湿度传感器
}
char *sensor_type(void)
{
    return SENSOR_TYPE;                          //返回传感器类型
}
void updateA0(void)
{
    A0 =(uint16)(osal_rand()%1000);             //用随机数模拟温度和湿度
}
void RFSendData(char* dat)
{
    if(RF1_hwTypeGet() != 0)
    RF1_SendData(dat);
}
void sensor_poll(unsigned int t)
{
    char buf[64] = {0};
    char *p = buf;
    ZXBeeBegin();if (D0 & 0x01)
    {
        updateA0();
        sprintf(buf, "%d", A0);
        ZXBeeAdd("A0", buf);
    }
    p = ZXBeeEnd();
    if (p != NULL)
    {
        RFSendData(p);
    }
}
unsigned short sensor_check()
```

```
{
    char buf[96] = {0};
    char *p = buf;
    updateA0();
    ZXBeeBegin();
    updateA0();
    sprintf(buf, "%d", A0);
    ZXBeeAdd("A0", buf);
    p = ZXBeeEnd();
    if (p != NULL)
    {
        RFSendData(p);
    }
}
int z_process_command_call(char* ptag, char* pval, char* obuf)
{
    int ret = -1;
    if (memcmp(ptag, "A0", 2) == 0)
    {
        if (pval[0] == '?')
        {
            updateA0();
            ret = sprintf(obuf, "A0=%d", A0);
            ZXBeeAdd("A0", buf);
        }
    }
    return ret;
}
```

（5）无线连接进程的代码如下：

```
PROCESS(RF1_GetHwTypeProcess, "get name driver");
PROCESS_THREAD(RF1_GetHwTypeProcess, ev, data)
{
    static struct etimer RF1_GetName_etimer;
    static uint8_t RF1_commandIndex;
    static char* RF1_pbuf;
    PROCESS_BEGIN();
    RF1_hwType = 0;
    RF1_commandIndex = 0;
    process_post(&RF1_GetHwTypeProcess,PROCESS_EVENT_TIMER,NULL);
    while(1)
    {
        PROCESS_WAIT_EVENT();
        if(ev == uart_command_event)
        {
            RF1_pbuf = (char*)data;
            if (memcmp(RF1_pbuf, "OK", strlen("OK")) == 0)
```

```
            {
                if(RF1_commandIndex == 1)
                RF1_commandIndex = 2;
            }
            if (memcmp(RF1_pbuf, "+HW:", strlen("+HW:")) == 0)
            {
                if(RF1_commandIndex == 2)
                {
                    etimer_stop(&RF1_GetName_etimer);
                    memcpy(RF1_hwName, &RF1_pbuf[4], 6);
                    RF1_StartHandleProcess();
                    PROCESS_EXIT();
                }
            }
        }
        if(ev==PROCESS_EVENT_TIMER)
        {
            etimer_set(&RF1_GetName_etimer, 500);
            if(RF1_commandIndex == 2)
            {
                rfUartSendString(1,"AT+HW?\r\n",strlen("AT+HW?\r\n"));
            } else {
                rfUartSendString(1,"ATE0\r\n",strlen("ATE0\r\n"));
                RF1_commandIndex = 1;
            }
        }
    }
    PROCESS_END();
}
```

（6）无线进程处理的代码如下：

```
void RF1_StartHandleProcess(void)
{
    char nameList[][8]={"CC2540","New type"};
    if(memcmp(RF1_hwName, nameList[0], strlen(nameList[0])) == 0)
    {
        RF_PRINT(INFO_PREFIX "RF1 wireless type: %s" INFO_POSTFIX "\r\n\r\n",nameList[0]);
        RF1_hwType=1;
        process_start(&ble_process,NULL);
    } else {
        RF_PRINT(INFO_PREFIX "RF1 new wireless type" INFO_POSTFIX "\r\n\r\n");
        RF1_hwType=0xfe;
    }
}
```

（7）蓝牙进程的代码如下：

```
PROCESS(ble_process, "ble_process");
PROCESS_THREAD(ble_process, ev, data)
{
    static process_event_t bleConfig_event;
    static unsigned char readIndex=0;
    static uint8_t configFlag=0;
    PROCESS_BEGIN();
    readIndex=0;
    configFlag=1;
    process_post(&ble_process,bleConfig_event,NULL);

    while (1)
    {
        PROCESS_YIELD();
        if (ev == bleConfig_event)
        {
            if(ble_sendReadCommand(readIndex) == 0)
            {
                readIndex = 0;
                configFlag = 0;
                ble_UaerProgram();
            }
        }
        if (ev == uart_command_event)
        {
            char* pdata = (char *)data;
            if (memcmp(pdata, "OK", 2) == 0)
            {
                if(configFlag)
                {
                    readIndex++;
                    process_post(&ble_process,bleConfig_event,NULL);
                }
            }
            else if(memcmp(pdata, "EER:", 4) == 0)
            {
                process_post(&ble_process,bleConfig_event,NULL);
            }
            else if (memcmp(pdata, "+RECV:", 6) == 0)
            {
                short dataLen = atoi(&pdata[6]);
                while((*(pdata++))!='\n');
                if (dataLen > 0)
                {
                    _zxbee_onrecv_fun(1,pdata, dataLen);
```

```
                }
            }
            else if (memcmp(pdata, "+MAC:", 5) == 0)
            {
                memcpy(ble_mac, &pdata[5], 17);
                ble_mac[17] = 0;
            }
            else if (memcmp(pdata, "+LINK:", 6) == 0)
            {
                ble_link = atoi(&pdata[6]);
            }
        }
    }
    PROCESS_END();
}
```

（8）调用 sensor_process 进程进行温湿度数据的上报与检测。

1.2.3　小结

通过本节的学习，读者可以了解智能产品（如智能台灯、智能腕表、运动手环、创意水杯、共享单车）的硬件，以及 Contiki 操作系统的运行原理。

第2章

智能台灯设计与开发

智能台灯可提供最佳的照明环境，增加使用者的专注度，为使用者提供一个健康的使用环境。智能台灯的主要功能包括近距离读写控制、光线不足控制、用眼疲劳控制、健康护眼护脑、无线遥控等。智能台灯实物如图 2.1 所示。

图 2.1　智能台灯

本章介绍智能台灯的设计与开发，主要内容如下：

（1）智能台灯需求分析与设计：根据对智能台灯需求的分析，给出了智能台灯的方案设计和数据通信协议。

（2）智能台灯 HAL 层硬件驱动设计与开发：首先介绍了智能台灯中主要硬件设备的原理，然后介绍了 HAL 层的驱动开发，最后对驱动程序进行了测试。

（3）智能台灯 GUI 设计：在分析智能台灯系统框架的基础上，先对 GUI 界面设计和 GUI 界面函数设计进行了详细的讨论，然后对 GUI 界面的运行进行了测试。

（4）智能台灯应用 App 设计：首先介绍了 WebApp 框架设计，然后介绍了智能台灯应用 App 的功能设计，最后对智能台灯应用 App 的功能进行了测试。

2.1　智能台灯需求分析与设计

2.1.1　智能台灯功能需求

1. 智能台灯功能的市场调研

通过对市场上智能台灯的功能进行调研，可总结出智能台灯的功能，如表 2.1 所示。

表 2.1　智能台灯的功能

功能名称	功能描述
近距离读写控制	当使用者的头部低于规定的距离时（25～30 cm），智能台灯会给出语音提示，如果不在规定的时间内抬头，智能台灯就会自动熄灭。当使用者抬头后智能台灯会立即打开，保证使用者保持良好的坐姿
光线不足控制	在学习过程中，如果光线渐渐变暗或不符合学习的要求，智能台灯则会给出语音提示，并自动调节光线，可避免使用者产生视觉疲劳，可有效预防近视
用眼疲劳控制	智能台灯会自动记录使用者的学习时间，当连续学习超过一定的时间时，智能台灯会给出语音提示，强迫关闭 5 min，避免使用者用眼过度，影响视力
健康护眼护脑	智能台灯的光谱中没有紫外线和红外线，不会给使用者的眼睛带来负面影响；智能台灯采用低压直流电源，具有无电磁辐射、无频闪、无眩光、照射面积广、亮度均匀、视觉效果好等优点
无线遥控	能够对智能台灯进行无线遥控

2. 智能台灯功能需求分析设计

本章介绍的智能台灯是基于智能产品原型机设计的，结合嵌入式系统技术，能够实现智能台灯亮度的多级调控、监测室内环境参数、监测人体活动以确定是否需要点亮等；结合物联网技术，能够实现无线设置功能；结合 Android 应用技术、Web 应用技术和智云数据平台，能够在 Android 端（移动端）和 Web 端实现人与智能台灯的远程交互、多样化场景应用等。

智能台灯功能需求分析如表 2.2 所示。

表 2.2　智能台灯功能需求分析

功能名称	功能描述
灯光控制功能	（1）能够直接控制智能台灯的亮灭，实现台灯的基本控制； （2）能够控制灯光的亮度，实现台灯亮度可调； （3）控制方式包括软件控制或物理按键控制两种方式； （4）灯光亮度四级调控，一级灯光亮度最弱，四级亮度最强； （5）可通过 RGB 灯调制出任意颜色的光
环境感知功能	（1）能够监测环境的温湿度，实现智能台灯的辅助功能； （2）能够监测环境光照度，使智能台灯能够感知当前的环境光照度
无线连接功能	（1）智能台灯能够通过 BLE 连接到手机和平板电脑等具有 BLE 模块的智能手持设备； （2）智能台灯通过 BLE 与智能手持设备连接后，可以在智能手持设备上对智能台灯进行操控、参数设置等； （3）连接设置功能可通过手动输入智能台灯蓝牙的 MAC 地址或者扫描二维码来实现
显示功能	（1）能够显示当前的日期与时间； （2）能够实时显示智能台灯获取到的环境信息，如温度、湿度、光照度等； （3）能够显示蓝牙的 MAC 地址；
自动控制功能	（1）智能台灯系统分为自动模式和手动模式，在自动模式下，智能台灯完全自主控制；在手动模式下，使用者可以手动控制； （2）在自动模式下，智能台灯可通过感知有无人体靠近来决定灯的亮灭，当有人靠近智能台灯时，会自动点亮；当人远离或者无人靠近时，智能台灯会自动熄灭，以节省电能； （3）能够通过感知环境的光照度状况，自动调节智能台灯的亮度，以保护眼睛、实现节能
设置功能	（1）通过智能台灯的硬件，实现闹钟的设定； （2）通过智能台灯蓝牙的 MAC 地址或者扫描二维码等，可实现智能台灯应用 App 和智能台灯的连接

2.1.2　智能台灯的方案设计

1．总体架构设计

智能台灯是基于物联网四层架构模型进行设计的，其总体架构如图 2.2 所示。

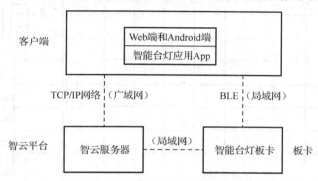

图 2.2　智能台灯总体架构

感知层：通过设备节点（如温湿度传感器、光照度传感器）采集环境数据，数据的采集和上传由 STM32F407 控制。

网络层：感知层的设备节点和智能台灯应用 App 的通过 BLE 实现无线通信，智能台灯应用 App 和智云服务器通过 TCP/IP 网络进行数据传输。

平台层：平台层是指智云平台，可提供数据的存储、交换、分析等功能，平台层提供物联网设备节点数据的存储、访问、控制。

应用层：应用层主要是物联网系统的人机交互接口，通过 Web 端、Android 端提供界面友好、操作交互性强的智能台灯应用 App。

2．硬件选型分析

1）处理器选型分析

STM32F407/417 系列微处理器在 10 mm×10 mm 芯片内封装了嵌入式存储器和外设，广泛应用在医疗、工业与消费类领域。STM32F407/417 系列微处理器采用时钟工作频率为 168 MHz 的 Cortex-M4 内核（具有浮点单元），能够提供 210 DMIPS/566 CoreMark 的性能，并且利用意法半导体的 ART 加速器实现了 0 等待访问 Flash 存储器，同时 DSP 指令和浮点单元扩大了产品的应用范围。STM32F407 的系统架构如图 2.3 所示。

2）通信模块选型分析

低耗能蓝牙（BLE）是蓝牙最新的规范标准，BLE 技术包含三个部分：控制器部分、主机部分与应用规范部分。BLE 技术主要有以下三个特点：待机时间长、连接速度快，以及发射和接收功耗低。这些特点决定了它的超低功耗性能，使用标准纽扣电池可以是 BLE 模块工作数年。另外，（BLE）技术还具有低成本、多种设备之间的互连等优点。

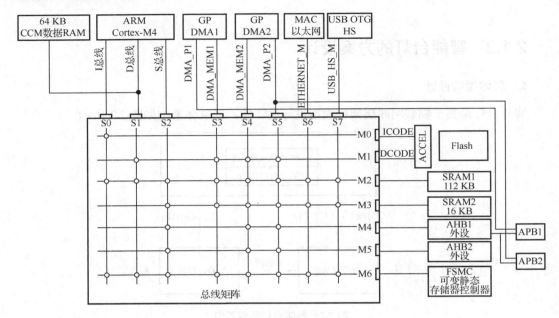

图 2.3　STM32F407 系统架构

BLE 技术应用在 2.4 GHz 的 ISM 频段，采用可变连接时间间隔技术，这个时间间隔根据具体应用可以设置为几毫秒到几秒。另外，由于 BLE 技术采用非常快速的连接方式，因此平时可以处于非连接状态，此时链路两端相互间只是知晓对方，只有在必要时才开启链路，然后在尽可能短的时间内完成传输并关闭链路。图 2.4 所示为 BLE 网络架构。

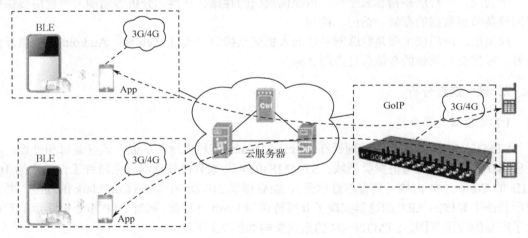

图 2.4　BLE 网络架构

BLE 技术适合用于微型无线传感器（每半秒交换一次数据）或使用完全异步通信的遥控器等设备的数据传输。这些设备传输的数据量非常少（通常几个字节），而且发送次数也很少（如每秒几次到每分钟一次，甚至更少）。

（1）跳频技术。蓝牙的工作频率为 2400～2483.5 MHz（包括防护频带），这是在全球范围内无须取得执照（但并非无管制的）的工业、科学和医疗（ISM）用的 2.4 GHz 短距离无线电频段。

蓝牙使用跳频技术，将传输的数据分割成数据包，传统蓝牙通过 79 个指定的蓝牙信道传输数据包，每个信道的带宽为 1 MHz。BLE 使用 2 MHz 的带宽，可容纳 40 个信道，第一个信道始于 2402 MHz，每 2 MHz 一个信道，直到 2480 MHz，40 个信道分为 3 个广播信道和 37 个数据信道。BLE 采用自适应跳频技术，通常每秒跳 1600 次。BLE 信道分配如图 2.5 所示。

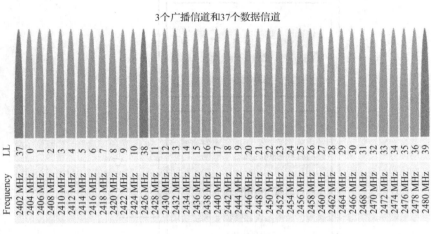

图 2.5　BLE 信道分配

（2）BLE 网络优点。

① 高可靠性。蓝牙技术联盟在制定 BLE 规范时，对数据传输过程中的链路管理协议、射频协议、基带协议采取了可靠性措施，包括差错检测和校正、数据编/解码、差错控制等，极大地提高了无线数据传输的可靠性。另外，BLE 使用自适应跳频技术，可以最大限度地减少和其他频段的串扰。

② 低成本、低功耗。BLE 技术支持两种模式：双模式和单模式。在双模式中，BLE 技术可以集成在现有的传统蓝牙控制器中，或在现有传统蓝牙芯片上加入低功耗堆栈，整体架构基本不变，可降低成本。与传统蓝牙不同，BLE 技术采用深度睡眠状态来代替传统蓝牙的空闲状态，在深度睡眠状态下，主机长时间处于超低负载的循环状态，只有在需要运行时才由蓝牙控制器来启动，BLE 的功耗较传统蓝牙降低了 90%。

③ 低时延。传统蓝牙的启动连接时间需要 6 s，而 BLE 仅需要 3 ms。

④ 传输距离得到了极大的提高。传统蓝牙的传输距离为 2～10 m，而 BLE 的有效传输距离可达到 60～100 m，传输距离的提高极大地开拓了蓝牙技术的应用前景。

⑤ 低吞吐量。BLE 支持 1 Mbps 的空中数据速率，但吞吐量只有 256 kbps。

（3）BLE 技术架构和网络架构。

① BLE 技术架构。传统蓝牙技术使用的数据包较长，在发送这些数据包时，无线设备必须在功耗相对较高的状态保持较长的时间，容易使芯片发热。这种发热将改变材料的物理特性和传输频率（中断链路），频繁地对无线设备进行再次校准将需要更多的功耗（并且要求闭环架构）。BLE 技术架构如图 2.6 所示。

（a）无线射频单元：负责数据和语音的发送和接收，特点是短距离、低功耗。蓝牙天线一般体积小、质量轻，属于微带天线。

（b）基带与链路控制单元：进行射频信号与数字或语音信号的相互转化，实现基带协议和底层的连接。

（c）链路管理单元：负责管理蓝牙设备之间的通信，实现链路的建立、验证、配置等操作。

（d）蓝牙软件协议实现，属于高层协议。

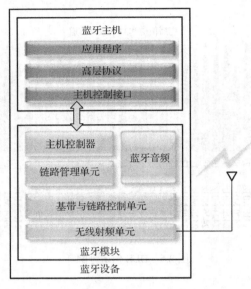

图 2.6　BLE 技术架构

② BLE 网络架构。蓝牙技术联盟推出了蓝牙协议栈，其目的是为了使不同厂商之间的蓝牙设备能够在硬件和软件两个方面相互兼容，能够实现互操作。为了能够实现远端设备之间的互操作，待互连的设备（服务器与客户端）需要运行在同一协议栈。对于不同的应用，会使用蓝牙协议栈中的一层或多层的协议层，而非全部的协议层，但是所有的应用都要建立在链路层和物理层之上。BLE 协议栈架构如图 2.7 所示。

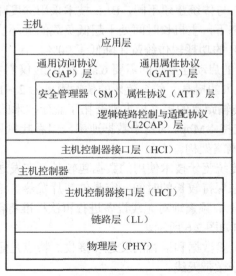

图 2.7　BLE 协议栈架构

（a）BLE 底层协议。BLE 底层协议由链路层协议、物理层协议组成，它是蓝牙协议栈的基础，实现了蓝牙信息数据流的传输链路。

物理层协议：主要规定信道分配、射频频率、射频调制特性等底层特性。BLE 设备工作于 2400～2483.5 MHz 的 2.4 GHz 的 ISM 频段，采用跳频技术减小干扰和衰落，频道中心频率为 $(2402+K\times2)$ MHz，$K=0～39$，共 40 个信道，其中有 3 个广播信道和 37 个数据信道。广播信道用于设备发现、发起连接及数据广播，数据信道用于在已连接设备间进行数据传输。物理层规范还对发射机、接收机的性能和参数，如接收机的干扰性能、带外阻塞性能、交调特性等性能指标做了可量化的规定。

链路层（LL）协议：负责管理接收或发送帧的时序，其操作可包含五个状态，分别为就绪态、广播态、扫描态、发起态和连接态。当一个 BLE 设备建立连接后，只能是主机或从机，从发起态进入连接态的 BLE 设备为主机，从广播态进入连接态的 BLE 设备为从机。主、从机相互通信并规定传输时序，从机只能与一个主机通信，而一个主机可以与多个从机通信。在链路层就可能存在多个状态。

就绪态：当链路层处于就绪态时，BLE 设备不发送或接收任何数据包，而是等待下一状态的发生。

广播态：当链路层处于广播态时，BLE 设备会发送广播信道的数据包，同时监听这些数据包所产生的响应。

扫描态：当设备处于扫描态时，BLE 设备会监听其他 BLE 设备（处于广播态）发送的广播信道数据包。

发起态：用于对特定的 BLE 设备进行监听及响应。

连接态：是指 BLE 设备与其监听到的 BLE 设备进行连接，在该状态下，两个连接的设备分别称为主机和从机。

链路层状态转换图如图 2.8 所示。

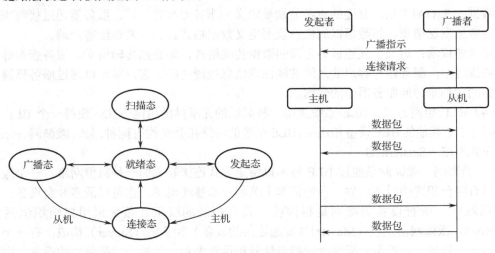

图 2.8　链路层状态转换图

（b）BLE 中间层协议。BLE 中间层协议主要完成数据的解析和重组、服务质量控制等服务，该协议层包括主机控制器接口（HCI）层、逻辑链路控制与适配协议（L2CAP）层。

主机控制器接口（HCI）层：介于主机（Host）与主机控制器（Controller）之间，它是主机与主机控制器之间的通信桥梁。HCI 层协议的数据收发是以 HCI 指令和 HCI 返回事件的形式实现的，BLE 设备厂商可以依据蓝牙技术联盟的标准 HCI 层协议来开发自己的 HCI 指令集，各厂商可以发挥各自的技术优势。HCI 层协议可以通过软件 API 或硬件接口（如 UART、SPI、USB 等）来实现。主机通过 HCI 层向主机控制器的链路管理器发送 HCI 指令，进而执行相应的操作（如设备的初始化，查询、建立连接等）；而主机控制器将链路管理器的 HCI 返回事件通过 HCI 层传递给主机，主机进一步对返回事件进行解析和处理。

逻辑链路控制与适配协议层（L2CAP）：通过采用多路复用技术、协议分割技术、协议重组技术，向上层的协议层提供定向连接服务以及无连接模式数据服务。同时，该层允许高层协议和应用程序收发高层数据包，并允许每个逻辑通道进行数据流的控制和数据重发的操作。

在 BLE 协议栈中，应用层之间的互操作是通过配置文件实现的。BLE 高层协议的配置文件定义了 BLE 协议栈中从物理层到逻辑链路控制与适配协议层的功能及特点，同时定义了 BLE 协议栈中层与层之间的互操作，以及互连设备之间处于指定协议层之间的互操作。

（c）BLE 高层协议。BLE 高层协议包括：通用访问协议层、通用属性协议层和属性协议层。高层协议主要为应用层提供访问底层协议的接口。

通用访问协议（GAP）层：定义了 BLE 设备的基本功能。对于传统的蓝牙设备，GAP 层包括射频、基带、链路管理器、逻辑链路控制与适配器、查询服务协议等功能。对于 BLE 设备，GAP 层包括了物理层、链路层、逻辑链路控制与适配器、安全管理器、属性协议，以及通用属性协议配置。GAP 层在 BLE 协议栈中负责设备的访问模式并提供相应的服务程序，这些服务程序包括设备查询、设备连接、中止连接、设备安全管理初始化，以及设备参数配置等。在 GAP 层中，每个 BLE 设备可以有四种工作模式，分别为广播模式、监听模式、从机模式、主机模式。

通用属性协议（GATT）层：建立在属性协议层之上，用于传输和存储属性协议层所定义的数据。在 GATT 层，互连的设备分别被定义为服务器和客户端。服务器通过接收来自客户端的数据发送请求，将数据以属性协议层定义数据格式打包并发送给客户端。

属性协议层：定义了互连设备之间的数据传输格式，如数据传输请求、服务查询等。在属性协议层中，服务器与客户端之间的属性表信息是透明的，客户端可以通过服务器属性表中数据的句柄来访问服务器中的数据。

（4）BLE 组网方式。BLE 系统采用一种灵活的无基站的组网方式，使得一个 BLE 设备可同时与7个其他的BLE设备相连接。BLE系统的网络拓扑结构有两种形式：微微网（Piconet）和分布式网络（Scatternet）。

① 微微网。微微网是通过 BLE 技术以特定方式连接起来的一种微型网络，一个微微网可以只有两台相连的设备，如一台笔记本电脑和一部移动电话，也可以最多 8 台设备。在一个微微网中，所有设备的级别是相同的，具有相同的权限。蓝牙采用自组织组网方式（Ad-Hoc），微微网由主机（Master）（发起连接的设备）和从机（Slaver）构成，有一个主机和最多 7 个从机。主机负责提供时钟同步信号和跳频序列，从机一般是受控的设备，由主机控制。微微网的架构如图 2.9 所示。

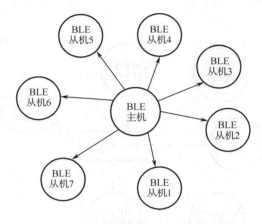

图 2.9　微微网的架构

例如，在手机与耳机间组建的一个简单的微微网，手机作为主机，耳机作为从机。再如，两个手机间也可以直接应用 BLE 技术进行无线数据传输。办公室的 PC 可以是一个主机，主机负责提供时钟同步信号和跳频序列，从机一般是受控设备，由主机控制，如无线键盘、无线鼠标和无线打印机。在进行蓝牙组网时，如果组网的无线终端设备不超过 7 台，则可以组建一个微微网。BLE 有两种组网方式，一种是 PC 对 PC 组网；另一种是 PC 对 BLE 接入点组网。

（a）PC 对 PC 组网。在 PC 对 PC 组网方式中，一台 PC 通过有线网络接入互联网，利用蓝牙适配器充当互联网的共享代理服务器，另外一台 PC 通过蓝牙适配器与共享代理服务器组建 BLE 网络，充当一个客户端，从而实现无线连接、共享上网。这种方案是在家庭 BLE 组网中最具有代表性和最普遍采用的方案，具有很大的便捷性。PC 对 PC 组网如图 2.10 所示。

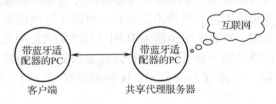

图 2.10　PC 对 PC 组网

（b）PC 对 BLE 接入点组网。在 PC 对 BLE 接入点的组网方式中，BLE 接入点，即 BLE 网关，通过与宽带接入设备相连接入互联网，通过 BLE 接入点来发射无线信号，与带有 BLE 功能的终端设备相连接来组建一个无线网络，实现所有终端设备的共享上网。终端设备可以是 PC 和笔记本电脑等，但必须带有 BLE 功能，且不能超过 7 台终端。PC 对 BLE 接入点组网如图 2.11 所示。

② 分布式网络。分布式网络是由多个独立的非同步的微微网组成的，以特定的方式连接在一起。一个微微网中的主机同时也可以作为另一个微微网中的从机，这种设备又称为复合设备。BLE 独特的组网方式赋予了它无线接入的强大生命力，同时允许 7 个移动的 BLE 设备通过一个 BLE 接入点与互联网相连，靠跳频顺序识别每个微微网，同一微微网所有用户都与这个跳频顺序同步。分布式网络是自组织网络的一种特例，其最大特点是无须基站，每台设备的地位都是平等的，并可独立地进行分组转发，具有灵活性、多跳性、拓扑结构动态变

化和分布式控制等特点。

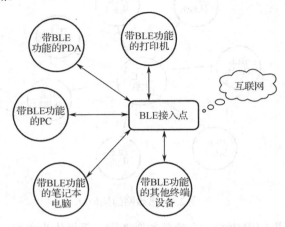

图 2.11　PC 对 BLE 接入点组网

3）传感器硬件选型分析

（1）温湿度传感器选型。温湿度传感器采用 Humirel 公司 HTU21D 型温湿度传感器，它采用适于回流焊的双列扁平无引脚 DFN 封装，底面积为 3 mm×3 mm，高度为 1.1 mm。HTU21D 型温湿度传感器的输出是经过标定的数字信号，符合标准 I2C 总线格式。

HTU21D 型温湿度传感器可为应用提供一个准确、可靠的温湿度测量数据，通过和微处理器的接口连接，可实现温度和湿度数值的输出。每一个 HTU21D 型温湿度传感器都经过校准和测试，在产品表面印有产品批号，同时在芯片内存储了电子识别码（可以通过输入命令读取这些识别码）。此外，HTU21D 型温湿度传感器的分辨率可以通过输入命令来改变，传感器可以检测到电池低电量状态，并且输出校验和，有助于提高通信的可靠性。

（2）光照度传感器选型。光照度传感器采用 BH1750FVI-TR 型光照度传感器，该传感器是日本 RHOM 株式会社推出的一种两线式串行总线接口的集成电路，可以根据收集的光线强度数据来进行环境监测，其具有 1～65 535 lx 的高分辨率，可支持较大范围的光照强度变化。

3．硬件方案

智能台灯的硬件主要有主控芯片（微处理器）、BLE 模块、RGB 灯、4 路 LED、温湿度传感器、光照度传感器、LCD 模块、时钟芯片、存储芯片等。智能台灯硬件列表如表 2.3 所示。

表 2.3　智能台灯硬件选型列表

硬　　件	信　　号
RGB 灯	3528RGB
BLE 模块	CC2540BLE
LCD 模块	ST7789
温湿度传感器	HTU21D

续表

硬　件	信　号
光照度传感器	BH1750FVI-TR
按键	AN 型按键
LED	LED0402
微处理器	STM32F407
时钟芯片	PCF8563
存储芯片	W25Q64

智能台灯的硬件设计结构如图 2.12 所示。

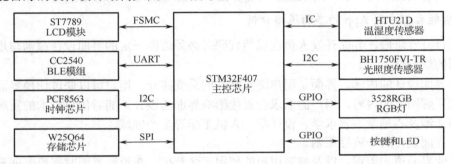

图 2.12　智能台灯的硬件设计结构

4. 应用程序设计分析

1）智能台灯应用 App 开发框架的分析

智能台灯应用 App 的界面框架如图 2.13 所示。

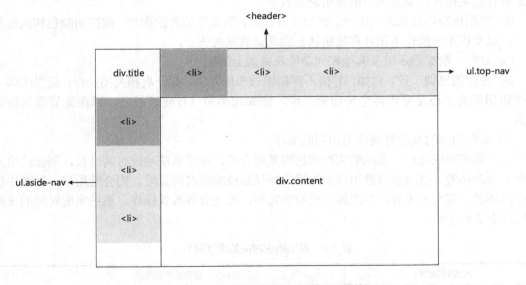

图 2.13　智能台灯应用 App 的界面框架

两级菜单的形式，一级菜单属于一级导航，二级菜单属于二级导航。

智能台灯应用 App 的界面采用两级菜单的形式，一级菜单属于一级导航，二级菜单属于二级导航。一级导航分布在智能台灯应用 App 界面的上部，单击即可选中。每个一级导航都有若干二级导航，二级导航是对第一级导航的细化，内容属于二级菜单的细化，主要实现界面的功能。

（1）顶部（<header>）：用于包裹标题（div.title）和一级导航（ul.top-nav）。标题用于显示智能台灯的名称。一级导航用于包裹 li 标签，当切换一级导航时，会通过 display 属性来显示二级导航及其内容。

（2）二级导航（ul.aside-nav）：用于包裹 li 标签。

（3）内容（div.content）：用来显示功能界面，二级导航可以动态切换内容。

2）智能台灯应用 App 的界面风格分析

在项目开发阶段，界面开发人员在编写代码时必须遵循一定的界面设计原则与规范，以确保界面的统一性。

（1）界面设计的内涵。界面是用户浏览网站的重要媒介，用户可以通过切换界面、单击界面等来了解网站的内容，用户的需求会直接影响界面的设计。随着信息技术的发展，界面的设计还会涉及心理学、艺术学、设计学、人机工学等多个领域。

（2）界面设计的一致性原则。

为了使界面更加美观，以及减轻用户的使用记忆负担，在设计界面时需要保证界面的一致性。一致性是指在界面布局（如国字形和厂字形，用来定位用户阅读的习惯性），以及控件（指相同的显示信息的方式，如字体样式、界面颜色、标签风格、术语、显示错误信息的方式）等方面需要确保一致，其目的是减轻用户的使用记忆负担。界面设计的一致性原则如下：

① 界面样式的相对统一。在设计具体的界面时，可以根据操作的实用性和可实施性对界面样式进行合理的调整，但需要保持界面之间的协调统一、主次明显，以便用户可以方便快捷地进行相关操作，减轻用户的使用记忆负担。

② 界面色彩以及风格的统一。在设计界面时，需要保证界面图片、按钮的颜色和风格的统一，以及在不同操作下图片和按钮状态的视觉效果的统一。

③ 导航、数据显示以及其他相同功能在格式上的统一。

④ 界面的协调一致。例如，界面不同按钮的布局方式，如开启和关闭操作，是采用同一个按钮切换文字还是采用两个按钮来实现，诸如此类的设计应该统一，以保证界面的协调一致。

⑤ 实现相同的功能时应使用相同的操作。

（3）系统响应时间。系统响应时间的设置要合理，如果系统响应时间过长，则会给用户一种卡顿的体验，甚至会消磨用户的耐性；如果系统响应时间过短，则会给用户一种操作快节奏的体验，甚至还未看清界面就已经响应完毕，可能会导致误操作。系统响应时间的设置原则如表 2.4 所示。

表 2.4 系统响应时间的设置原则

系统响应时间	适用的界面设计
0～3 s	适用于显示、处理动画

续表

系统响应时间	适用的界面设计
3 s 以上	适用于显示处理模态框窗口，或者进度条、图表数据的更新
一个长时间的处理完成时	适用于信息的提示

（4）出错信息与警告。智能台灯要能够对用户的误操作给出清楚的出错信息以及警告，出错信息与警告要遵循以下原则：

① 出错信息与警告应当使用简单明了的描述，要便于用户理解。

② 出错信息与警告应指出错误可能会导致的不良后果，便于用户做出判断或者根据提示进行改正。

③ 出错信息与警告应伴随视觉上的提示，如弹框、特殊的动画效果或颜色、闪烁。

④ 出错信息与警告不能带有判断性色彩，在任何情况下不能指责用户的误操作等。

⑤ 出错信息与警告只显示与当前环境有关的信息。

⑥ 出错信息与警告应使用一致的标记、缩写，以及可预测的颜色，信息的含义需要非常明确，便于用户理解，不需要用户再参考其他信息。

⑦ 使用缩进或者文本等方式来帮助用户理解系统的功能。

（5）智能台灯应用 App 界面的视觉设计。

① 允许界面定制。用户可以根据需求更改默认的系统设置，选择其满意的个性化设置。

② 实时帮助。在用户使用智能台灯应用 App 之前，可以通过实时帮助熟悉系统；在使用智能台灯应用 App 时，其界面应当提供部分帮助功能，主要是提供针对操作的帮助。实时帮助可以采用提示信息的形式，不能影响正常的使用，当用户不再使用某个功能时（如触笔或手指离开某个功能区），该功能对应的实时帮助应自动关闭。

③ 界面应当提供相关的视觉线索，可通过图形符号来帮助用户记忆，如小图标、下拉框中的相关选项。

④ 界面中的图标设计要符合用户的使用经验，如编辑、保存等的图标设计，用户无须花时间去猜测各个图标的功能。

⑤ 在设计界面的色彩时，应当使用同类色或者接近色，采用色彩弱对比，保证整体色调对比不太强烈，提高用户浏览界面的舒适性。

3）智能台灯应用 App 的交互设计分析

对于智能产品的 App（如智能台灯应用 App）来讲，不论在 Android 端还是在 Web 端，用户和 App 的交互体验变得越来越重要，智能产品的 App 界面的交互设计需要遵循以下原则：

（1）交互的一致性，菜单选择、数据显示，以及各种功能的设计需要采用统一的格式。

（2）对于具有明确结果的操作，需要用户在进行下一步操作是做出选择，并且确保用户完全明确操作的危险性或者破坏性。

（3）允许取消在界面中输入的数据。

（4）允许用户操作中的非恶意错误，系统应有相应的保护功能，保护自己不受非恶意错误操作的破坏。

（5）具有方便退出的按钮。

（6）导航功能应当便于界面切换，用户可以很容易从一个功能模块跳转到另一个功能模块。

（7）用户可以了解自己当前操作的位置，以便进行下一步操作。

2.1.3 智能台灯数据通信协议的设计

智能产品通常是基于物联网的四层架构设计的，智能产品中的数据会贯穿物联网的感知层、网络层、服务层和应用层。数据在这四个层之间层层传递。感知层用于产生数据，网络层在对数据进行解析后将其发送给服务层，服务层需要对数据进行分解、分析、存储和调用，应用层需要从服务层获取经过分析的数据。在整个过程中，要使数据能够在每一层被正确识别，就需要设计一套完整的数据通信协议。

数据通信协议是指通信双方为了完成通信或服务所必须遵循的规则和约定。通过通信信道和设备连接多个不同地理位置的数据通信系统，要使其能够协同工作，实现数据交换和资源共享，就必须使用共同的"语言"，交流什么、如何交流及何时交流，必须遵循某种通信双方都能接受的规则，这个规则就是数据通信协议。

采集类程序通信协议类 JSON 格式，格式为"{[参数]=[值],[参数]=[值]…}"。

● 每条数据以"{"作为起始字符；
● "{}"内的多个参数以","分隔；
● 数据上传指令的格式为"{value=12,status=1}"；
● 数据下行查询指令的格式为"{value=?,status=?}"，程序返回的格式为"{value=12,status=1}"。

智能台灯能够实时监测环境温度、湿度和光照度，既可通过按键控制 LED 的亮灭，也可以通过智能台灯应用 App 来控制 LED、RGB 灯的亮灭和颜色的控制。这些功能涉及的数据要能够被智能台灯、智云数据中心（云平台）和智能台灯应用 App 识别，数据必须按照一定的协议（数据格式）。智能台灯系统使用数据通信协议如表 2.5 所示。

表 2.5 智能台灯的数据通信协议

参 数	含 义	权 限	描 述
A0	光照度	R	光照强度，浮点型数据，单位为 lx
A1	温度	R	温度，浮点型数据，单位为℃
A2	湿度	R	湿度，浮点型数据，单位为%
D0	设置是否允许主动上报数据	R/W	D0 的 bit0～bit2 代表 A0～A2 主动上报状态
D1	LED 的状态	R/W	D1 的 bit0～bit3 代表 LED1～4 的状态
V1	当前时间	R/W	格式为"{V1=2020/09/03/1/14/25}"，表示年/月/日/星期/时/分，0 表示星期日
V2	闹钟	R/W	格式为"{V2=1/1/127/13/25}"，表示闹钟序号/开关/提醒星期/时/分，其中开关 1 表示打开闹钟，0 表示关闭闹钟；提醒星期使用位操作，bit0～bit6 分别对应星期日到星期六，1 表示该日闹钟打开，0 表示该日闹钟关闭
V3	RGB 灯的颜色	R/W	格式为"{V3=255/255/255}"，表示占空比为 1 的红色/占空比为 1 的绿色/占空比为 1 的蓝色
V4	光照阈值	R/W	格式为"{V4=100/200}"，表示光照度的最小值/光照度的最大值
V5	模式切换	R/W	格式为"{V5=1}"，0 表示手动模式，1 表示自动模式

参数 V1～V3 分别用来表示当前时间、闹钟和 RGB 灯的颜色，用户可通过智能台灯应

用 App 来更新这三个参数，因此参数 V1～V3 的权限是可读写（R/W）的。V4 表示自动模式下光照阈值，发送"{V4=100/200}"，表示设置的光照度最小值是 100，最大值是 200。V7 表示模式切换，用于设置手动模式和自动模式。A0 表示光照度，A1 表示温度，A2 表示湿度，D0 用于设置是否允许主动上报数据，D1 表示 LED 的状态。

2.1.4　小结

通过节的学习和实践，读者可以掌握智能台灯功能需求、方案设计和数据通信协议，对智能台灯的前期方案设计有足够的认知。

2.2　智能台灯 HAL 层硬件驱动设计与开发

2.2.1　硬件原理

本节主要介绍智能台灯中温湿度传感器、光照度传感器、LCD 控制器的原理。

1．温湿度传感器的原理

本章介绍的智能台灯使用的温湿度传感器是 HTU21D 型温湿度传感器，该传感器采用适合回流焊的双列扁平无引脚 DFN 封装，底面积为 3 mm×3 mm，高度为 1.1 mm，其输出的是经过标定的数字信号，符合标准 I2C 总线格式。HTU21D 型温湿度传感器可为应用提供一个准确、可靠的温湿度数据，通过和微处理器的接口连接，可实现温湿度数值的输出。每一个 HTU21D 型温湿度传感器在芯片内都存储了电子识别码（可以通过输入命令读取电子识别码）。HTU21D 型温湿度传感器的分辨率可以通过输入命令进行修改，可以检测到电池低电量状态并且输出校验和，有助于提高可靠性。

1）HTU21D 型温湿度传感器的引脚

HTU21D 型温湿度传感器的引脚如图 2.14 所示。

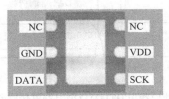

图 2.14　HTU21D 型温湿度传感器的引脚

HTU21D 型温湿度传感器的引脚功能如表 2.6 所示。

表 2.6　HTU21D 型温湿度传感器引脚的功能

序　号	引 脚 名 称	描　述
1	DATA	串行数据端口（双向）
2	GND	电源地

序　号	引脚名称	描　述
3	NC	不连接
4	NC	不连接
5	VDD	电源输入
6	SCK	串行时钟（双向）

HTU21D 型温湿度传感器的供电范围为 DC 1.8～3.6 V，推荐电压为 3.0 V。VDD 引脚和 GND 引脚之间需要连接一个 100 nF 的去耦电容，该电容位置应尽可能靠近传感器。SCK 引脚用于微处理器与 HTU21D 型温湿度传感器之间的通信同步，由于该引脚包含了完全静态逻辑，因而不存在最小 SCK 频率。HTU21D 型温湿度传感器的 DATA 引脚为三态结构，用于读取 HTU21D 型温湿度传感器的数据。当向 HTU21D 型温湿度传感器发送命令时，DATA 引脚电平在 SCK 引脚电平的上升沿有效且在 SCK 引脚为高电平时必须保持稳定，DATA 引脚电平在 SCK 引脚电平的下降沿之后改变。当从 HTU21D 型温湿度传感器读取数据时，DATA 引脚电平在 SCK 引脚电平变低以后有效，且维持到下一个 SCK 引脚电平的下降沿。为避免信号冲突，微处理器在 DATA 引脚电平为低电平时需要一个外部的上拉电阻（如 10 kΩ）将信号提拉至高电平，上拉电阻通常已包含在微处理器的 I/O 电路中。

2）微处理器与 HTU21D 型温湿度传感器的通信时序

微处理器与 HTU21D 型温湿度传感器的通信时序如图 2.15 所示。

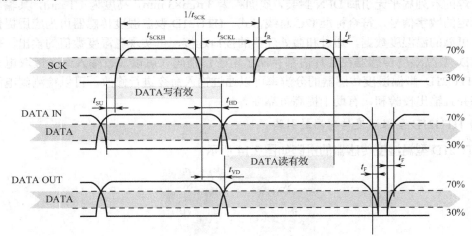

图 2.15　微处理器和 HTU21D 型温湿度传感器的通信时序

（1）启动传感器：将 HTU21D 型温湿度传感器上电，VDD 引脚电平为 1.8～3.6 V。上电后传感器最多需要 15 ms（此时 SCK 引脚电平为高电平）达到空闲状态，即做好准备接收由主机（微处理器）发送的命令。

（2）起始信号：开始传输，发送一位数据时，DATA 引脚电平在 SCK 引脚电平为高电平期间由高电平向低电平的跳变。起始信号如图 2.16 所示。

（3）停止信号：终止传输，在停止发送数据时，DATA 引脚电平在 SCK 引脚电平为高电平期间由低电平向高电平的跳变。停止信号如图 2.17 所示。

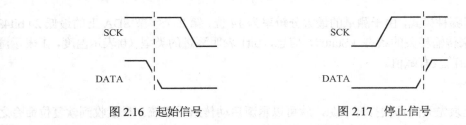

图 2.16 起始信号   图 2.17 停止信号

3）主机/非主机模式

微处理器与 HTU21D 型温湿度传感器之间的通信有两种工作模式：主机模式和非主机模式。

主机模式的通信时序如图 2.18 所示，灰色部分由 HTU21D 型温湿度传感器控制。如果要省略校验和（Checksum）传输，可将第 45 位改为 NACK，后接一个传输停止时序（P）。

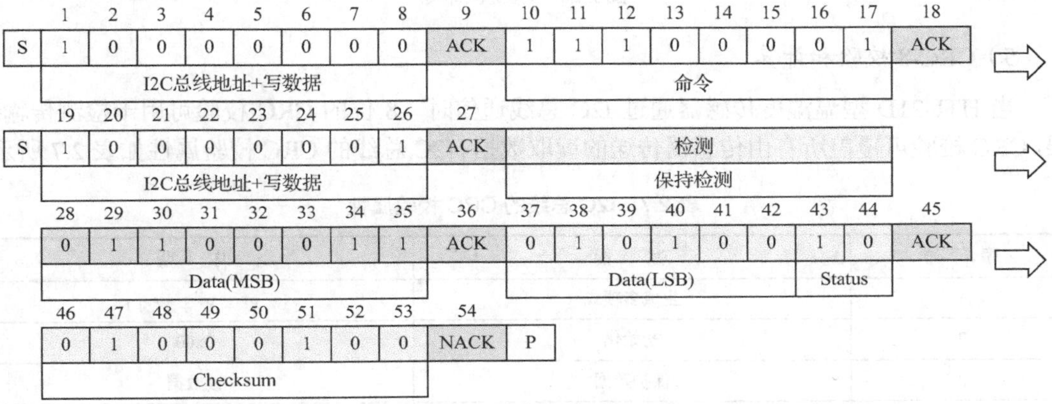

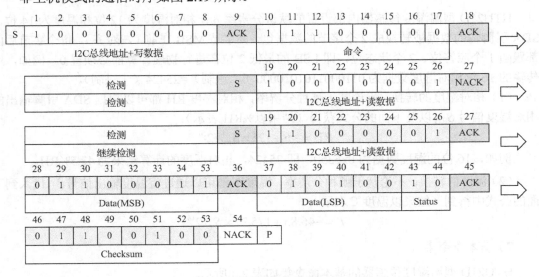

图 2.18 主机模式的通信时序

非主机模式的通信时序如图 2.19 所示。

图 2.19 非主机模式的通信时序

无论采用哪种模式，由于测量的最大分辨率为 14 位，第 2 个字节 SDA 上的最低 2（bit43 和 bit44）用来传输相关的状态（Status）信息，bit1 表明测量的类型（0 表示温度，1 表示湿度），bit0 位当前没有赋值。

4）软复位

软复位无须先关闭再次打开电源，就可以重新启动传感器系统。在接收到软复位命令之后，传感器开始重新初始化，并恢复默认设置状态，软复位命令如图 2.20 所示，软复位所需时间不超过 15 ms。

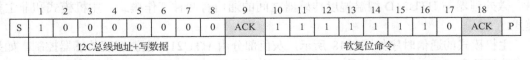

图 2.20　软复位命令

5）CRC-8 校验和计算

当 HTU21D 型温湿度传感器通过 I2C 总线通信时，8 位的 CRC 校验可用于检测传输错误，CRC 校验可覆盖所有由传感器传送的读取数据。I2C 总线的 CRC 校验属性如表 2.7 所示。

表 2.7　I2C 总线的 CRC 校验属性

序　号	功　　能	说　　明
1	生成多项式	$X^8 + X^5 + X^4 + 1$
2	初始化	0x00
3	保护数据	读数据
4	最后操作	无

6）信号转换

HTU21D 型温湿度传感器内部设置的默认分辨率为：相对湿度为 12 位和温度为 14 位。SDA 引脚输的数据被转换成 2 个字节的数据包，高字节 MSB 在前（左对齐），每个字节后面都跟随 1 个应答位、2 个状态位，即 LSB 的最低 2 位在进行物理计算前必须置 0。例如，所传输的 16 位相对湿度数据为 0110001101010000（二进制）=25424（十进制）。

（1）相对湿度的转换。不论基于哪种分辨率，相对湿度 RH 都可以根据 SDA 引脚输出的相对湿度信号 S_{RH} 以及下面的公式获得（结果以%RH 表示）：

$$RH = -6 + 125 \times S_{RH}/2^{16}$$

例如，16 位的湿度数据为 0x6350，即 25424，相对湿度的计算结果为 42.5%RH。

（2）温度的转换。不论基于哪种分辨率，温度 T 都可以通过将温度输出信号 S_T 代入到下面的公式中得到（结果以温度℃表示）：

$$T = -46.85 + 175.72 \times S_T/2^{16}$$

7）基本命令集

HTU21D 型温湿度传感器的基本命令集如表 2.8 所示。

表 2.8　基本命令集（RH 代表相对湿度、T 代表温度）

序　号	命　令	功　能	代　码
1	触发 T 测量	保持主机	1110 0011
2	触发 RH 测量	保持主机	1110 0101
3	触发 T 测量	非保持主机	1111 0011
4	触发 RH 测量	非保持主机	1111 0101
5	写寄存器	—	1110 0110
6	读寄存器	—	1110 0111
7	软复位	—	1111 1110

2．光照度传感器的原理

本章介绍的智能台灯使用的光照度传感器是 BH1750FVI-TR 型光照度传感器，该传感器集成了数字处理芯片，可以将检测信息转换为光照度，微处理器可以通过 I2C 总线获取光照度的信息。

BH1750FVI-TR 型是一种用于二线式串行总线接口的数字型光照度传感器，该传感器可根据收集的光线强度数据来调整液晶或者键盘背景灯的亮度，利用它的高分辨率可以检测较大范围的光照度的变化，其测量范围为 1～65535 lx。

BH1750FVI-TR 型光照度传感器芯片的特点如下：
- 接近视觉灵敏度的光谱灵敏度特性（峰值灵敏度波长的典型值为 560 nm）；
- 输入光范围广（相当于 1～65535 lx）；
- 对光源的依赖性弱，可使用白炽灯、荧光灯、卤素灯、白光 LED、日光灯；
- 可测量的范围为 1.1～100000 lx/min。
- 受红外线影响很小。

BH1750FVI-TR 型光照度传感器的工作参数如表 2.9 所示。

表 2.9　BH1750FVI-TR 型光照度传感器的工作参数

参　数	符　号	额 定 值	单　位
电源电压	V_{max}	4.5	V
运行温度	T_{opr}	−40～85	℃
存储温度	T_{stg}	40～100	℃
反向电流	I_{max}	7	mA
功率损耗	P_d	260	mW

BH1750FVI-TR 型光照度传感器的运行条件如表 2.10 所示。

表 2.10　BH1750FVI-TR 型光照度传感器的运行条件

参　数	符　号	最 小 值	最 大 值	单　位
VCC 电压	V_{CC}	2.4	3.6	V
I2C 总线参考电压	V_{DVI}	1.65	3.6	V

BH1750FVI-TR 型光照度传感器有 5 个引脚，分别是电源（VCC）、地（GND）、设备地址引脚（DVI）、时钟引脚（SCL）、数据引脚（SDA）。DVI 接电源或接地决定了不同的设备地址（接电源时为 0x47，接地时为 0x46）。BH1750FVI-TR 型光照度传感器的结构框图如图 2.21 所示。

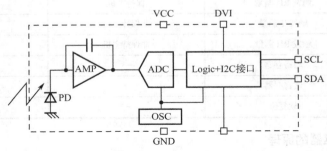

图 2.21　BH1750FVI-TR 型光照度传感器的结构框图

图 2.21 中，PD 是接近人眼反应的光敏二极管。AMP 是集成运算放大器，其作用是将 PD 电流转换为 PD 电压。ADC 将模拟信号转换为 16 位数字信号。Logic+I2C 接口是光照度计算和 I2C 总线接口，包括下列寄存器：数据寄存器，用于光照度数据的寄存，初始值是 0000 0000 0000 0000；测量时间寄存器，用于时间测量数据的寄存，初始值是 0100 0101。OSC 是内部振荡器（时钟频率典型值为 320 kHz），该时钟为内部逻辑时钟。传感器共有 6 种测量光照强度的模式，分别对应不同的测量分辨率和测量时间。

从 BH1750FVI-TR 型光照度传感器的结构框图可看出，外部光线被接近人眼反应的光敏二极管 PD 探测到后，通过集成运算放大器（AMP）将 PD 电流转换为 PD 电压，由模/数转换器（ADC）获取 16 位数字信号，然后由 Logic+I2C 接口进行数据处理与存储。OSC 为内部的振荡器提供内部逻辑时钟，通过相应的指令操作即可读取出内部存储的光照度数据。数据传输使用标准的 I2C 总线，按照时序要求操作起来非常方便。各种模式的指令集如表 2.11 所示。

表 2.11　BH1750FVI-TR 型光照度传感器的指令集

指　　令	功能代码	注　　释
断电	0000_0000	无激活状态
通电	0000_0001	等待测量指令
重置	0000_0111	重置数字寄存器值，重置指令在断电模式下不起作用
连续 H 分辨率模式	0001_0000	在 1 lx 分辨率下开始测量，测量时间一般为 120 ms
连续 H 分辨率模式 2	0001_0001	在 0.5 lx 分辨率下开始测量，测量时间一般为 120 ms
连续 L 分辨率模式	0001_0011	在 4 lx 分辨率下开始测量，测量时间一般为 120 ms
一次 H 分辨率模式	0010_0000	在 1 lx 分辨率下开始测量，测量时间一般为 120 ms，测量后自动设置为断电模式
一次 H 分辨率模式 2	0010_0001	在 0.5 lx 分辨率下开始测量，测量时间一般为 120 ms，测量后自动设置为断电模式
一次 L 分辨率模式	0010_0011	在 4 lx 分辨率下开始测量，测量时间一般为 120 ms，测量后自动设置为断电模式

指 令	功 能 代 码	注 释
改变测量时间（高位）	01000_MT[7,6,5]	改变测量时间
改变测量时间（低位）	011_MT[4,3,2,1,0]	改变测量时间

在 H 分辨率模式下，足够长的测量时间（积分时间）能够抑制一些噪声（包括 50 Hz 和 60 Hz 的光噪声）；同时，H 分辨率模式的分辨率为 1 lx，适用于黑暗场合下（小于 10 lx）。H 分辨率模式 2 同样适用于黑暗场合下的检测。

3．LCD 控制器的原理

1）液晶显示器

相对于 CRT 显示器（阴极射线管显示器），液晶显示器（Liquid Crystal Display，LCD）具有功耗低、体积小、承载的信息量大，以及不伤人眼的优点，因而成为现在的主流显示设备，如电视机、计算机显示器、手机屏幕及各种嵌入式设备的显示屏。

液晶是一种介于固体和液体之间的特殊物质，它是一种有机化合物，常态下呈液态，但是它的分子排列和固体晶体一样有规则，因此取名液晶。如果给液晶施加电场，则会改变它的分子排列，从而改变光线的传播方向，配合偏振光片，它就具有控制光线透过率的作用，再配合彩色滤光片并改变加给液晶电压大小，就能改变某一颜色的透光量。利用这种原理，可做出红、绿、蓝光输出强度可控的显示结构，把三种显示结构组成一个显示单位，通过控制红、绿、蓝光的强度，可以使该显示单位产生不同的色彩，这样的一个显示单位称为像素。液晶屏的显示结构如图 2.22 所示。

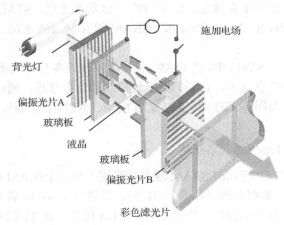

施加电场

背光灯

偏振光片A

玻璃板

液晶

玻璃板

偏振光片B

彩色滤光片

图 2.22　液晶屏的显示结构

2）LED 点阵显示器

彩色 LED 点阵显示器的单个像素内包含红、绿、蓝三色 LED，显示原理类似大型电子屏的 LED，通过控制红、绿、蓝颜色的强度进行混色，可实现全彩颜色输出，多个像素构成一个屏幕。由于每个像素都是 LED 自发光的，所以在户外白天也显示得非常清晰。但由于 LED 的体积较大，导致屏幕的像素密度低，所以它一般只适合用于户外的大型显示器。相对来说，单色 LED 点阵显示器应用得更广泛，如公交车上的信息展示牌等。

3）显示器的基本参数

显示器的基本参数如下：

（1）像素：像素是组成图像的最基本的单元要素，显示器的像素指它成像最小的点，即液晶显示器的一个显示单元。

（2）分辨率：显示器常以"行像素值×列像素值"来表示屏幕的分辨率，如 800×480 表示该显示器的每行有 800 个像素，每列有 480 个像素，也可理解为有 800 列、480 行。

（3）色彩深度：色彩深度指显示器的每个像素能表示多少种颜色，一般用位（bit）来表示。例如，单色显示器的每个像素有亮或灭两种状态（实际上能显示两种颜色），用 1 bit 就可以表示像素的所有状态，所以它的色彩深度为 1 bit，其他常见的显示器色彩深度为 16 bit、24 bit。

（4）显示器尺寸：显示器的大小一般以英寸表示，如 5 英寸、21 英寸、24 英寸等，这个长度是指屏幕对角线的长度，通过显示器的对角线长度及长宽比可确定显示器的实际长宽尺寸。

（5）点距：点距指两个相邻像素之间的距离，它会影响画质的细腻度及观看距离，相同尺寸的屏幕，若分辨率越高，则点距越小，画质越细腻。现在有些手机屏幕的画质比电脑显示器的还细腻，这是手机屏幕点距小的原因；LED 点阵显示屏的点距一般都比较大，所以适合远距离观看。

4）FSMC

STM32F407 或 STM32F417 系列微处理器都带有 FSMC 模块。FSMC，即灵活的静态存储控制器，能够与同步或异步存储器、16 位 PC 存储器卡连接，STM32F4 的 FSMC 模块支持与 SRAM、NAND Flash、NOR Flash 和 PSRAM 等存储器的连接。FSMC 模块的框图如图 2.23 所示。

从图 2.23 可以看出，STM32F4 的 FSMC 模块将外部设备分为两类：NOR Flash/PSRAM 存储器、NAND Flash/PC 存储卡，它们共用地址总线和数据总线，通过不同的片选信号来区分不同的设备。例如，当用到 TFT LCD 时使用 FSMC_NE[4:1]作为片选信号，将 TFT LCD 当成 PSRAM 来控制。

5）TFT LCD 作为 PSRAM 设备使用

为什么可以把 TFT LCD 当成 PSRAM 设备使用呢？外部 PSRAM 的控制信号一般有：地址总线（如 A0～A18）、数据总线（如 D0～D15）、写信号（WE）、读信号（OE）、片选信号（CS），如果 PSRAM 支持字节控制，那么还有 UB/LB 信号。而 TFT LCD 的信号包括：RS、D0～D15、WR、RD、CS、RST 和 BL 等，其中在实际操作 LCD 时需要用到的只有 RS、D0～D15、WR、RD 和 CS，其操作时序和 PSRAM 的控制完全类似，唯一不同就是 TFT LCD 有RS 信号，但是没有地址总线。

TFT LCD 通过 RS 信号来决定传输的数据是数据还是命令，本质上可以理解为一个地址信号，例如，把 RS 接在 A0 上，那么当 FSMC 控制器写地址 0 时，会使 A0 变为 0，对 TFT LCD 来说，就是写命令；而当 FSMC 控制器写地址 1 时，A0 将会变为 1，对 TFT LCD 来说，就是写数据。这样就把数据和命令区分开了，它们其实就是对应 PSRAM 操作的两个连续地址。当然 RS 也可以接在其他地址线上。

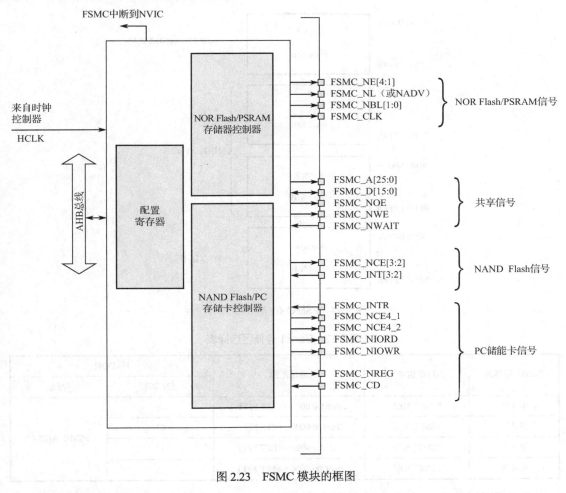

图 2.23　FSMC 模块的框图

STM32F4 的 FSMC 模块支持 8、16、32 位的数据宽度，智能台灯用到的 TFT LCD 是 16 位数据宽度，所以在设置时，选择 16 位就可以了。

6）FSMC 模块的外部设备地址映像

STM32F4 的 FSMC 模块将外部存储器划分为固定大小为 256 MB 的 4 个存储块，FSMC 存储块地址映像如图 2.24 所示。

从图 2.24 可以看出，FSMC 模块总共管理 1 GB 空间，拥有 4 个存储块（Bank），下述介绍仅讨论存储块 1 的相关配置，其他存储块的配置请参考芯片相关资料。

STM32F4 的 FSMC 模块的存储块 1（Bank1）被分为 4 个区，每个区管理 64 MB 的空间，每个区都有独立的寄存器对所连接的存储器进行配置。Bank1 的 256 MB 空间由 28 根地址线（HADDR[27:0]）寻址。

HADDR 是内部 AHB 地址总线，其中 HADDR[25:0]来自外部存储器地址 FSMC_A[25:0]，而 HADDR[26:27]对 4 个区进行寻址，Bank1 存储区选择表如表 2.12 所示。

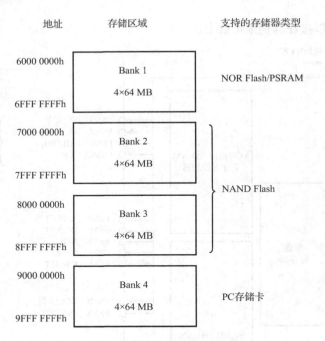

图 2.24　FSMC 存储块地址映像

表 2.12　Bank1 存储区选择表

Bank1 存储区	片选信号	地址范围	HADDR	
			[27:26]	[25:0]
第 1 区	FSMC_NE1	0x6000 0000～63FF FFFF	00	FSMC_A[25:0]
第 2 区	FSMC_NE2	0x6400 0000～67FF FFFF	01	
第 3 区	FSMC_NE3	0x6800 0000～6BFF FFFF	10	
第 4 区	FSMC_NE4	0x6C00 0000～6FFF FFFF	11	

　　要特别注意 HADDR[25:0]的对应关系，当 Bank1 接的是 16 位数据宽度的存储器时，HADDR[25:1]对应 FSMC_A[24:0]；当 Bank1 接的是 8 位数据宽度的存储器时，HADDR[25:0]对应 FSMC_A[25:0]。

　　不论 8 位或 16 位数据宽度的设备，FSMC_A[0]永远接在外部设备地址 A[0]。对于本章介绍的智能台灯，TFT LCD 使用的是 16 位数据宽度，所以 HADDR[0]并没有用到，只有 HADDR[25:1]是有效的，因此 HADDR[25:1]对应 FSMC_A[24:0]，相当于右移 1 位。另外，HADDR[27:26]的设置是不需要干预的，例如，当选择使用 Bank1 的第 3 区，即使用 FSMC_NE3 来连接外部设备时，即对应 HADDR[27:26]=10，要做的就是配置对应第 3 区的寄存器组来适应外部设备即可。

2.2.2　HAL 层驱动开发分析

1. 温湿度传感器的驱动开发

1）硬件连接

HTU21D 型温湿度传感器的硬件连接如图 2.25 所示。

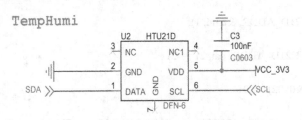

图 2.25　HTU21D 型温湿度传感器的硬件连接

HTU21D 型温湿度传感器通过 I2C 总线与微处理器进行通信，其 SCL 引脚连接微处理器的 PA1 引脚，SDA 引脚连接微处理器的 PA0 引脚。

2）驱动函数分析

HTU21D 型温湿度传感器是通过 I2C 总线来驱动的，驱动函数如表 2.13 所示。

表 2.13　HTU21D 型温湿度传感器的驱动函数

函 数 名 称	函 数 说 明
void htu21d_init(void)	初始化 HTU21D 型温湿度传感器
float htu21d_t(void)	读取 HTU21D 型温湿度传感器采集的温度和湿度
PROCESS_THREAD(htu21d_update, ev, data)	温湿度数据的更新进程

（1）HTU21D 型温湿度传感器的初始化。代码如下：

```
/*****************************************************************************
* 函数名称：htu21d_init()
* 函数功能：初始化 HTU21D 型温湿度传感器
*****************************************************************************/
void htu21d_init(void)
{
    char cmd = 0xfe;
    HTU21DGPIOInit();
    i2c_write(HTU21D_ADDR, &cmd, 1);                          //reset
    delay_ms(10);
}
```

（2）读取温度。微处理器通过 I2C 总线向 HTU21D 型温湿度传感器写入读取温度的指令，经过计算后可得到实际的温度。代码如下：

```
/*****************************************************************************
 * 函数名称：htu21d_t()
 * 函数功能：读取温度
 * 返 回 值：-1；float t—处理后的温度
 *****************************************************************************/
float htu21d_t(void)
{
    char cmd = 0xf3;
    char dat[4];
    i2c_write(HTU21D_ADDR, &cmd, 1);
    delay_ms(50);
    if (i2c_read(HTU21D_ADDR, dat, 2) == 2)
    {
        if ((dat[1]&0x02) == 0)
        {
            float t = -46.85f + 175.72f * ((dat[0]<<8 | dat[1])&0xfffc) / (1<<16);
            return t;
        }
    }
    return -1;
}
```

（3）读取湿度。微处理器通过 I2C 总线向 HTU21D 型温湿度传感器写入读取湿度的指令，经过计算后可得到实际的湿度。代码如下：

```
/*****************************************************************************
 * 函数名称：htu21d_h()
 * 函数功能：读取湿度
 * 返 回 值：-1；float h—处理后的湿度
 *****************************************************************************/
float htu21d_h(void)
{
    char cmd = 0xf5;
    char dat[4];

    i2c_write(HTU21D_ADDR, &cmd, 1);
    delay_ms(50);
    if (i2c_read(HTU21D_ADDR, dat, 2) == 2)
    {
        if ((dat[1]&0x02) == 0x02)
        {
            float h = -6 + 125 * ((dat[0]<<8 | dat[1])&0xfffc) / (1<<16);
            return h;
        }
    }
    return -1;
}
```

（4）温湿度数据的更新进程。代码如下：

```
PROCESS_THREAD(htu21d_update, ev, data)
{
    static struct etimer htu21d_time;
    static char htu21d_command = 0;
    static char htu21d_buf[4]= {0};
    PROCESS_BEGIN();
    htu21d_init();
    while(1)
    {
        //更新温度
        for(unsigned char i = 0; i<4; i++)
        {
            htu21d_buf[i] = 0;                                  //清 htu21d_buf
        }
        htu21d_command = 0xf3;
        i2c_write(HTU21D_ADDR, &htu21d_command, 1);
        etimer_set(&htu21d_time,50);                           //设置 etimer 定时器
        PROCESS_WAIT_EVENT_UNTIL(ev == PROCESS_EVENT_TIMER);
        if (i2c_read(HTU21D_ADDR, htu21d_buf, 2) == 2)
        {
            if ((htu21d_buf[1]&0x02) == 0)
            {
                htu21dValue_t = -46.85f + 175.72f * ((htu21d_buf[0]<<8 | htu21d_buf[1])&0xfffc) /
                                                                                 (1<<16);
            }
        }
        //更新湿度
        for(unsigned char i = 0; i<4; i++)
        {
            htu21d_buf[i] = 0;                                  //清 htu21d_buf
        }
        htu21d_command = 0xf5;
        i2c_write(HTU21D_ADDR, &htu21d_command, 1);
        etimer_set(&htu21d_time,50);                           //设置 etimer 定时器
        PROCESS_WAIT_EVENT_UNTIL(ev == PROCESS_EVENT_TIMER);
        if (i2c_read(HTU21D_ADDR, htu21d_buf, 2) == 2)
        {
            if ((htu21d_buf[1]&0x02) == 0x02)
            {
                htu21dValue_h = -6 + 125 * ((htu21d_buf[0]<<8 | htu21d_buf[1])&0xfffc) / (1<<16);
            }
        }
        etimer_set(&htu21d_time,200);                          //设置 etimer 定时器
        PROCESS_WAIT_EVENT_UNTIL(ev == PROCESS_EVENT_TIMER);
    }
```

```
    PROCESS_END();
}
```

（5）I2C 总线的驱动。代码如下：

```
#define    I2C_GPIO      GPIOA
#define    PIN_SCL       GPIO_Pin_1
#define    PIN_SDA       GPIO_Pin_0
#define    SDA_IN        do{I2C_GPIO->MODER &= ~(3<<(0*2)); I2C_GPIO->MODER |= (0<<(0*2));}while(0)
#define    SDA_OUT       do{I2C_GPIO->MODER &= ~(3<<(0*2)); I2C_GPIO->MODER |= (1<<(0*2));}while(0)
#define    SCL_L         (I2C_GPIO->BSRRH=PIN_SCL)
#define    SCL_H         (I2C_GPIO->BSRRL=PIN_SCL)
#define    SDA_L         (I2C_GPIO->BSRRH=PIN_SDA)
#define    SDA_H         (I2C_GPIO->BSRRL=PIN_SDA)
#define    SDA_R         (I2C_GPIO->IDR&PIN_SDA)
/*******************************************************************************
* 函数名称：I2C_Start()
* 函数功能：启动 I2C 总线
* 返 回 值：0
*******************************************************************************/
static int I2C_Start(void)
{
    SDA_OUT;
    SDA_H;
    SCL_H;
    delay_us(2);
    SDA_L;
    delay_us(2);
    SCL_L;
    return 0;
}


/*******************************************************************************
* 函数名称：I2C_Stop()
* 函数功能：停止 I2C 总线
*******************************************************************************/
static void I2C_Stop(void)
{
    SDA_OUT;
    SCL_L;
    SDA_L;
    delay_us(2);
    SCL_H;
    SDA_H;
}
/*******************************************************************************
* 函数名称：I2C_Ack()
* 函数功能：生成 I2C 总线的应答信号
```

```
***************************************************************************/
static void I2C_Ack(void)
{
    SCL_L;
    SDA_OUT;
    SDA_L;
    delay_us(2);
    SCL_H;
    delay_us(2);
    SCL_L;
}
/***************************************************************************
* 函数名称：I2C_NoAck()
* 函数功能：生成 I2C 总线的非应答信号
***************************************************************************/
static void I2C_NoAck(void)
{
    SCL_L;
    SDA_OUT;
    SDA_H;
    delay_us(2);
    SCL_H;
    delay_us(2);
    SCL_L;
}
/***************************************************************************
* 函数名称：I2C_WaitAck()
* 函数功能：生成 I2C 总线的等待应答信号
* 返 回 值：1 表示有 ACK；0 表示无 ACK
***************************************************************************/
static int I2C_WaitAck(void)
{
    SDA_IN;
    SDA_H;
    delay_us(2);
    SCL_H;
    delay_us(2);
    if (SDA_R)
    {
        I2C_Stop();
        return 1;
    }
    SCL_L;
    return 0;
}
/***************************************************************************
* 函数名称：I2C_SendByte()
```

```
*  函数功能：通过 I2C 总线发送 1 字节的数据
*  函数参数：char SendByte—发送的数据（1 字节）
*************************************************************************************/
static void I2C_SendByte(char SendByte) //数据从高位到低位//
{
    u8 i=8;
    SDA_OUT;
    while(i--)
    {
        if(SendByte&0x80) SDA_H;
        else SDA_L;
        SendByte<<=1;
        delay_us(1);
        SCL_H;
        delay_us(2);
        SCL_L;
        delay_us(1);
    }
}
/*************************************************************************************
*  函数名称：I2C_ReceiveByte()
*  函数功能：通过 I2C 总线接收 1 字节的数据，数据从高位到低位接收
*************************************************************************************/
static int I2C_ReceiveByte(void)
{
    u8 i=8;
    u8 ReceiveByte=0;

    SDA_IN;
    SDA_H;
    while(i--)
    {
        ReceiveByte<<=1;
        SCL_L;
        delay_us(2);
        SCL_H;
        delay_us(2);
        if(SDA_R)
        {
            ReceiveByte|=0x01;
        }
    }
    SCL_L;
    return (ReceiveByte&0xff);
}
/*************************************************************************************
*  函数名称：bh1750_i2c_write()
```

```
* 函数功能：向 I2C 总线写入数据
* 函数参数：char addr—写入的地址；char *buf—要写入的数据；int len—要写入数据的长度
*************************************************************************/
static int i2c_write(char addr, char *buf, int len)
{
    if (I2C_Start() < 0)
    {
        I2C_Stop();
        return −1;
    }
    I2C_SendByte(addr<<1);
    if (I2C_WaitAck())
    {
        I2C_Stop();
        return −1;
    }
    for (int i=0; i<len; i++)
    {
        I2C_SendByte(buf[i]);
        if (I2C_WaitAck())
        {
            I2C_Stop();
            return −1;
        }
    }
    I2C_Stop();
    return 0;
}
/*************************************************************************
* 函数名称：i2c_read()
* 函数功能：从 I2C 总线读取数据
* 函数参数：char addr—读取的地址；char *buf—读取的数据；int len—读取数据的长度
* 返 回 值：数据长度或−1（表示读取错误）
*************************************************************************/
static int i2c_read(char addr, char *buf, int len)
{
    int i;
    if (I2C_Start() < 0)
    {
        I2C_Stop();
        return −1;
    }
    I2C_SendByte((addr<<1)|1);
    if (I2C_WaitAck())
    {
        I2C_Stop();
        return −1;
```

```
    }
    for (i=0; i<len−1; i++)
    {
        buf[i] = I2C_ReceiveByte();
        I2C_Ack();
    }
    buf[i] = I2C_ReceiveByte();
    I2C_NoAck();
    I2C_Stop();
    return len;
}
```

2．光照度传感器的驱动开发

1）硬件连接

BH1750FVI-TR 型光照度传感器的硬件连接如图 2.26 所示。

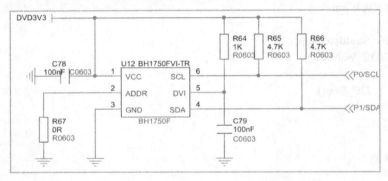

图 2.26　BH1750FVI-TR 型光照度传感器的硬件连接

BH1750FVI-TR 型光照度传感器通过 I2C 总线与微处理器进行通信，其 SCL 引脚连接微处理器的 PB8 引脚，SDA 引脚连接微处理器的 PB9 引脚。

2）驱动函数分析

BH1750FVI-TR 型光照度传感器是通过 I2C 总线来驱动的，其驱动函数如表 2.14 所示。

表 2.14　光照度传感器的驱动函数

函 数 名 称	函 数 说 明
int bh1750_init(void)	初始化 BH1750FVI-TR 型光照度传感器
float bh1750_get(void)	获取 BH1750FVI-TR 型光照度传感器采集的光照度

（1）BH1750FVI-TR 型光照度传感器的初始化。代码如下：

```
/*********************************************************************
* 函数名称：bh1750_init()
* 函数功能：初始化 BH1750FVI-TR 型光照度传感器
*********************************************************************/
int bh1750_init(void)
```

```
{
    BH1750GPIOInit();

    if (bh1750_write_cmd(0x01)<0)return −1; //power on
    delay_ms(10);
    if (bh1750_write_cmd(0x07)<0)return −1; //reset
    delay_ms(10);
    if (bh1750_write_cmd(0x10)<0)return −1; //H- resolution mode
    delay_ms(180); //180ms
    return 0;
}
```
/***
* 函数名称：bh1750_write_cmd()
* 函数功能：向 BH1750FVI-TR 型光照度传感器发送指令
* 函数参数：char cmd—发送的指令
***/
```
int    bh1750_write_cmd(char cmd)
{
    return bh1750_i2c_write(BH1750_ADDR, &cmd, 1);
}
```
/***
* 函数名称：bh1750_i2c_write()
* 函数功能：向 I2C 总线写入数据
* 函数参数：char addr—写入的地址；char *buf—要写入的数据；int len—要写入数据的长度
***/
```
static int bh1750_i2c_write(char addr, char *buf, int len)
{
    if (I2C_Start() < 0) {
        I2C_Stop();
        return −1;
    }
    I2C_SendByte(addr<<1);
    if (I2C_WaitAck()){
        I2C_Stop();
        return −1;
    }
    for (int i=0; i<len; i++) {
        I2C_SendByte(buf[i]);
        if (I2C_WaitAck()) {
            I2C_Stop();
            return −1;
        }
    }
    I2C_Stop();
    return 0;
}
```

（2）读取光照度。微处理器通过 I2C 总线向 BH1750FVI-TR 型光照度传感器写入读取光照度的指令，经过计算后可得到实际的光照度数据。代码如下：

```
float bh1750_get(void)
{
    unsigned char dat[4] = {0, 0};

    if (bh1750_i2c_read(BH1750_ADDR, dat, 2) == 2) {
        unsigned short x = dat[0]<<8 | dat[1];
        //printf("%02X %02X %02X", dat[0], dat[1], dat[2]);
        return x/1.2;
    }
    return -1;
}
/**************************************************************************************
* 函数名称：bh1750_i2c_read()
* 函数功能：从 I2C 总线读取数据
* 函数参数：char addr—读取的地址；char *buf—读取的数据；int len—读取数据的长度
* 返 回 值：数据长度或-1（读取失败）
**************************************************************************************/
static int bh1750_i2c_read(char addr, unsigned char *buf, int len)
{
    int i;
    if (I2C_Start() < 0) {
        I2C_Stop();
        return -1;
    }
    I2C_SendByte((addr<<1)|1);
    if (I2C_WaitAck()) {
        I2C_Stop();
        return -1;
    }
    for (i=0; i<len-1; i++) {
        buf[i] = I2C_ReceiveByte();
        I2C_Ack();
    }
    buf[i] = I2C_ReceiveByte();
    I2C_NoAck();
    I2C_Stop();
    return len;
}
```

3．LCD 模块的驱动开发

1）硬件连接

LCD 模块通过 FSMC 并口与微处理器进行通信，硬件连接如图 2.27 所示。

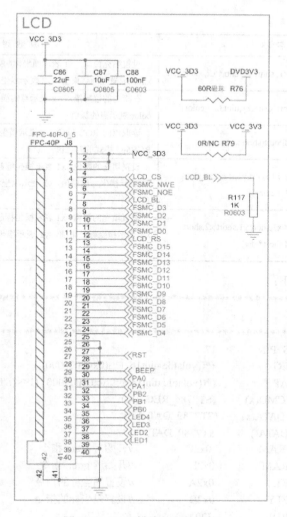

图 2.27 LCD 模块的硬件连接

2）驱动函数分析

本章介绍的智能台灯中的 LCD 模块采用 ST7789 型 LCD，其驱动函数如表 2.15 所示。

表 2.15 LCD 模块的驱动函数

函 数 名 称	函 数 说 明
void St7789_GpioInit(void)	初始化 GPIO
uint32_t St7789_IDGet()	获取 ST7789 型 LCD 的 ID
uint8_t St7789_init(void)	初始化 ST7789 型 LCD
void St7789_PrepareWrite()	向 ST7789 型 LCD 写入数据
void St7789_SetCursorPos(short x,short y)	设置光标位置，x 表示光标的横坐标值，y 表示光标的纵坐标值
void St7789_SetWindow(short x1, short y1, short x2, short y2)	设置 LCD 的显示窗口，x1 表示横坐标起始值，y1 表示纵坐标起始值，x2 表示横坐标结束值，y2 表示纵坐标结束值

续表

函 数 名 称	函 数 说 明
void St7789_PrepareFill(short x1, short y1, short x2, short y2)	设置填充窗口，x1 表示横坐标起始值，y1 表示纵坐标起始值，x2 表示横坐标结束值，y2 表示纵坐标结束值
void St7789_DrawPoint(short x,short y,uint32_t color)	在指定的位置描点，x 表示点的横坐标值，y 表示点的纵坐标值，color 表示点的颜色
uint32_t St7789_ReadPoint(short x,short y)	读取点的 RGB 颜色，x 表示横坐标值，y 表示纵坐标值，返回 RGB565 格式的颜色值
void St7789_FillColor(short x1,short y1,short x2,short y2,uint32_t color)	设置填充的颜色，x1 表示横坐标起始值，y1 表示纵坐标起始值，x2 表示横坐标结束值，y2 表示纵坐标结束值，color 表示填充的颜色
void St7789_FillData(short x1,short y1,short x2,short y2,unsigned short* dat)	设置填充的数据，x1 表示横坐标起始值，y1 表示纵坐标起始值，x2 表示横坐标结束值，y2 表示纵坐标结束值，dat 表示填充的数据

相关的宏定义如下：

```
/****************************************************************************
* 宏定义
****************************************************************************/
#define    ST7789_RS_PIN        17
#define    ST7789_REG           (*((volatile uint16_t *)(0x60000000)))
#define    ST7789_DAT           (*((volatile uint16_t *)(0x60000000 | (1<<(ST7789_RS_PIN+1)))))
#define    ST7789_WCMD(x)       (ST7789_REG=(x))
#define    ST7789_WDATA(x)      (ST7789_DAT=(x))
#define    ST7789_RDATA()       ST7789_DAT
#define    ST7789_WRAM          0x2C          //开始写 gram 指令
#define    ST7789_RRAM          0x2E          //开始读 gram 指令
#define    ST7789_SETX          0x2A          //设置横坐标的指令
#define    ST7789_SETY          0x2B          //设置纵坐标的指令
#define    ST7789_WIDE          320
#define    ST7789_HIGH          240
```

（1）初始化 GPIO。代码如下：

```
/****************************************************************************
* 函数名称：St7789_GpioInit()
* 函数功能：初始化 GPIO
****************************************************************************/
void St7789_GpioInit(void)
{
    GPIO_InitTypeDef   GPIO_InitStructure;
    GPIO_InitStructure.GPIO_Mode = GPIO_Mode_OUT;
    GPIO_InitStructure.GPIO_OType = GPIO_OType_PP;
    GPIO_InitStructure.GPIO_Speed = GPIO_Speed_2MHz;
    GPIO_InitStructure.GPIO_PuPd = GPIO_PuPd_UP;
    //black light
    RCC_AHB1PeriphClockCmd(RCC_AHB1Periph_GPIOD, ENABLE);
```

```
    GPIO_InitStructure.GPIO_Pin = GPIO_Pin_2;
    GPIO_Init(GPIOD, &GPIO_InitStructure);
    GPIO_SetBits(GPIOD, GPIO_Pin_2);
}
```

（2）获取 ST7789 型 LCD 的 ID。代码如下：

```
/**********************************************************************************
* 函数名称：St7789_IDGet
* 函数功能：获取 ST7789 型 LCD 的 ID
**********************************************************************************/
uint32_t St7789_IDGet()
{
    uint32_t id = 0;
    uint16_t v3, v4;
    St7789_WCMD(0x04);
    v3 = St7789_RDATA();
    v4 = St7789_RDATA();
    if ((0x85==v3 && 0x52 == v4) || (v3==0x04 && v4==0x85))
    {
        id = (v3<<8)|v4;
        return id;
    }
    DEBUG_PRINT("error: St7789 can't find lcd ic\r\n");
    return 0;
}
```

（3）初始化 ST7789 型 LCD。代码如下：

```
/**********************************************************************************
* 函数名称：St7789_init()
* 函数功能：初始化 ST7789 型 LCD
**********************************************************************************/
uint8_t St7789_init(void)
{
    St7789_GpioInit();
    fsmc_init();
    if(St7789_IDGet() == 0)
    return 1;
    St7789_WCMD(0x11);
    delay_ms(120);                                                    //Delay 120ms
    St7789_WCMD(0x3A);
    St7789_WDATA(0x05);
    St7789_WCMD(0x36);
    if(St7789_dir)
        St7789_WDATA(0xA0);
    else
        St7789_WDATA(0x00);
```

```
St7789_FillColor(0, 0, St7789_wide-1, St7789_high-1, 0x0000);
    return 0;
}
```

（4）向 ST7789 型 LCD 写入数据。代码如下：

```
void St7789_PrepareWrite()
{
    St7789_WCMD(ST7789_WRAM);
}
```

（5）设置光标位置。代码如下：

```
void St7789_SetCursorPos(short x,short y)
{
    St7789_WCMD(ST7789_SETX);
    St7789_WDATA(x>>8);
    St7789_WDATA(x&0xff);
    St7789_WCMD(ST7789_SETY);
    St7789_WDATA(y>>8);
    St7789_WDATA(y&0xff);
}
```

（6）设置 LCD 的显示窗口。代码如下：

```
void St7789_SetWindow(short x1, short y1, short x2, short y2)
{
    St7789_WCMD(ST7789_SETX);           //Frame rate control
    St7789_WDATA(x1>>8);
    St7789_WDATA(x1);
    St7789_WDATA(x2>>8);
    St7789_WDATA(x2);
    St7789_WCMD(ST7789_SETY);           //Display function control
    St7789_WDATA(y1>>8);
    St7789_WDATA(y1);
    St7789_WDATA(y2>>8);
    St7789_WDATA(y2);
}
```

（7）设置填充窗口。代码如下：

```
void St7789_PrepareFill(short x1, short y1, short x2, short y2)
{
    St7789_SetWindow(x1,y1,x2,y2);
    St7789_PrepareWrite();
}
```

（8）在指定的位置描点。代码如下：

```
void St7789_DrawPoint(short x,short y,uint32_t color)
{
```

```
#if 0
St7789_SetCursorPos(x,y);
St7789_PrepareWrite();          //开始写入 GRAM
St7789_WDATA(color);
#else
St7789_WCMD(ST7789_SETX);                    //Frame rate control
St7789_WDATA(x>>8);
St7789_WDATA(x&0xff);
St7789_WCMD(ST7789_SETY);                    //Display function control
St7789_WDATA(y>>8);
St7789_WDATA(y&0xff);
St7789_WCMD(0x2C);
St7789_WDATA(color);
#endif
}
```

（9）读取点的 RGB 颜色。代码如下：

```
uint32_t St7789_ReadPoint(short x,short y)
{
    uint32_t r=0,g=0,b=0;
    St7789_SetCursorPos(x,y);
    St7789_WCMD(ST7789_RRAM);
    r = St7789_RDATA();//dummy Read
    r = St7789_RDATA();//RG
    b = St7789_RDATA();//BR
    g = r&0x00FF;
    r = r&0xFF00;
    return (r|((g>>2)<<5)|(b>>11));
}
```

（10）设置填充的颜色。代码如下：

```
void St7789_FillColor(short x1,short y1,short x2,short y2,uint32_t color)
{
    uint16_t x, y;
    St7789_SetWindow(x1,y1,x2,y2);
    St7789_PrepareWrite();
    for (y=y1; y<=y2; y++)
    {
        for (x=x1; x<=x2; x++)
        {
            St7789_WDATA(color);
        }
    }
}
```

（11）设置填充的数据。代码如下：

```
void St7789_FillData(short x1,short y1,short x2,short y2,unsigned short* dat)
{
    short x, y;
    St7789_SetWindow(x1,y1,x2,y2);
    St7789_PrepareWrite();
    for (y=y1; y<=y2; y++)
    {
        for (x=x1; x<=x2; x++)
        {
            St7789_WDATA(*dat);
            dat++;
        }
    }
}
```

2.2.3　HAL 层驱动程序运行测试

在 Contiki 3.0 协议开发包的 "contiki-3.0\zonesion" 目录下创建 "lamp" 文件夹，将 "SmartLamp-HAL" 文件夹下 "common" 和 "SmartLamp" 复制到 "lamp" 文件夹中。打开 "SmartLamp" 中的工程进行编译，如图 2.28 所示。工程编译之后下载程序，进入调试模式。

图 2.28　工程编译

1. 温湿度传感器的驱动测试

在 test_init 进程中，当按键 K1 未按下时进入正常模式，调用 StartProcesslist()函数处理各种进程，如图 2.29 所示。

```
struct process * const autostart_processes[] = {
    &KeyProcess,
    &timeProcess,
    &guiProcess,
    &rfUartProcess,
    &onboard_sensors,
    NULL
};

void StartProcesslist(void)
{
    autostart_start(autostart_processes);
}
```

图 2.29　调用 StartProcesslist()函数处理各种进程

在板载传感器处理进程 onboard_sensors 中设置断点，如图 2.30 所示，程序运行到断点处执行 htu21d_update 进程。

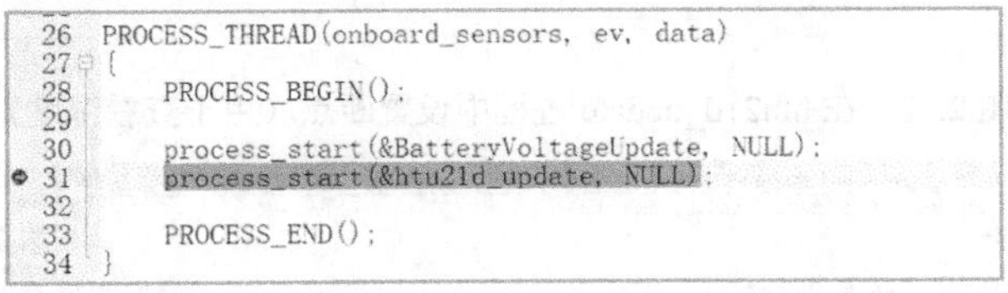

```
26  PROCESS_THREAD(onboard_sensors, ev, data)
27  {
28      PROCESS_BEGIN();
29
30      process_start(&BatteryVoltageUpdate, NULL);
31      process_start(&htu21d_update, NULL);
32
33      PROCESS_END();
34  }
```

图 2.30　在板载传感器处理进程 onboard_sensors 中设置断点

在 htu21d_update 进程中设置断点，如图 2.31 所示，将 htu21dValue_t 添加到 Watch 1 窗口，程序运行到断点处时继续运行一步，在 Watch 1 窗口中可以看到温度值。

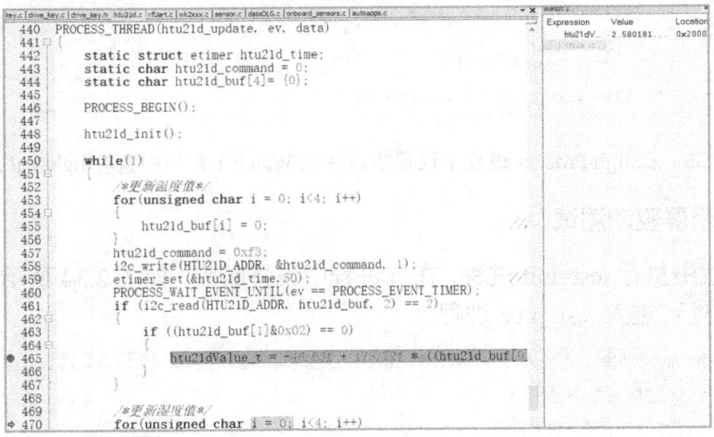

图 2.31　在 htu21d_update 进程中设置断点（用于查看温度）

在 htu21d_update 进程中继续设置断点，如图 2.32 所示，将 htu21dValue_t 添加到 Watch 1 窗口，程序运行到断点处时继续运行一步，在 Watch 1 窗口中可以看到温度值。

2. 光照度传感器驱动测试

在 test_init 进程中，在未按下按键 K1 时会进入正常模式，并调用 StartProcesslist()函数处理各种进程。进入 guiProcess 进程中，执行 guiProcess_Init()函数，执行 lightProcess 进程，在该进程中设置断点，可获取光照度数据，将 lightVal 添加到 Watch 1 窗口，程序运行至断点处可以在 Watch 1 窗口中查看 lightVal 的值，如图 2.33 所示。

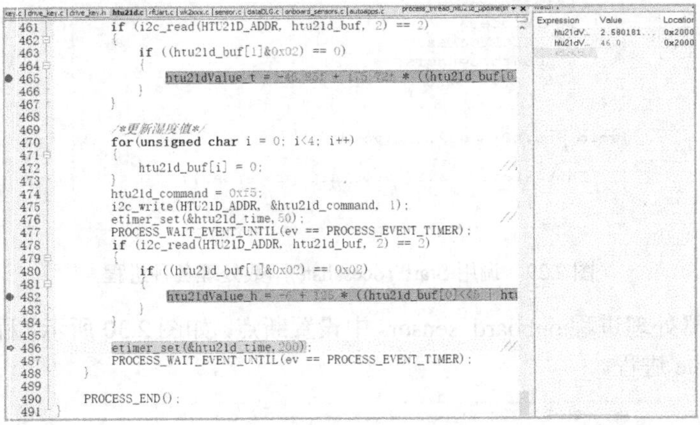

图 2.32　在 htu21d_update 进程中设置断点（用于查看湿度）

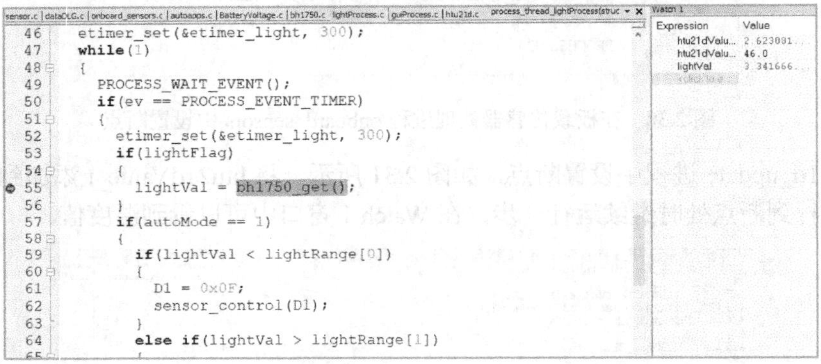

图 2.33　在 lightProcess 进程中设置断点并在 Watch 1 窗口中查看 lightVal 的值

3．LCD 显示屏驱动测试

在 main 函数中执行 test_init 进程，在该进程中设置断点，如图 2.34 所示，按住 K1 按键，程序运行到断点处可进入 test_plus 进程。

图 2.34　在 test_init 进程中设置断点

进入 test_plus 进程中设置断点，如图 2.35 所示，当程序运行到断点处时，执行 test_ui 进程。

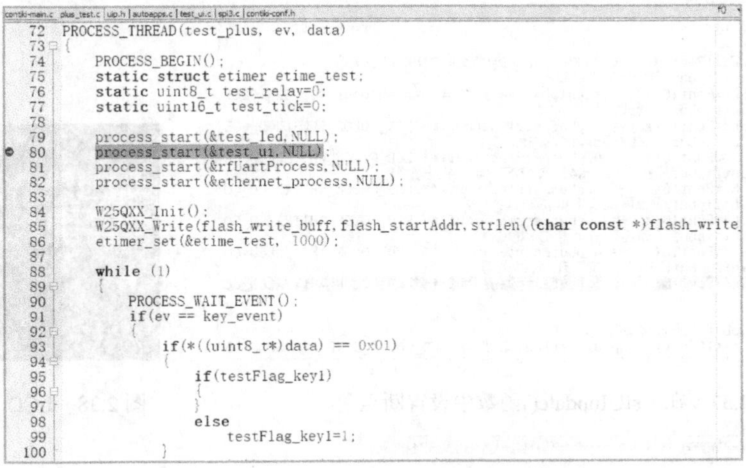

图 2.35　在 test_plus 进程中设置断点

在 test_ui 进程设置断点，如图 2.36 所示，当程序运行到断点处时，执行 LCD 初始化、清屏，然后更新屏幕显示。

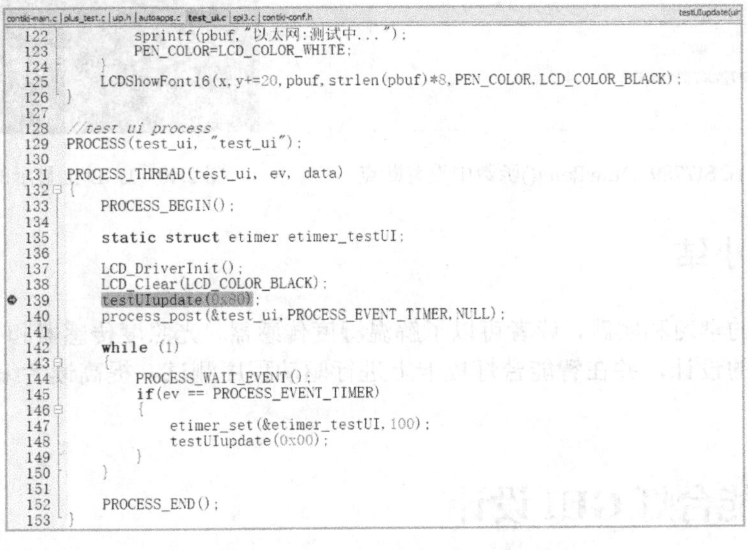

图 2.36　在 test_ui 进程中设置断点

进入 testUIupdate()函数，在该函数中设置断点，如图 2.37 所示，当程序运行到断点处时，更新 LCD 的显示，LCD 上显示的信息如图 2.38 所示。

在 St7789_DrawPoint()函数中设置断点，如图 2.39 所示，该函数用来描点，程序运行运行到断点处时，在 LCD 上显示描点，如图 2.40 所示。

```
contiki-main.c | plus_test.c | uip.h | autoapps.c | test_ui.c | spi3.c | contiki-conf.h | fml_lcd.c | fml_lcd.h | ST7789.c | st7789.h        testUIupdate(uint8_t) ▼
  4      void testUIupdate(uint8_t refresh)
  5 □ {
  6          uint16_t x=8, y=2;
  7          uint16_t PEN_COLOR=LCD_COLOR_WHITE;
  8          char pbuf[50]={0};
  9
 10          if(refresh&0x80)
 11 □        {
 12              LCD.FillRectangle(0, 0, 319, 19, LCD_COLOR_DARK_BLUE);
 13              sprintf(pbuf,"Plus节点测试程序");
 14              LCDShowFont16(160-strlen(pbuf)*4, y, pbuf, strlen(pbuf)*8, LCD_COLOR
 15              sprintf(pbuf,"测试说明");
 16              LCDShowFont16(x, y+=20, pbuf, strlen(pbuf)*8, LCD_COLOR_BLUE, LCD_COL
 17              sprintf(pbuf,"LED/RGB周期性闪烁/变色。");
 18              LCDShowFont16(x, y+=20, pbuf, strlen(pbuf)*8, LCD_COLOR_WHITE, LCD_CO
 19              sprintf(pbuf,"按键K1--K4首次按下会显示状态;");
 20              LCDShowFont16(x, y+=20, pbuf, strlen(pbuf)*8, LCD_COLOR_WHITE, LCD_CO
 21              sprintf(pbuf,"K2再次按下重新测试;");
 22              LCDShowFont16(x, y+=20, pbuf, strlen(pbuf)*8, LCD_COLOR_WHITE, LCD_CO
 23              sprintf(pbuf,"K3再次按下开/关继电器一;");
 24              LCDShowFont16(x, y+=20, pbuf, strlen(pbuf)*8, LCD_COLOR_WHITE, LCD_CO
 25              sprintf(pbuf,"K4再次按下开/关继电器二。");
 26              LCDShowFont16(x, y+=20, pbuf, strlen(pbuf)*8, LCD_COLOR_WHITE, LCD_CO
 27          }
 28          y=122;
 29          sprintf(pbuf,"测试结果");
 30          LCDShowFont16(x, y+=20, pbuf, strlen(pbuf)*8, LCD_COLOR_BLUE, LCD_COLOR_B
```

图 2.37　在 testUIupdate()函数中设置断点

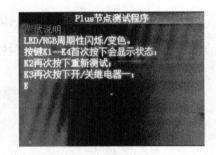

图 2.38　LCD 上显示的信息

```
contiki-main.c | plus_test.c | uip.h | autoapps.c | test_ui.c | spi3.c | contiki-conf.h | fml_lcd.c | fml_lcd.h | ST7789.c | st7789.h
 344      **********************************************
 345      void St7789_DrawPoint(short x, short y, uint32_t color)
 346 □ {
 347 #if 0
 348          St7789_SetCursorPos(x, y);
 349          St7789_PrepareWrite();           //开始写入GRAM
 350          St7789_WDATA(color);
 351 #else
 352          St7789_WCMD(ST7789_SETX);
 353          St7789_WDATA(x>>8);
 354          St7789_WDATA(x&0xff);
 355          St7789_WCMD(ST7789_SETY);
 356          St7789_WDATA(y>>8);
 357          St7789_WDATA(y&0xff);
 358
 359          St7789_WCMD(0x2C);
 360
 361          St7789_WDATA(color);
 362 #endif
 363 □ }
 364
```

图 2.39　在 St7789_DrawPoint()函数中设置断点

图 2.40　LCD 上显示的描点

2.2.4　小结

　　通过本节的学习和实践，读者可以了解温湿度传感器、光照度传感器和 LCD 模块的原理及驱动程序的设计，并在智能台灯板卡上进行驱动程序测试，提高读者编写驱动程序的能力。

2.3　智能台灯 GUI 设计

2.3.1　程序框架总体分析

1．程序框架总体分析

　　智能台灯系统程序从 main 函数开始执行，首先进行时钟、ADC、串口的初始化，然后进行进程初始化，初始化 ctimer 和 etimer 进程，最后启动 test_init 进程，进入 while 循环，处理事件和进程。智能台灯系统程序的执行流程如图 2.41 所示。

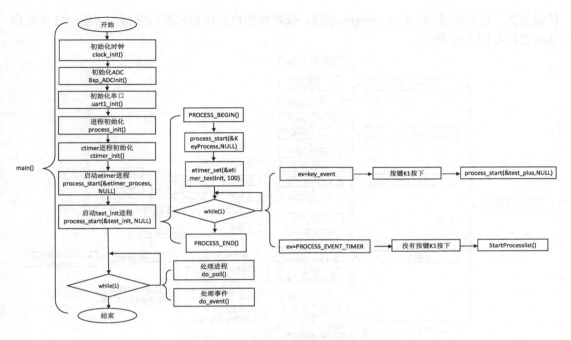

图 2.41　智能台灯系统程序的执行流程

在启动智能台灯时按下 K1 按键，可进入 test_plus 进程，在智能台灯板卡上检测硬件设备是否能够成功运行。test_plus 进程的执行流程如图 2.42 所示。

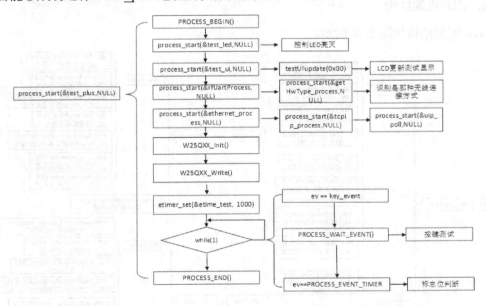

图 2.42　test_plus 进程的执行流程

如果在启动智能台灯时未按下 K1 按键，则可以正常启动。正常启动后，首先执行 KeyProcess 进程，确定按键键值；然后执行 timeProcess 进程，获取当前时间参数；接着执行 guiProcess 进程，通过按键切换 GUI 界面；接下来再执行 rfUartProcess 进程，通过无线通信传输数据；最后执行 onboard_sensors 进程，获取板载电池电量和温湿度值。智能台灯正常启动的流程如图 2.43 所示。

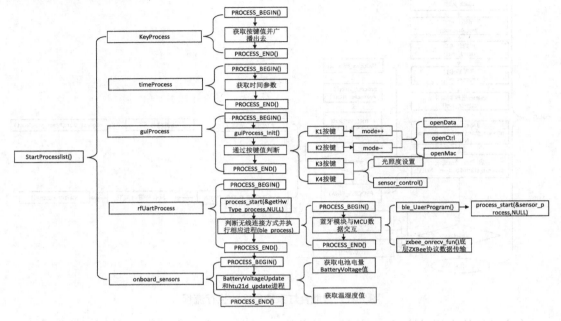

图 2.43 智能台灯正常启动的流程

2. GUI 框架结构

GUI 框架结构如图 2.44 所示。

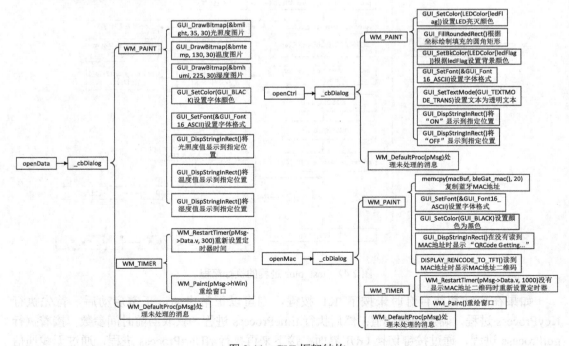

图 2.44 GUI 框架结构

3. 智云框架

智能台灯系统是在智云框架的基础上实现的，启动智能台灯后，可通过调用 sensor_check() 函数来周期性地检查并上报 LED 的状态，可通过调用 sensor_poll() 函数来主动上报传感器采集的数据。智云框架的结构如图 2.45 所示。

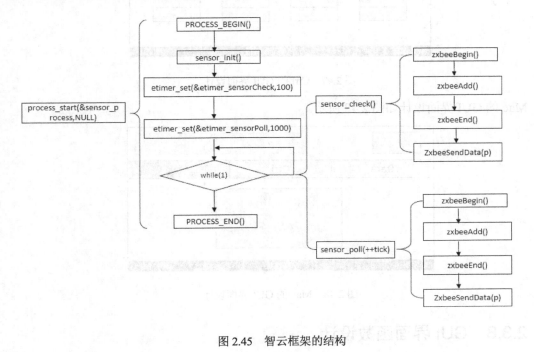

图 2.45　智云框架的结构

2.3.2　GUI 界面设计分析

智能台灯的 GUI 界面包括 Data、Ctrl 和 Mac 三个部分。

Data 的 GUI 界面设计如图 2.46 所示。

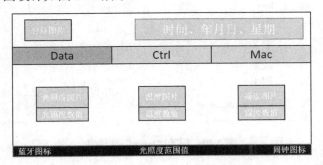

图 2.46　Data 的 GUI 界面设计

Ctrl 的 GUI 界面设计如图 2.47 所示。

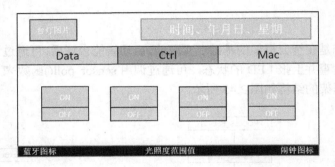

图 2.47　Ctrl 的 GUI 界面设计

Mac 的 GUI 界面设计如图 2.48 所示。

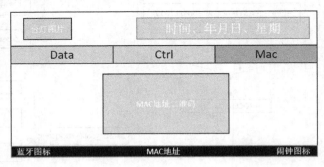

图 2.48　Mac 的 GUI 界面设计

2.3.3　GUI 界面函数设计

在"contiki-3.0\zonesion"目录下创建"lamp"文件夹，如图 2.49 所示，将"03 SmartLamp-HAL"文件夹下"common"和"SmartLamp"复制到创建的"lamp"文件夹中。

Zmagic › Project › contiki-3.0 › zonesion			
名称	修改日期	类型	大小
lamp	2019/10/22 15:42	文件夹	
LoRa	2019/10/21 9:17	文件夹	
LoRaWAN	2019/10/21 9:17	文件夹	
LTE	2019/10/21 9:17	文件夹	
NB-IoT	2019/10/21 9:17	文件夹	
PlusB	2019/10/21 9:18	文件夹	
ZMagic	2019/10/25 8:57	文件夹	
Clean.cmd	2019/7/23 16:02	Windows 命令脚本	
IAR工程重命名工具.bat	2019/7/23 16:02	Windows 批处理...	

图 2.49　创建"lamp"文件夹

GUI 界面函数是在 guiProcess 进程中执行的，代码如下：

```
PROCESS_THREAD(guiProcess, ev, data)
{
    static struct etimer etimer_exec;
    unsigned char mode = 0, lastMode = 0;
```

```
PROCESS_BEGIN();
guiProcess_Init();
CreateStateBar();
CreatebottomBar();
openData();
etimer_set(&etimer_exec, 25);
while(1)
{
    PROCESS_WAIT_EVENT();
    if(ev == PROCESS_EVENT_TIMER)
    {
        if(etimer_expired(&etimer_exec))
        {
            etimer_set(&etimer_exec, 25);
            GUI_Exec();
        }
    }
    if(ev == key_event)
    {
        mode = get_currentMode();
        if(mode != ALARM)
        lastMode = mode;
        unsigned char i = 4;
        switch(*(unsigned char*)data)
        {
            case 0x01:
                if(mode == ALARM)
                    process_post(&alarm, alarm_event, NULL);
                else {
                    if(mode >= 3) {
                        mode = DATA;
                        set_currentMode(DATA);
                    } else
                    set_currentMode(++mode);
                }
            break;
            case 0x02:
                if(mode != ALARM)
                {
                    if(mode <= 1)
                    {
                        mode = MAC;
                        set_currentMode(MAC);
                    }
                    else
                    set_currentMode(--mode);
                }
```

```
            break;
        case 0x04:
            if(mode == DATA)
            {
                if(lightFlag == 0)
                {
                    lightVal += 10;
                    if(lightVal >= 2000)
                    lightVal = 2000;
                }
            }
            else if(mode == CTRL)
            {
                if(D1 == 0x00)
                    D1 = 0x01;
                else
                {
                    if(D1 < 0x0F)
                    D1 |= (D1 << 1);
                }
                sensor_control(D1);
            }
            break;
        case 0x08:
            if(mode == DATA)
            {
                if(lightFlag == 0)
                {
                    if(lightVal <= 0)
                        lightVal = 0;
                    else
                        lightVal -= 10;
                }
            }
            else if(mode == CTRL)
            {
                for(i=4; i>0; i--)
                {
                    if(D1 >> i)
                    break;
                }
                if(D1 > 0x00)
                    D1 &= ~(1 << i);
                sensor_control(D1);
            }
            break;
    }
```

```
            if(*(unsigned char *)data < 0x04 && mode != ALARM)
            {
                switch(lastMode)
                {
                    case DATA: closeData(); break;
                    case CTRL: closeCtrl(); break;
                    case MAC: closeMac(); break;
                }
                switch(mode)
                {
                    case DATA: openData(); break;
                    case CTRL: openCtrl(); break;
                    case MAC: openMac(); break;
                }
                WM_Paint(bottomhWin);
            }
        }
    }
    PROCESS_END();
}
```

　　调用 guiProcess_Init()函数可以对 LCD、时钟和 GUI 进行初始化,调用 WM_SetCreateFlags()
函 数 可 以 标 记 WM_CF_MEMDEV , 用 于 启 用 所 有 窗 口 的 存 储 设 备 ; 调 用
GUI_UC_SetEncodeUTF8()函数可以启用 UTF-8 编码。代码如下:

```
void guiProcess_Init(void)
{
    LCD_DriverInit();
    RCC_AHB1PeriphClockCmd(RCC_AHB1Periph_CRC, ENABLE);          //使能时钟
    GUI_Init();                                                  //初始化 emWin/ucGUI
    WM_SetCreateFlags(WM_CF_MEMDEV);
    GUI_UC_SetEncodeUTF8();

    process_start(&lightProcess, NULL);
    process_start(&alarm, NULL);
}
```

　　在 CreateStateBar()函数先调用 GUI_CreateDialogBox()函数可以创建对话框,参数
_aDialogCreate 为对话框中包含的小工具资源列表的指针,参数_cbDialog 为回调函数的指针;
再调用 WM_CreateTimer()函数来创建定时器,可以设置为每秒更新一次窗口的信息。代码
如下:

```
WM_HWIN CreateStateBar(void) {
    stateBar_hWin = GUI_CreateDialogBox( _aDialogCreate, GUI_COUNTOF(_aDialogCreate), _cbDialog,
                            WM_HBKWIN, 0, 0 );
    WM_CreateTimer(stateBar_hWin, 0, 1000, 0);
    return stateBar_hWin;
}
```

通过参数_aDialogCreate 可以从资源列表中创建小工具，创建 stateBar 的 WINDOW 小工具，代码如下：

```
static const GUI_WIDGET_CREATE_INFO _aDialogCreate[] = {
{
    WINDOW_CreateIndirect, "stateBar", ID_WINDOW_0, 0, 0, 320, 80, 0, 0x0, 0 },
};
```

参数_cbDialog 可以通过 get_Calendar()函数获取时间并保存在 pCalendar 结构体中。WM_PAINT 是用于通知应用程序重绘窗口的消息，可设置背景颜色（如下面代码中设置的蓝色）和矩形框的填充色（如下面代码中设置的灰色）。当前模式 currMode 选择不同选项时，如选择"DATA""CTRL""MAC"中的一个，可通过调用 GUI_DrawHLine()函数和 GUI_DrawLine()函数来为选择的选项画框，再通过 GUI_SetTextMode()函数来设置字体。代码如下

```
static void _cbDialog(WM_MESSAGE * pMsg) {
    GUI_RECT pRect = {0};
    char showBuf[16] = {0};
    RTC_Calendar_t pCalendar = get_Calendar();
    switch (pMsg->MsgId) {
    case WM_PAINT:
        GUI_SetBkColor(GUI_GRAY_3F);
        GUI_ClearRect(0, 0, 320, 80);
        GUI_SetBkColor(GUI_BLUE);
        switch(currMode)
        {
            case DATA:
            GUI_ClearRect(0, 60, 106, 80);
            break;
            case CTRL:
            GUI_ClearRect(106, 60, 213, 80);
            break;
            case MAC:
            GUI_ClearRect(213, 60, 320, 80);
            break;
        }
        GUI_SetPenSize(2);
        GUI_DrawHLine(60, 0, 320);
        GUI_DrawLine(106, 60, 106, 80);
        GUI_DrawLine(213, 60, 213, 80);
        GUI_SetTextMode(GUI_TEXTMODE_TRANS);
        pRect.x0 = 0;
        pRect.y0 = 60;
        pRect.x1 = 106;
        pRect.y1 = 80;
        GUI_SetFont(&GUI_Font16_ASCII);
        GUI_DispStringInRect("Data", &pRect, GUI_TA_HCENTER | GUI_TA_VCENTER);
```

```
            pRect.x0 = 106;
            pRect.x1 = 213;
            GUI_DispStringInRect("Ctrl", &pRect, GUI_TA_HCENTER | GUI_TA_VCENTER);
            pRect.x0 = 213;
            pRect.x1 = 320;
            GUI_DispStringInRect("Mac", &pRect, GUI_TA_HCENTER | GUI_TA_VCENTER);
            GUI_DrawBitmap(&bmlamp, 10, 0);
            GUI_SetFont(&GUI_Font24B_ASCII);
            GUI_SetBkColor(GUI_GRAY_3F);
            pRect.x0 = 80;
            pRect.x1 = 320;
            pRect.y0 = 5;
            pRect.y1 = 50;
            sprintf(showBuf, "%02d:%02d:%02d", pCalendar.hour, pCalendar.minute, pCalendar.sec);
            GUI_DispStringInRect(showBuf, &pRect, GUI_TA_HCENTER | GUI_TA_TOP);
            sprintf(showBuf, "20%02d/%02d/%02d ", pCalendar.year, pCalendar.month, pCalendar.day);
            switch(pCalendar.week)
            {
                case 0: strcat(showBuf, "Sun."); break;
                case 1: strcat(showBuf, "Mon."); break;
                case 2: strcat(showBuf, "Tue."); break;
                case 3: strcat(showBuf, "Wed."); break;
                case 4: strcat(showBuf, "Thu."); break;
                case 5: strcat(showBuf, "Fri."); break;
                case 6: strcat(showBuf, "Sat."); break;
            }
            GUI_DispStringInRect(showBuf, &pRect, GUI_TA_HCENTER | GUI_TA_BOTTOM);
            break;
        case WM_TIMER:
            WM_RestartTimer(pMsg->Data.v, 1000);
            WM_Paint(pMsg->hWin);
            break;
        default:
        WM_DefaultProc(pMsg);
        break;
    }
}
```

　　GUI_DispStringInRect()函数用于在指定的位置显示字符串（这里显示的字符串为"Data""Data""Mac"），绘制台灯的位图，并将 showBuf 中时间和日期的数据显示在指定的区域，这里将字体设置为 GUI_Font24B_ASCII，将背景颜色设置为灰色。

　　在 CreatebottomBar() 函 数 调 用 GUI_CreateDialogBox() 函 数 创 建 对 话 框 ， 参 数
_aDialogCreate 为对话框中包含的小工具资源列表的指针，参数_cbDialog 为回调函数的指针；然后调用 WM_CreateTimer()函数创建定时器，可以设置为每秒更新一次窗口的信息。代码如下：

```
WM_HWIN CreatebottomBar(void) {
    bottomhWin = GUI_CreateDialogBox( _aDialogCreate, GUI_COUNTOF(_aDialogCreate), _cbDialog,
                                      WM_HBKWIN, 0, 0 );
    WM_CreateTimer(bottomhWin, 0, 1000, 0);
    return bottomhWin;
}
```

通过参数 _aDialogCreate 可以从资源列表中创建小工具，例如，创建 bottomBar 的 WINDOW 小工具以及 lightRange 的 TEXT 小工具。代码如下：

```
static const GUI_WIDGET_CREATE_INFO _aDialogCreate[] = {
    { WINDOW_CreateIndirect, "bottomBar", ID_WINDOW_0, 0, 220, 320, 20, 0, 0x0, 0 },
    { TEXT_CreateIndirect, "lightRange", ID_TEXT_0, 0, 0, 320, 20, 0, 0x64, 0 },
};
```

WM_PAINT 是用于通知应用程序重绘窗口的消息；GUI_SetBkColor()函数用于设置背景颜色（这里设置为黑色）；GUI_ClearRect()函数用于将设置的背景颜色填充到指定的区域；get_currentMode()函数用于获取当前模式，当模式为"MAC"时，可通过 memcpy()函数将蓝牙的 MAC 地址复制到 showBuf 中；TEXT_SetText()函数通过函数句柄来显示 MAC 地址。在自动模式下，可通过 get_lightRange()函数来获取光照度的范围，然后通过 TEXT_SetText()函数显示出来。通过判断 bleGat_link()函数可调用 GUI_DrawBitmap()函数来显示 MAC 地址的二维码。通过 get_alarmConfig()函数可获取闹钟设置的情况，当有闹钟时，可通过调用 GUI_DrawBitmap()函数来显示位图。代码如下：

```
static void _cbDialog(WM_MESSAGE * pMsg) {
    WM_HWIN hItem;
    char showBuf[32] = {0};
    unsigned short lightBuf[2] = {0};
    switch (pMsg->MsgId) {
        case WM_INIT_DIALOG:
        hItem = WM_GetDialogItem(pMsg->hWin, ID_TEXT_0);
        TEXT_SetTextAlign(hItem, GUI_TA_HCENTER | GUI_TA_VCENTER);
        TEXT_SetTextColor(hItem, GUI_WHITE);
        TEXT_SetFont(hItem, &GUI_Font16_ASCII);
        break;
        case WM_PAINT:
        GUI_SetBkColor(GUI_BLACK);
        GUI_ClearRect(0, 0, 320, 20);
        hItem = WM_GetDialogItem(pMsg->hWin, ID_TEXT_0);
        if(get_currentMode() == MAC)
        {
            memcpy(showBuf, bleGat_mac(), 20);
            TEXT_SetText(hItem, showBuf);
        } else {
            if(autoMode)
            {
                get_lightRange(lightBuf);
```

```
                    sprintf(showBuf, "Min:%4dLux        Max:%4dLux", lightBuf[0], lightBuf[1]);
                    TEXT_SetText(hItem, showBuf);
                }
                else
                    TEXT_SetText(hItem, "");
            }
            if(bleGat_link())
                GUI_DrawBitmap(&bmbleOk, 0, 2);
            else
                GUI_DrawBitmap(&bmble, 0, 2);
            alarmConfig_t alarmInfo;
            for(unsigned char i=1; i<=ALARM_NUM; i++)
            {
                alarmInfo = get_alarmConfig(i);
                if(alarmInfo.status)
                {
                    GUI_DrawBitmap(&bmalarm, 304, 2);
                    break;
                }
            }
            break;
        case WM_TIMER:
            WM_RestartTimer(pMsg->Data.v, 1000);
            WM_Paint(pMsg->hWin);
            break;
        default:
            WM_DefaultProc(pMsg);
            break;
    }
}
```

　　在 openData()函数中首先调用 Createdata()函数；然后调用 GUI_CreateDialogBox()函数来创建对话框，参数_aDialogCreate 为对话框中包含的小工具资源列表的指针，参数_cbDialog 为回调函数的指针；最后 WM_CreateTimer()函数来创建定时器，可以设置为每 300 ms 更新一次窗口的信息。代码如下：

```
WM_HWIN Createdata(void) {
    datahWin = GUI_CreateDialogBox(_aDialogCreate, GUI_COUNTOF(_aDialogCreate), _cbDialog,
WM_HBKWIN, 0, 0);
    WM_CreateTimer(datahWin, 0, 300, 0);
    return datahWin;
}
```

　　通过参数_aDialogCreate 可以从资源列表中创建小工具，例如，创建 bottomBar 的 WINDOW 小工具以及 data 的 WINDOW 小工具。代码如下：

```
static const GUI_WIDGET_CREATE_INFO _aDialogCreate[] = {
    { WINDOW_CreateIndirect, "data", ID_WINDOW_0, 0, 80, 320, 140, 0, 0x0, 0 },
```

　　WM_PAINT 是用于通知应用程序重绘窗口的消息；GUI_DrawBitmap()函数用于绘制光照度、温度、湿度的位图；GUI_SetColor ()函数用于指定颜色（这里指定为黑色）；GUI_SetFont()函数用于设置字体（这里设置为 GUI_Font16_ASCII）；通过 GUI_DispStringInRect()函数可以在指定的区域显示光照度、温度、湿度的值。代码如下：

```
static void _cbDialog(WM_MESSAGE * pMsg) {
    char showBuf[16] = {0};
    GUI_RECT pRect = {0};
    switch (pMsg->MsgId) {
        case WM_PAINT:
            GUI_DrawBitmap(&bmlight, 35, 30);
            GUI_DrawBitmap(&bmtemp, 130, 30);
            GUI_DrawBitmap(&bmhumi, 225, 30);
            GUI_SetColor(GUI_BLACK);
            GUI_SetFont(&GUI_Font16_ASCII);
            pRect.x0 = 35;
            pRect.y0 = 90;
            pRect.x1 = 95;
            pRect.y1 = 110;
            sprintf(showBuf, "%.1fLux", get_lightData());
            GUI_DispStringInRect(showBuf, &pRect, GUI_TA_HCENTER | GUI_TA_VCENTER);
            pRect.x0 += 95;
            pRect.x1 += 95;
            sprintf(showBuf, "%.1f", Htu21dTemperature_Get());
            GUI_DispStringInRect(showBuf, &pRect, GUI_TA_HCENTER | GUI_TA_VCENTER);
            GUI_SetFont(&GUI_Font14);
            GUI_DispStringAt("℃", pRect.x0+42, pRect.y0+2);
            pRect.x0 += 95;
            pRect.x1 += 95;
            sprintf(showBuf, "%.1f%%", Htu21dHumidity_Get());
            GUI_SetFont(&GUI_Font16_ASCII);
            GUI_DispStringInRect(showBuf, &pRect, GUI_TA_HCENTER | GUI_TA_VCENTER);
        break;
        case WM_TIMER:
            WM_RestartTimer(pMsg->Data.v, 300);
            WM_Paint(pMsg->hWin);
        break;
        default:
            WM_DefaultProc(pMsg);
        break;
    }
}
```

2.3.4　GUI 界面运行测试

（1）上电显示，给智能台灯板卡上电，可显示当前时间、日期、星期，以及采集到的光照度、温度和湿度。

（2）按键切换界面显示。按下 K1 按键可向后切换界面，按下 K2 按键可向前切换界面。

（3）灯光亮度调节。在灯光亮度控制界面，按下 K3 按键，可增加灯光亮度，按下 K4 按键，可降低灯光亮度，LED 也会同步调整亮度。

2.3.5　小结

通过本节的学习和实践，读者可以了解智能台灯系统程序的总体框架，学习 GUI 界面和 GUI 函数的设计，并熟悉 GUI 界面运行测试的内容。GUI 界面函数有很多，可以通过查阅相关来理解这些函数的含义。

2.4　智能台灯应用 App 设计

2.4.1　WebApp 框架设计

1. WebApp 简介

在移动 App 的开发中，为了实现一些复杂且丰富的界面功能，通常会在 App 中调用使用 Web 技术（如 HTML5 和 CSS 等）实现的静态界面。例如，支付宝的"蚂蚁森林"页面和"口碑"界面，微信的"滴滴出行"界面等，都是在 App 中调用的使用 Web 技术实现的静态界面。

智能台灯应用 App 也采用上述的方式，大部分的 App 界面和功能都是通过 Web 技术来实现的，最终在 App 中调用由 Web 技术实现的界面。如果 App 的界面和功能是通过 Web 技术来实现的，则将这类 App 称为 WebApp；如果 App 的界面和功能不是通过 Web 技术来实现的，则将这类 App 称为原生 App。本书中介绍的智能产品应用 App 属于 WebApp。

互联网中的界面通常是使用 HTML5 来开发的，由于 HTML5 的自适应性非常好，因此 WebApp 不必针对屏幕大小和比例进行适配，可大大缩短开发周期、减少开发的工作量。

原生 App 通常是 iOS、Android 等不同平台进行设计和开发，至少需要 iOS 工程师、Android 工程师、前端设计人员、后台人员，开发成本较高。使用 WebApp，只需要前端开发出一个 App 的 Web 文件，在 Android 和 iOS 等平台上进行编译即可获得 Android App 和 iOS App。另外原生 App 和 WebApp 相比，在实现绚丽复杂的界面效果方面，弱势比较明显。

WebApp 的上线更快，版本更新也更加迅速，只需要在服务器更新 Web 文件，客户端更新原来的 Web 文件后就可以实现版本更新，而原生 App 则需要重新下载安装包，安装后才能实现版本更新。WebApp 还有其他很多优势，得到了广泛的应用。

2．WebApp 的实现

在 Android App 的开发中，如何实现 WebApp 呢？WebApp 的实现比较简单，只需要以下简单的几个步骤，即可快速地实现 WebApp。

（1）将 Web 文件放在指定的位置。在 Android 工程中，将编写好的 Web 文件放入 assets 文件夹中即可。

（2）引入 WebView 控件。在 Android 工程的 MainActivity.java 文件中引入 WebView 控件，具体方法是通过 import 引入相关的，代码如下：

```
import android.webkit.WebView;
import android.webkit.WebViewClient;
```

（3）设置相关参数，代码如下：

```
mWebView = (WebView) findViewById(R.id.webView);
mWebView.getSettings().setDefaultTextEncodingName("UTF-8") ;
mWebView.getSettings().setJavaScriptEnabled(true);
mWebView.getSettings().setUseWideViewPort(true);
mWebView.getSettings().setLoadWithOverviewMode(true);
mWebView.getSettings().setDomStorageEnabled(true);
mWebView.getSettings().setAllowFileAccessFromFileURLs(true);
```

（4）加载 assets 文件夹中的 Web 文件，主要代码如下：

```
mWebView.loadUrl("file:///android_asset/index.html");
```

经过上述几个步骤即可在 Android App 中调用 Web 文件，实现 WebApp 的开发。

3．智能台灯应用 App 的界面逻辑分析与设计

在开发智能台灯应用 App 之前，需要先为应用 App 的界面设计一套界面逻辑，然后按照设计的界面逻辑编写代码。

智能台灯应用 App 的界面设计采用两级菜单的形式，一级菜单属于一级导航，二级菜单属于二级导航。一级导航分布在智能台灯应用 App 界面的上部，每个一级导航都有若干二级导航，二级导航是对第一级导航的细化，主要实现界面的功能。智能台灯应用 App 的界面框架如图 2.50 所示。

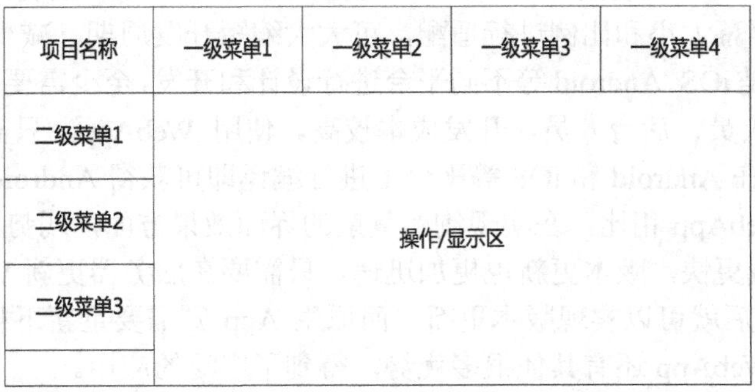

项目名称	一级菜单1	一级菜单2	一级菜单3	一级菜单4
二级菜单1				
二级菜单2		操作/显示区		
二级菜单3				

图 2.50　智能台灯应用 App 的界面框架

在图 2.50 中，一级菜单 1 为功能界面（属于一级导航），下设温湿度、灯光控制、RGB 设置三个子界面（属于二级导航）；一级菜单 2 为设置界面（属于一级导航），下设时间日期、闹钟设置、设备绑定三个子界面（属于二级导航）；一级菜单 3 为其他界面（属于一级导航），下设产品介绍、版本更新、当前版本三个子界面（属于二级导航）；一级菜单 4 为扩展界面（仅在界面放置了一个小图标，属于一级导航），单击放置的小图片后可以出发模态框，用于连接智云服务器。

（1）功能界面的框架。

① 温湿度子界面的框架如图 2.51 所示。

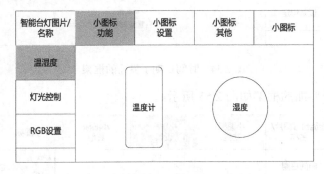

图 2.51　温湿度子界面的框架

② 灯光控制子界面的框架如图 2.52 所示。

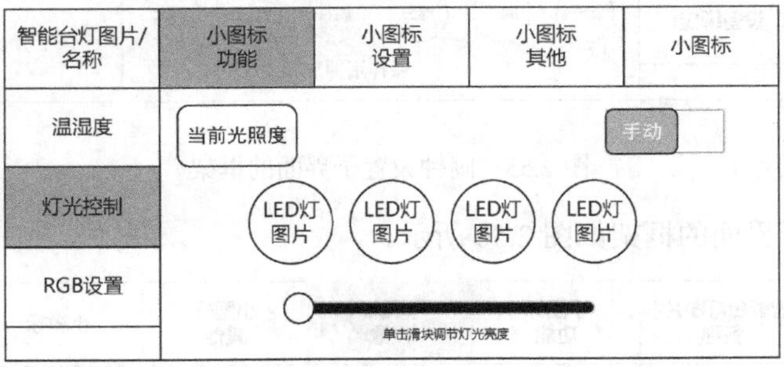

图 2.52　灯光控制子界面的框架

③ RGB 设置子界面的框架如图 2.53 所示。

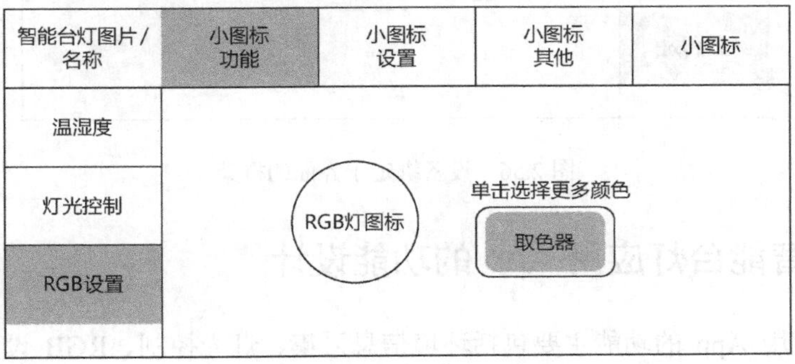

图 2.53　RGB 设置子界面的框架

（2）设置界面的框架。

① 时间日期子界面的框架如图 2.54 所示。

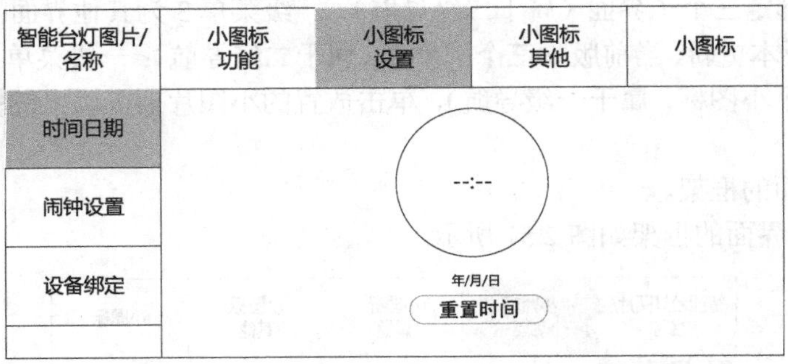

图 2.54　时间日期子界面的框架

② 闹钟设置子界面的框架如图 2.55 所示。

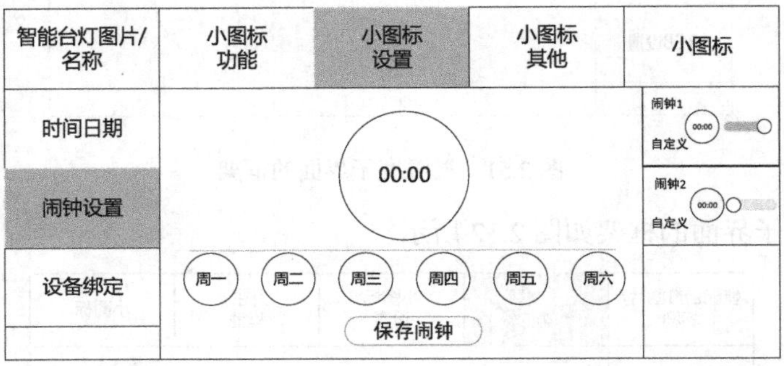

图 2.55　闹钟设置子界面的框架

③ 设备绑定子界面的框架如图 2.56 所示。

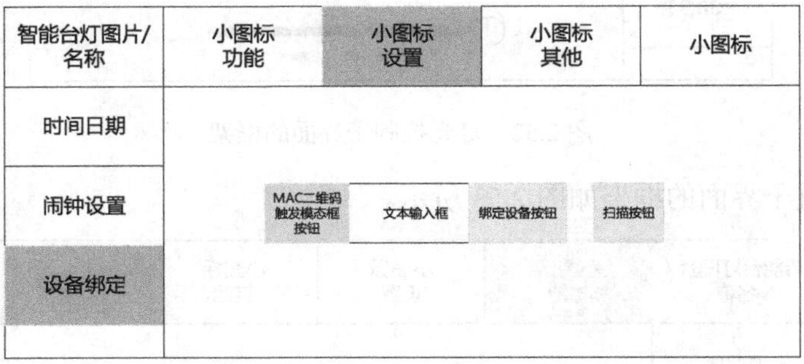

图 2.56　设备绑定子界面的框架

2.4.2　智能台灯应用 App 的功能设计

智能台灯应用 App 的功能主要包括环境信息采集、灯光控制、RGB 设置，以及时间日期与闹钟设置等。

1．环境信息采集功能的设计

环境信息采集是通过温湿度传感器、光照度传感器来实现的，对应数据通信协议中的参数是 A0、A1、A2，将这个参数设置为允许主动上报后，就可以在相应的界面中将环境信息以不同的形式显示出来。环境信息采集涉及温湿度子界面和灯光控制子界面，如图 2.57 和图 2.58 所示。

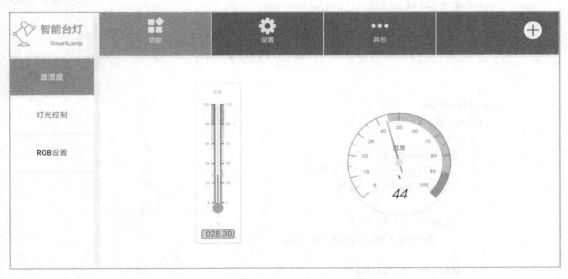

图 2.57　温湿度子界面

图 2.58　灯光控制子界面

调用 script.js 文件中的 process_tag()函数，可以对传感器采集的环境信息进行处理，温湿度保存着 gauges 数组中并显示在温湿度子界面中，光照度以文本的形式显示在灯光控制子界面中。代码如下：

```javascript
function process_tag(tag, val) {
    colorNum = 0;
    if (tag.length > 3) {
        if (tag == "ECHO") {
            if (val == "write") {
                message_show("写入成功");
                window.droid.LeSendMessage("{ECHO}");
            }
        }
    } else if (tag.length == 2) {
        if (tag.indexOf("D") > −1) {
            ……
            else if (tag.indexOf("A") > −1) {
                if (tag == "A0") { //光照度
                    $("#illum").text(val);
                }
                if (tag == "A1") { //温度
                    document.gauges[0].value = val;
                }
                if (tag == "A2") { //湿度
                    document.gauges[1].value = val;
                }
                if (tag == "A6" && light_init) {
                    var currentLight = $("#leftLabel1").text();
                    if (val == 1) {
                        $(".light-control").addClass("light-body");
                        console.log("currentLight=" + currentLight);
                        if ((currentLight − 1 < 0) && (localData.mode == "auto")) {
                            $('#nstSlider1').nstSlider("set_position", 1);
                        }
                    } else {
                        $(".light-control").removeClass("light-body");
                        $('#nstSlider1').nstSlider("set_position", currentLight);
                    }
                }
            }
            ……
        }
    }
}
```

2. 灯光控制功能的设计

灯光控制功能是控制 4 个 LED 的亮灭，对应数据通信协议中的参数 D1，由该参数的 bit0～3 来控制，bit0 用于控制 LED1 的亮灭，当 bit0=1 时熄灭 LED1，当 bit0=1 时点亮 LED2。Bit1、 bit2 和 bit3 分别控制 LED2、LED3、LED4 其他位，为 0 则熄灭 LED，为 1 则点亮 LED。灯光控制分为手动模式和自动模式。

（1）自动模式与手动模式的切换代码如下：

```
// "模式切换"按钮
$('#mode').click(function (e) {
    if (dev_connect || connectFlag) {
        var toggle = this;
        e.preventDefault();
        if ($(this).hasClass("toggle--off")) {
            //切换到手动模式
            if (dev_connect) window.droid.LeSendMessage("{CD1=128,D1=?}");
            if (connectFlag) rtc.sendMessage(localData.Mac, "{CD1=128,D1=?}");
        } else {
            //切换到自动模式
            if (dev_connect) window.droid.LeSendMessage("{OD1=128,D1=?}");
            if (connectFlag) rtc.sendMessage(localData.Mac, "{OD1=128,D1=?}")
        }
    } else {
        message_show("设备未连接！");
    }
});

if ((val & 128) == 128) {
    //检测到数据为自动模式，如果当前为手动模式，则单击"模式切换"按钮
    if (localData.mode == "hand") {
        $("#mode").toggleClass('toggle--on')
        .toggleClass('toggle--off')
        .addClass('toggle--moving');
        setTimeout(function () {
            $("#mode").removeClass('toggle--moving');
        }, 200)
        $(".slider1").animate({ marginTop: "-=75px" }, { duration: 200, easing: "swing" });
        $(".illum-num").hide().next(".illum-range").show();
    }
    localData.mode = "auto";
    storeStorage()
} else {
    //检测到数据为手动模式，如果当前为自动模式，则单击"模式切换"按钮
    if (localData.mode == "auto") {
        $("#mode").toggleClass('toggle--on')
        .toggleClass('toggle--off')
        .addClass('toggle--moving');
        setTimeout(function () {
            $("#mode").removeClass('toggle--moving');
        }, 200)
        $(".slider1").animate({ marginTop: "+=75px" }, { duration: 200, easing: "swing" });
```

```
        $(".illum-num").show().next(".illum-range").hide();
    }
    localData.mode = "hand";
    storeStorage()
}
```

（2）在手动模式下实现对 LED 的控制。首先获取滑块 1（#nstSlider1）左边数值，然后根据获取的数值的对应位来控制 4 个 LED 的亮灭。代码如下：

```
$('#nstSlider1').nstSlider({
    "left_grip_selector": "#leftGrip1",
    //"right_grip_selector": "#rightGrip1",
    "value_bar_selector": "#bar1",
    "value_changed_callback": function (cause, leftValue) {
        $(this).parent().find('#leftLabel1').text(leftValue);
        localData.currentLight = parseInt(leftValue);
        if (dev_connect || connectFlag) {
            if (lightLocal == 1)
                storeStorage()
            else
                lightLocal = 1;
        } else {
            message_show("设备未连接");
        }
    }
});

$("#nstSlider1").on("click touchend", function () {
    if (dev_connect || connectFlag) {
        if (localData.currentLight - 1 == 0) {
            if (current != localData.currentLight) {
                if (dev_connect) window.droid.LeSendMessage("{CD1=15,OD1=1,D1=?}");
                if (connectFlag) rtc.sendMessage(localData.Mac, "{CD1=15,OD1=1,D1=?}");
                console.log("{CD1=15,OD1=1,D1=?}");
                current = localData.currentLight;
            }
        }
        if (localData.currentLight - 2 == 0) {
            if (current != localData.currentLight) {
                if (dev_connect) window.droid.LeSendMessage("{CD1=15,OD1=3,D1=?}");
                if (connectFlag) rtc.sendMessage(localData.Mac, "{CD1=15,OD1=3,D1=?}");
                console.log("{CD1=15,OD1=3,D1=?}");
                current = localData.currentLight;
            }
        }
        if (localData.currentLight - 3 == 0) {
            if (current != localData.currentLight) {
```

```
                if (dev_connect) window.droid.LeSendMessage("{CD1=15,OD1=7,D1=?}");
                if (connectFlag) rtc.sendMessage(localData.Mac, "{CD1=15,OD1=7,D1=?}");
                console.log('{CD1=15,OD1=7,D1=?}');
                current = localData.currentLight;
            }
        }
        if (localData.currentLight - 4 == 0) {
            if (current != localData.currentLight) {
                if (dev_connect) window.droid.LeSendMessage("{OD1=15,D1=?}");
                if (connectFlag) rtc.sendMessage(localData.Mac, "{OD1=15,D1=?}");
                console.log('{OD1=15,D1=?}');
                current = localData.currentLight;
            }
        }
        if (localData.currentLight == 0) {
            if (current != localData.currentLight) {
                if (dev_connect) window.droid.LeSendMessage("{CD1=15,D1=?}");
                if (connectFlag) rtc.sendMessage(localData.Mac, "{CD1=15,D1=?}");
                console.log('{CD1=15,D1=?}');
                current = localData.currentLight;
            }
        }
    } else {
        message_show("设备未连接！");
    }
})
```

（3）在自动模式下，通过比较光照度与光照阈值可以控制 4 个 LED 的亮灭。首先获取滑块 2（#nstSlider2）左右两边的数值，然后根据获取的数值的对应位来控制 4 个 LED 的亮灭。代码如下：

```
//光照阈值设置
$('#nstSlider2').nstSlider({
    "left_grip_selector": "#leftGrip2",
    "right_grip_selector": "#rightGrip2",
    "value_bar_selector": "#bar2",
    "value_changed_callback": function (cause, leftValue, rightValue) {
        var $container = $(this).parent();
        $container.find('#leftLabel2').text(leftValue);
        $container.find('#rightLabel2').text(rightValue);
        localData.minLight = leftValue;
        localData.maxLight = rightValue;
        if (ledLocal == 1)
            storeStorage()
        else
            ledLocal = 1;
        $('#nstSlider2').nstSlider('highlight_range', leftValue, rightValue);
```

```
        },
        "highlight": {
            "grip_class": "gripHighlighted",
            "panel_selector": ".highlightPanel"
        },
    });

    $('#nstSlider2').on("click touchend", function () {
        var cmd = "{V1=" + localData.minLight + ",V2=" + localData.maxLight + "}";
        console.log(cmd)
        if (dev_connect) {
            window.droid.LeSendMessage(cmd);
        } else if (connectFlag) {
            rtc.sendMessage(localData.Mac, cmd);
        } else {
            message_show("设备未连接！");
        }
    })
```

（4）在灯光控制界面显示 4 个 LED 亮灭状态的代码如下：

```
function process_tag(tag, val) {
    colorNum = 0;
    if (tag.length > 3) {
        if (tag == "ECHO") {
            if (val == "write") {
                message_show("写入成功");
                window.droid.LeSendMessage("{ECHO}");
            }
        }
    } else if (tag.length == 2) {
        if (tag.indexOf("D") > -1) {
            if (tag == "D1") {
                if ((val & 15) == 15) {                 //点亮 4 个 LED
                    controlLED(4, 1, 1, 1, 1)
                }
                else if ((val & 7) == 7) {              //点亮前 3 个 LED
                    controlLED(3, 1, 1, 1, 0)
                }
                else if ((val & 3) == 3) {              //点亮前 2 个 LED
                    controlLED(2, 1, 1, 0, 0)
                }
                else if ((val & 1) == 1) {              //点亮第 1 个 LED
                    controlLED(1, 1, 0, 0, 0)
                }
                else {                                  //熄灭 4 个 LED
                    controlLED(0, 0, 0, 0, 0)
                }
```

```
          .......
        }
      }
    }
  }
```

3．RGB 设置功能的设计

根据数据通信协议可知，RGB 灯的颜色是通过参数 V3 来控制的，在智能台灯的 RGB 设置子界面中有一个取色器（取色器是通过取色器插件来实现的），当选取某种颜色后，会将该颜色对应的十六进制数转化成参数 V3，从而根据这三个参数来控制 RGB 灯的颜色。代码如下：

```
if (!rgb_init) {          //控制 RGB 灯的颜色
    $('.demo').minicolors({
        control: $(this).attr('data-control') || 'saturation',
        defaultValue: $(this).attr('data-defaultValue') || '',
        inline: $(this).attr('data-inline') === 'true',
        letterCase: $(this).attr('data-letterCase') || 'lowercase',
        opacity: $(this).attr('data-opacity'),
        position: $(this).attr('data-position') || 'bottom left',
        change: function (hex, opacity) {
            console.log("当前选择的颜色" + hex);
            var log;
            log = hex ? hex : 'transparent';
            if (opacity) log += ',' + opacity;
            localData.currentColor = log;
            storeStorage();
        },
        hide: function () {
            //将 RGB 灯颜色对应的十六进制数转换成对应的参数
            hexToRgba(localData.currentColor);
            currentColor_r = parseInt(currentColor_r);
            currentColor_g = parseInt(currentColor_g);
            currentColor_b = parseInt(currentColor_b);
            var cmd = "{V3=" + currentColor_r + ",V4=" + currentColor_g + ",V5=" + currentColor_b +
",V3=?,V4=?,V5=?}"
            console.log(cmd);
            if (dev_connect) {
                window.droid.LeSendMessage(cmd);
            } else if (connectFlag) {
                rtc.sendMessage(localData.Mac, cmd);
            } else {
                message_show("设备未连接！");
            }
        },
        theme: 'default',
```

```
    });
    if (localStorage.smartLamp) {
        $(".demo").minicolors('value', localData.currentColor);
    }
    rgb_init = 1;
}
```

RGB 灯的颜色控制是在 RGB 设置子界面中进行的，该子界面如图 2.59 所示。RGB 灯在 RGB 设置子界面中的显示颜色和 RGB 灯实际颜色的同步化代码如下：

```
function process_tag(tag, val) {
    colorNum = 0;
    if (tag.length > 3) {
        ……
    } else if (tag.length == 2) {
        if (tag.indexOf("D") > -1) {
        ……
        else if (tag.indexOf("A") > -1) {
        ……
        else if (tag.indexOf("V") > -1) {
            if (tag == "V1") {
                currentMin = parseInt(val);
                updateRange();
            }
            else if (tag == "V2") {
                currentMax = parseInt(val);
                updateRange();
            }
            else if (tag == "V3") {
                currentColor_r = val;
                updateColor();
            }
            else if (tag == "V4") {
                currentColor_g = val;
                updateColor();
            }
            else if (tag == "V5") {
                currentColor_b = val;
                updateColor();
            }
            ……
        }
    }
}
```

4．时间日期与闹钟设置功能的设计

时间日期和闹钟功能是智能台灯的常用功能之一，该功能是在设置界面（一级导航）中

实现的，该界面下有时间日期、闹钟设置和设备绑定三个子界面（二级导航）。时间日期和闹钟的设置涉及时间日期和闹钟设置两个子界面，如图 2.60 和图 2.61 所示。

图 2.59　RGB 设置子界面

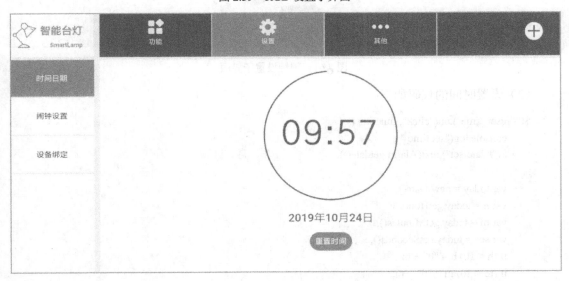

图 2.60　时间日期子界面

根据数据通信协议可知，时间对应的参数为 V1，闹钟对应的参数为 V2，是可读写（R/W）的，可以通过查询指令来获取当前的时间，通过赋值指令来设置时间和闹钟。

（1）获取当前时间的代码如下：

```
getdate: function () {
    var d = new Date();
    var year, month, day;
    year = d.getFullYear();
```

```
        month = d.getMonth() + 1;
        day = d.getDate();
        if (month < 10) month = "0" + month;
        if (day < 10) day = "0" + day;
        return year + "/" + month + "/" + day;
    }
```

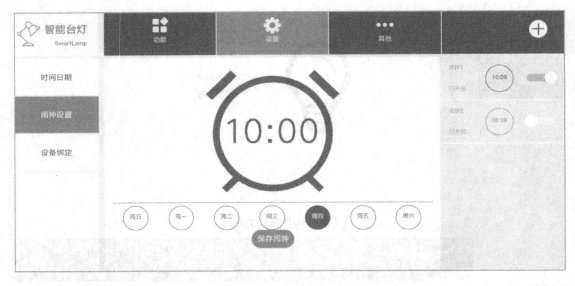

图 2.61　闹钟设置子界面

（2）设置时间的代码如下：

```
$("#reset_time").on("click", function () {
    console.log("set time ");
    $("#date-set").text(Alarm.getdate());            //年、月、日

    var today = new Date();
    var h = today.getHours();
    var m = today.getMinutes();
    var sec = today.getSeconds();
    if (h < 10) h = "0" + h;
    if (m < 10) m = "0" + m;
    if (sec < 10) sec = "0" + sec;
    $("#time-set").text(h + ":" + m);                //时、分、秒
    (function () {
        var date = $("#date-set").text();
        var tim = $("#time-set").text();
        var d = date.split("/");
        var t = tim.split(":");
        var bday = new Date(d[0], d[1] - 1, d[2], t[0], t[1], 0);
        var xq = bday.getDay();
        if (xq == 7)
```

```
        xq = 0;                                    //星期
        var s = "{V8=" + d[0].substr(2, 2) + d[1] + d[2] + t[0] + t[1] + sec + xq + ",ECHO=write}";
        console.log("set datetime:" + s);
        if (dev_connect) {
            window.droid.LeSendMessage(s);
        } else if (connectFlag) {
            rtc.sendMessage(localData.Mac, s)
        } else {
            message_show("设备未连接！ ");
        }
    })0;
})
```

（3）智能台灯系统是通过日期选择插件 DateTimePicker 来设置闹钟的，首先通过 add 方法将闹钟设置子界面中间的闹钟时间添置到右上角的小闹钟中，然后通过 modify 方法来修改时间，最后通过 save 方法来保存闹钟设置的时间。代码如下：

```
//动态引入时间设置
function getDateTime() {
    if (dev_connect)
        window.droid.LeSendMessage("{V6=?,V7=?}");
    if (connectFlag) {
        rtc.sendMessage(localData.Mac, "{V6=?,V7=?}")
    }
    console.log("{V6=?,V7=?}")
    if (!date_init) {
        $("#dtBox").DateTimePicker();
        date_init = 1;
    }
}


var Alarm = {
    //显示系统时间
    realTime: function () {
        ……
    },
    //添加闹钟
    add: function (id) {
        var alarmTime = $('#alarm_value').html();
        var num = $('.alarm-list li').length;
        var addAlarmHtml = '<li>' +
            '<span class="title">闹钟' + (num + 1) + '</span>' +
            '<span id="' + id + '_st" class="state">自定义</span>' +
            '<span id="' +id +'_val" class="time-btn alarm-small"onclick="Alarm.modify($(this))">' +
alarmTime + '</span>' +
            '<span id="' + id + '_bt" class="icon-btn" onclick="Btn.iconBtn.iconBtnClick(this)"
value="1"></span>' +
```

```
                        '</li>';
            $(addAlarmHtml).appendTo('.alarm-list');//渲染
            Btn.iconBtn.iconBtnInit($('.icon-btn'));//初始化闹钟开关
    },
current_small: "0",
//修改闹钟
modify: function (object) {
        $(".alarm-small").css({ borderColor: "#3498DB", color: "#3498DB" });
        object.css({ borderColor: "red", color: "red" });
        $("#alarm_value").text(object.text());
        Alarm.current_small = object.parents("li").index();
        //message_show("单击时间数字修改闹钟！");
    },
//保存已修改闹钟时间
save: function () {
        var current_alarm = $("#alarm_value").text();
        $(".alarm-small:eq(" + Alarm.current_small + ")").html(current_alarm);
        //message_show("保存闹钟成功！");
        alarm_set(Alarm.current_small);
    },
    ……
}
```

2.4.3　智能台灯应用 App 的功能测试

1. 时间日期功能的测试

在智能台灯应用 App 的设置界面下的时间日期子界面中，单击"重置时间"按钮，如图 2.62 所示，可将手机上的时间同步到智能台灯中。

图 2.62　单击"重置时间"按钮

2．闹钟设置功能的测试

在智能台灯应用 App 的设置界面下的闹钟设置子界面中，首先设置闹钟时间并选择星期，然后单击"保存闹钟"按钮，最后通过右上角滑块来开启闹钟，如图 2.63 所示，即可完成闹钟的设置。

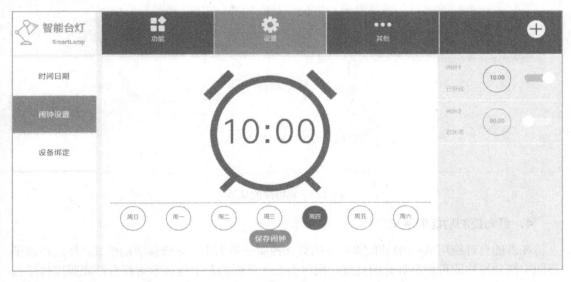

图 2.63　设置闹钟时间并开启闹钟

开启闹钟后，在 LCD 的右下角会显示闹钟图标。在到达设置的时间时，LCD 上显示闹钟时间，此时按下按键 K1 可关闭闹钟，如图 2.64 所示。

图 2.64　在 LCD 上显示闹钟

3．温湿度功能的测试

在智能台灯应用 App 的功能界面下的温湿度子界面中，会同步显示智能台灯温湿度传感器采集的温湿度信息，如图 2.65 所示。

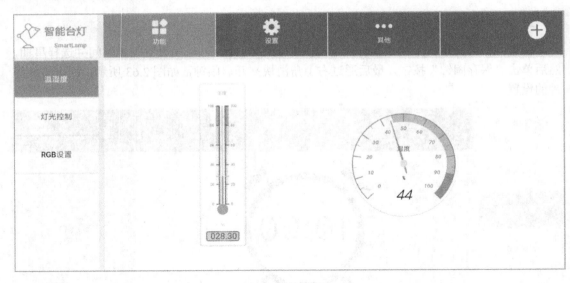

图 2.65　温湿度的显示

4．灯光控制功能的测试

在智能台灯应用 App 的功能界面下的灯光控制子界面中，先选择手动模式，然后在该子界面中拖动滑块即可控制灯光的亮度，同时会在子界面的左上角显示智能台灯光照度传感器采集的光照度数据，如图 2.66 所示，在智能台灯的 LCD 上也会显示光照度。

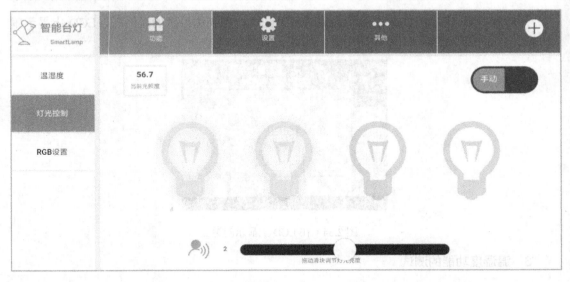

图 2.66　手动模式下的灯光控制测试

在自动模式下，拖动滑块来设置光照阈值，通过在智能台灯板卡上遮挡光照度传感器，当环境的光照度（如遮挡智能台灯中的光照度传感器）小于设置的光照阈值时，会自动开启灯光并调节亮度，如图 2.67 所示，在智能台灯的 LCD 上也会显示光照度和设置的光照阈值。

图 2.67　自动模式下的灯光控制测试

5. RGB 设置功能的测试

在智能台灯应用 App 的功能界面下的 RGB 设置子界面中，单击"单击选择更多颜色"下面的方框可设置想要的颜色，单击该子界面中的灯泡图标可确定设置的颜色，如图 2.68 所示，在智能台灯的 LCD 上也会显示 RGB 灯的颜色。

图 2.68　RGB 颜色设置

2.4.4　小结

通过本节的学习和实践，读者可以掌握 WebApp 框架设计和智能台灯应用 App 功能设计的方法，完成智能台灯的应用 App 测试，通过测试可验证智能台灯应用 App 的功能是否能实现。

第**3**章

智能腕表设计与开发

过去只能用来看时间的手表，现在可以通过智能手机或家庭网络与互联网相连，显示来电信息、新闻、天气信息等内容。智能腕表除了可以显示时间，还应具有提醒、导航、校准、监测或交互等功能。

智能腕表属于智能可穿戴设备，目前存在两种形态：一种是基于 Android 等移动操作系统，同时具备独立通话和上网功能，其本质上是缩小版的智能手机；另外一种基于实时操作系统，不具有独立的移动网络模块，必须与其他智能设备连接使用，才可接收智能手机的信息、控制智能手机的某些功能。

智能腕表作为可穿戴设备，智能手机通知、运动监测、健身监测等功能性是其发展的一个方面，另一方面更为重要的是在场景化的应用。常见的智能腕表如图 3.1 所示。

图 3.1　常见的智能腕表

本章介绍智能腕表的设计与开发，主要内容如下：

（1）智能腕表需求分析与设计：完成了系统需求分析，结合总体架构设计、硬件选型和应用程序分析完成了智能腕表的方案设计，并设计了智能腕表的数据通信协议。

（2）智能腕表 HAL 层硬件驱动设计与开发：分析了光线距离传感器、摄像头监控、三轴加速度传感器和指纹模块的工作原理，结合 Contiki 操作系统完成了硬件驱动 HAL 层驱动设计，并进行了 4 种传感器的驱动测试。

（3）智能腕表 GUI 设计：分析了程序总体框架，设计了 GUI 界面，结合 Contiki 操作系统完成了 GUI 界面函数设计，并进行了 GUI 界面运行测试。

（4）智能腕表应用 App 的设计：分析了 WebApp 框架设计，进行了界面的逻辑分析与设计，完成了智能腕表应用 App 的功能设计，包括地图定位、跌倒警告、脱落警示、亲情号码和时间日期及闹钟设置，并进行智能腕表应用 App 的功能测试。

3.1 智能腕表需求分析与设计

3.1.1 智能腕表需求分析

1．系统功能概述

通过对市场上智能腕表的功能进行调研，可总结出智能腕表的功能，如表 3.1 所示。

表 3.1 智能腕表的功能

功 能 名 称	功 能 描 述
信息	当有新的信息时，智能腕表可以立即给出提示并直接查看信息，既可以从预置的内容中选择一条进行回复，也可以用手写输入或语音输入的方式来编辑信息
电话	智能腕表的表盘可以清晰地显示出来电者的名称，并可直接在智能腕表上选择接听或挂断来电
邮件	可通过智能腕表浏览邮件，并可标记邮件（如已读）或删除邮件
日历	智能腕表除了可以显示时间，还可以查看日期。例如 AppleWatch 的设置与 iPhone 一样，在 iPhone 的日历中添加的日程会显示在 AppleWatch 中，可轻松管理一天的行程
运动信息	收集运动信息是智能腕表的另一个重要功能，智能腕表为用户设置了多项锻炼目标，完成后会获取相应的徽章作为奖励
运动应用	智能腕表可以记录运动时的各种数据，需要用户在做有氧运动前手动开启智能腕表的相关功能即可
管理卡券应用	智能腕表将不同应用中的电子券集中至一处，方便随时调取使用
语音交互	语音输入已经成功地替代了键盘，成为新的输入及控制方式
音乐	智能腕表可播放音乐
摄像功能	智能腕表具有摄像的功能

2．功能需求分析设计

本章介绍的智能腕表是基于智能产品原型机设计的，由智能腕表板卡和智能腕表应用 App 组成，主要的功能有通话社交、健康生活、亲情关爱、设备绑定，智慧腕表的功能设计如表 3.2 所示。

表 3.2 智能腕表的功能设计

功 能 名 称	功 能 描 述
通话社交	具有一键通话功能，可设置 2 个亲情号码；具有语音对讲功能，智能腕表应用 App 可以和硬件互相发送语音消息；具有图片共享功能，智能腕表应用 App 可以和硬件互相发送图片
健康生活	具有计步功能，智能腕表应用 App 界面能够显示佩戴者的步数，并设置当天的步行目标值；具有久坐提醒功能，智能腕表应用 App 可以设置佩戴者的久坐时间阈值，当超过久坐时间阈值时，会给出提醒

续表

功能名称	功能描述
亲情关爱	具有电子栅栏功能，智能腕表应用 App 可以在电子地图上显示佩戴者的当前位置，当佩戴者所处的位置在电子栅栏之外时，可发出报警提醒；具有脱落告警功能，当智能腕表脱落时，可发出报警提醒；具有跌到报警功能，当佩戴者跌倒时，可发出报警提醒
设备绑定	具有硬件绑定功能，智能腕表应用 App 通过扫描硬件触摸屏上动态生成的二维码，可同硬件建立绑定关系，完成绑定后，智能腕表应用 App 能够和硬件进行交互；具有时间闹钟功能，智能腕表应用 App 能够读取时钟芯片上的时钟信息，并将网络时间同步到硬件，支持闹钟设置；可显示当前软件的版本号、软件的更新日志，以及软件下载链接的二维码

3.1.2 智能腕表的方案设计

1．总体架构设计

智能腕表也是基于物联网四层架构模型进行设计的，详见 2.1.2 节，其总体架构如图 3.2 所示。

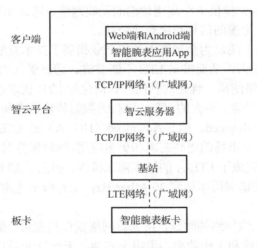

图 3.2 智能腕表总体架构

2．硬件选型分析

1）处理器选型分析

智能腕表的处理器选型同智能台灯相同，请参考 2.1.2 节。

2）通信模块选型分析

LTE 的上行链路采用 SC-FDMA 技术，下行链路采用 OFDM 技术，采用共享信道传输是 LTE 传输机制的核心，用户之间动态地共享时频资源，在每个调度周期内，由基站的调度器决定将共享的时频资源分配给哪些用户。调度主要包括上行链路调度、下行链路调度，以及小区间干扰协调等。用户对瞬时下行链路信道质量进行测量，将测得的信道质量报告反馈给基站。在调度时，调度器根据收到的信道质量报告来为不同的用户分配时频资源。LTE 采用了带有软合并的快速 HARQ（混合自动重传请求），即允许用户对接收到的错误传输块进行快速请求重传；支持多天线技术，LTE 通过多天线实现了发射分集、接收分集和不同形式的波束赋形，以及空分复用。

LTE 具有高度的频谱灵活性，能够在成对和非成对频谱上配置基于 LTE 的无线接入，支持频分双工（FDD）和时分双工（TDD），FDD 操作成对频谱，TDD 操作非成对频谱，如图 3.3 所示。

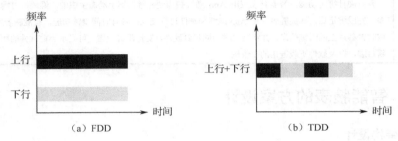

图 3.3　频分双工和时分双工

LTE 以传统通信技术为基础，利用一些新的通信技术来不断提高无线通信的网络效率和功能。如果说，3G 能为人们提供一个高速传输的无线网络，那么 4G LTE 通信会是一种超高速无线网络，一种不需要电缆的信息超级高速公路。

电信运营商普遍选择 LTE，为全球移动通信产业指明了技术发展的方向，设备制造商纷纷加大了在 LTE 领域的投入，从而推动 LTE 不断前进。通过引入 OFDM、多天线 MIMO、64QAM、全 IP 扁平的网络结构、优化的帧结构、简化的 LTE 状态以及小区间干扰协调等新技术，LTE 实现了更高的带宽、更大的容量、更高的数据传输速率和更低的传输时延的效果。

LTE 未来演进 LTE-Advanced。LTE-Advanced（LTE-A）是 LTE 的演进版本，其目的是为满足未来几年内无线通信市场的更高需求和更多应用，同时保持对 LTE 较好的后向兼容性。

2008 年 6 月，3GPP 完成了 LTE-A 的技术需求报告，提出了 LTE-A 的最小需求：下行峰值速率为 1 Gbps，峰值频谱利用率达到 30 Mbps/Hz；上行峰值速率为 500 Mbps，峰值频谱利用率达到 15 Mbps/Hz。

由于 LTE 可以降低无线网络的时延，可为该网络提供高宽带、低时延的数据，从而提高远程操作的安全性、可视性和工作效率，可用于石油、天然气开采和地下矿井工作等风险性较高的行业。对于资源开采的高风险行业，开采所需的数据必须经过快速高效的传输和处理，如钻头的实时深度、矿井内的压力大小、油泵的输出流量等关系到生产安全的重要数据必须传回到数据中心进行计算，计算后的数据又必须传回到每个控制中心，以便更好地维护设备、更安全地进行生产。在公共安全领域，LTE 也有广泛地的应用，如指挥中心凭借无线通信设备、车载终端和手持 LTE 数据设备可构成协作式设备组合。LTE 网络如图 3.4 所示。

LTE 网络的工作机制如下所述：

（1）LTE 网络架构。LTE 采用由 eNB 构成的单层架构，这种架构有利于简化网络和减小时延，满足了低时延、低复杂度和低成本的要求。与传统的 3GPP 接入网相比，LTE 减少了 RNC 节点。从名义上看，LTE 是对 3G 的演进，但事实上它对 3GPP 的整个体系架构做了革命性的变革，逐步趋近于典型的 IP 宽带网结构。

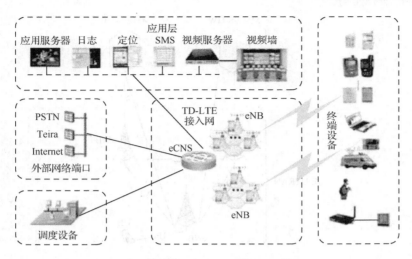

图 3.4　LTE 网络

LTE 的架构如图 3.5 所示，也称为演进型 UTRAN 结构（E-UTRAN）。接入网主要由演进型 NodeB（eNB）和接入网关（aGW）两部分构成。aGW 是一个边界节点，若将其视为核心网的一部分，则接入网主要由 eNB 一层构成。eNB 不仅具有原来 NodeB 的功能，还能完成原来 RNC 的大部分功能，包括物理层、MAC 层、RRC、调度、接入控制、承载控制、接入移动性管理和小区间 RRM 等。eNB 和 eNB 之间将采用网格（Mesh）方式直接互连，这也是对原有 UTRAN 架构的重大修改

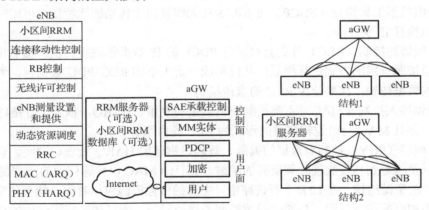

图 3.5　LTE 架构

LTE 无线接入网络采用了扁平化的网络架构，如图 3.6 所示，其中 E-UTRAN 系统去除了 RNC 网元，只由 eNB 组成，EPC 由 MME/S-GW 组成，因此 LTE 无线接入网络主要包括 EPC、eNB 和 UE。EPC 指的是核心网部分，它包括两个部分，一部分是 MME，MME 能够分发寻呼信息给 eNB，进行安全控制，在空闲状态时可进行移动性管理、处理信令等；另一部分是 S-GW，主要负责处理数据，支持由于用户移动而产生的用户面切换，能够终止由于寻呼原因产生的用户面数据。

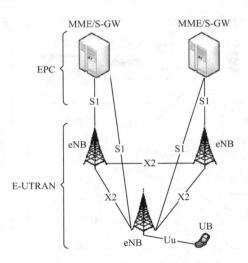

图 3.6　LTE 无线接入网络的架构

采用扁平化的网络架构后，LTE 无线接入网络中 eNB 集成了更多的功能模块，如小区间无线资源管理（RRM）、无线资源分配和调度、无线资源控制（RRC）、分组数据汇聚协议（PDCP）、无线链路控制（RLC）、媒体接入控制（MAC）、物理层（PHY）等，而且 eNB 具有更短的无线网络时延，并且控制信令时延小于 100 ms，单向用户数据延迟小于 5 ms。LTE 无线接入网络的 eNB 之间通过 X2 接口进行通信，这样可以实现小区间无线资源管理的优化。下面对 LTE 的 PDCP、RLC、MAC 和 PHY 等一些功能实体做一些简要介绍。

① 分组数据汇聚协议（PDCP）可以减少在无线接口上传输的比特数，PDCP 需要对传输的数据包执行 IP 头压缩。

② 无线链路控制（RLC）首先会对来自 PDCP 的 IP 数据包进行分割，接着将已经被分割的数据包按照一定的方式进行级联，从而形成一定大小的 RLC PDU 数据包。为了向高层提供无错的数据传输，需要使用 RLC 的重传机制。

③ 媒体接入控制（MAC）主要控制逻辑信道的复用、HARQ，以及上行链路和下行链路的调度，并且 MAC 会以逻辑信道的形式为 RLC 提供服务。

④ 物理层（PHY）控制着数据的编码、解码、物理层 HARQ 处理、调制、解调、多天线处理，以及信号到相应物理时频资源的映射，并且向 MAC 以传输信道的形式提供服务。

（2）传输资源结构。在 LTE 下行链路中，主要的传输资源包括时间、频率和空间，如何合理地利用和分配传输资源，是通信领域长期关注的问题，所以传输资源结构的合理设计显得尤为重要。LTE 的下行链路以层的概念对空间进行测量，其空域维度主要是靠接入在基站（Base Station，BS）的天线端口来实现的，即每个天线端口使用一个参考信号，使得用户能够通过信道估计来估计信道状态信息。对于每个天线端口，LTE 依据时间和频谱来进行资源分配，其中，最大的时间单元是无线数据帧，每个无线数据帧为 10 ms，1 个无线数据帧又可分为 10 个 1 ms 的子帧，1 个子帧又可分为 2 个 0.5 ms 的时隙。

在时域上，当小区配置常规循环前缀（Cyclic Prefix，CP）时，1 个时隙由 7 个 OFDM 符号构成；当小区配置扩展 CP 时，1 个时隙由 6 个 OFDM 符号构成。在频域上，1 个单位资源占用 180 kHz 的带宽且由 12 个子载波构成。通常用资源块（Resource Block，RB）来表示频率上的一个单位资源和时间上的一个持续时隙资源，资源块中所包含的最小单位是资源元素（Resource Element，RE），1 个 RE 由频域上的 1 个子载波和时域上的 1 个 OFDM 符号持续时间构成。由此可见，如果小区配置的是常规 CP，则每个资源块有 84 个资源元素；如果小区配置的是扩展 CP，则每个资源块有 72 个资源元素。

LTE 支持两种基本的工作模式，即频分双工（FDD）和时分双工（TDD）；支持两种不同类型的无线数据帧结构，即 Type1 和 Type2，帧长均为 10 ms，前者适用于 FDD，后者适用于 TDD。

Type 1 型无线数据帧的长度为 10 ms，由 20 个时隙构成，每个时隙的长度为 $T_{slot} = 15360 \times T_s = 0.5$ ms，其编号为 0～19。一个子帧定义为两个相邻的时隙，其中第 i 个子帧由第 $2i$ 个和第 $2i+1$ 个时隙构成。Type1 型无线数据帧的结构如图 3.7 所示。

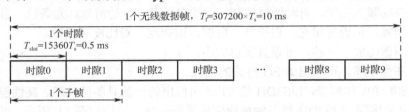

图 3.7　Type1 型无线数据帧的结构

对于 FDD，在每个无线数据帧中，其中 10 个子帧用于下行传输，另外 10 个子帧用于上行传输。上、下行传输在频域上是分开进行的。

对于 TDD 工作模式，TDD 用时间来分离接收和发送信道。在 TDD 工作模式下，移动通信系统的接收和发送使用同一频率载波的不同时隙作为信道的承载，其单方向的资源在时间上是不连续的，时间资源在上行和下行两个方向上进行了分配。某个时间段由基站发送信号给移动台，另外的时间由移动台发送信号给基站，基站和移动台之间必须协同一致才能顺利工作。Type2 型无线数据帧的结构如图 3.8 所示。

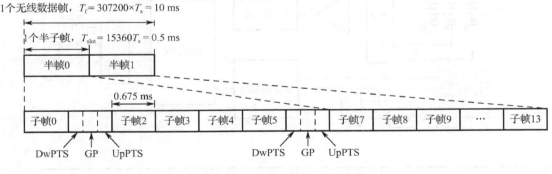

图 3.8　Type2 型无线数据帧的结构

3）传感器硬件选型分析

（1）光线距离传感器。智能腕表中的光线距离传感器采用 APDS-9900 型光线距离传感器，该传感器芯片有 8 个引脚，内部集成了数字环境亮度传感器、接近传感器（ALS）、红外 LED 和接近检测系统等模块。APDS-9900 型光线距离传感器的响应接近人眼，环境亮度传感器可以控制 LCD 的背光亮度，接近传感器的信号调节则由红外 LED 驱动电路和具备环境光消除能力的接收电路组成，内置的红外 LED 和接近检测系统可以检测物体到设备的接近动作。

APDS-9900 型光线距离传感器广泛应用于手机背光调光、手机触摸屏禁用、自动扬声器启用、自动菜单弹出、数码相机等场合。

（2）摄像头。智能腕表的摄像头采用 OV2640 型图像传感器，具有高灵敏度、高灵活性等特点，可以设置曝光、白平衡、色度、饱和度、对比度等参数，支持 RawRGB、RGB565 等格式，可以满足不同场合需求。OV2640 型图像传感器的特点如下：

- 标准的 SCCB 接口，兼容 I2C 总线接口。
- 支持 RawRGB、RGB（RGB565/RGB555）、GRB422、YUV（422/420）和 YCbCr(422) 输出格式。
- 支持 UXGA、SXGA、SVGA 以及按比例缩小到从 SXGA 到 40*30 的任何尺寸。
- 具有自动曝光控制、自动增益控制、自动白平衡、自动消除灯光条纹、自动黑电平校准等功能，可设置曝光、白平衡、色度、饱和度、对比度等参数。
- 支持图像缩放、平移，可设置窗口大小。
- 支持图像压缩，可输出 JPEG 格式的图像。

（3）三轴加速度传感器。LIS3DH 是 ST 公司推出的一款具备低功耗、高性能、数字输出的三轴加速度传感器。LIS3DH 型三轴加速度传感器的功能结构如图 3.9 所示，可分为上下两个部分，上面部分左边是采用了差动电容原理的微加速度传感器系统，它通过电容的变化差来反映加速度的变化。上面部分的其余部分可以看成一个数字处理器系统，它通过电荷放大器将传感器的电容的变化量转换为可以被检测的电量，这些模拟量信号经过 A/D 转换器 1 的处理，最终被转换为可被微处理器识别的数字量信号，并且在一个具有温度补偿功能的三路 A/D 转换器 2 的作用下，控制逻辑模块将 A/D 转换器 1 和 2 的值保存在传感器内置的输出数据寄存器中。这些输出数据通过传感器配备的 I2C 接口或 SPI 接口传递到系统中的微处理器。

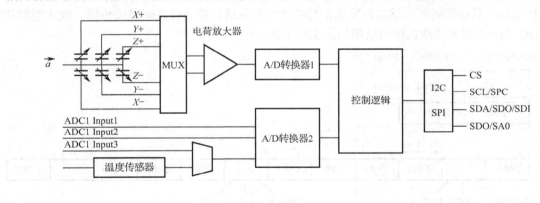

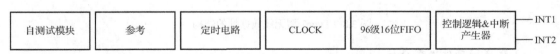

图 3.9　LIS3DH 型三轴加速度传感器的功能结构

LIS3DH 是一种 MEMS 运动传感器，功耗极低、性能高，可以数字形式输出三轴的加速度，主要具备以下特性。

- 具有 X、Y 和 Z 轴灵敏性；
- 具有 1.71～3.6 V 宽范围供应电压；

- 提供了四种动态的可选择范围，±2g、±4g、±8g、±16g；
- 内置温度传感器、自测试模块和 96 级 16 位 FIFO；
- 配备了 I2C 和 SPI 总线，智能腕表使用的是 I2C 总线；
- 具备多种检测和识别能力，如自由落体检测、运动检测、6D/4D 方向检测、单/双击识别等；
- 提供分别用于运动检测和自由落体检测的两个可编程中断产生器；
- 具有两种可选的工作模式，即常规模式和低功耗模式，常规模式下具有更高的分辨率，低功耗模式下功耗低至 2 μA；
- 提供非常精确的 16 位输出数据。

LIS3DH 型三轴加速度传感器有两种工作方式：一种是利用其内置的多种算法来处理常见的应用场景（如静止检测、运动检测、屏幕翻转、失重、位置识别、单击和双击等），只需要简单地配置算法对应的寄存器即可开始检测，一旦检测到目标事件，LIS3DH 型三轴加速度传感器的引脚 INT1 会产生中断；另一种是通过 SPI 和 I2C 总线来读取底层的加速度数据，并通过软件来做进一步复杂的处理，如电子计步器等。

（4）指纹模块。智能腕表的指纹模块采用 IDWD1016C 型指纹模块，该模块集指纹采集、处理、存储及比对于一体，采用 IDfinger6.0 指纹算法，能够独立完成指纹识别工作。IDWD1016C 采用标准 UART 通信，配合 SDK 开发包，可满足指纹录入、图像处理、模板生成、指纹比对等所有指纹识别需求。IDWD1016C 型指纹模块广泛应用于指纹锁、指纹保险柜、指纹挂锁、指纹门禁、考勤、指纹 U 盘等需要通过指纹进行身份认证的产品，其特点如下：

① 安全性高：采用 IDfinger6.0 指纹算法，指纹识别速度快、安全性高，支持 360°识别，具有深度自学习的功能。

② 高性能、低功耗：采用 ARM Cortex-M4 内核，运算速度快、功耗低。

③ 功能完善：集指纹采集、图像处理、特征提取、指纹注册、指纹比对、指纹删除等功能于一体。

5）硬件方案

智能腕表硬件主要硬件模块有主控芯片（微处理器）、LTE 模块、摄像头、三轴加速度传感器、指纹模块、GPS 模块、LCD 模块、时钟芯片、存储芯片等，具体如表 3.3 所示。

表 3.3　智能腕表硬件选型列表

硬 件 模 块	硬件型号（选型）	硬 件 模 块	硬件型号（选型）
主控芯片	STM32F407	LTE 模块	LTE-EC20
光线距离传感器	APDS-9900	摄像头模块	OV2640
振动模块	1027	LCD 模块	ST7789
触摸屏模块	FT6236	GPS 模块	UM220-III N 型 GPS 模块
三轴加速度传感器	LIS3DH	编/解码模块	VM8978
指纹模块	IDWD1016C	按键	AN 型按键
时钟芯片	PCF8563	存储芯片	W25Q64

智能腕表的硬件设计结构如图 3.10 所示。

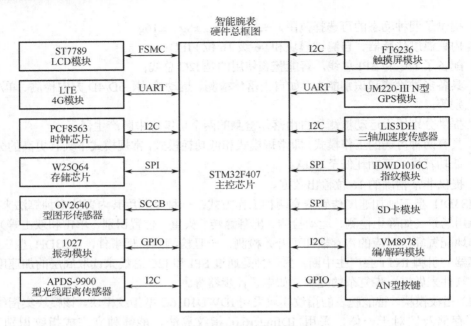

图 3.10　智能腕表的硬件设计结构

3. 应用程序设计分析

　　智能腕表的应用程序设计分析包括智能腕表应用 App 的开发框架分析、界面风格分析和交互设计分析，其方法和智能台灯类似，详见 2.1.2 节。

3.1.3　智能腕表数据通信协议设计

　　智能腕表具有通话社交、健康生活、亲情关爱、设备绑定等功能，这些功能的实现必然会有数据在智能腕表、智云平台（智云服务器）和智能腕表应用 App 之间流动。要实现数据的流动，就必须按照一定的协议（数据通信协议）来发送和接收这些数据。智能腕表的数据通信协议如表 3.4 所示。

表 3.4　智能腕表的数据通信协议

参数	含　　义	权限	描　　述
A0	GPS 坐标	R	字符串，格式为 "{A0=纬度&经度}"
A1	智能腕表脱落状态	R	布尔型数据，0 表示脱落，1 表示未脱落
A2	佩戴者跌倒状态	R	布尔型数据，0 表示未跌到，1 表示跌到
A3	步数	R	整型数据，计步步数
A7	电池电量	R	浮点型数据，表示电池剩余电量的百分比
D0	是否允许主动上报	R/W	D0 的 bit0～bit3、bit7 用于控制是否允许主动上报 A0～A3、A7，0 表示不允许主动上报，1 表示允许主动上报
D1	开关控制	R/W	bit0～bit2 分别表示振动、铃音、拍照的开关，0 表示关闭，1 表示打开
V0	主动上报时间间隔	R/W	表示 A0～A3、A7 的主动上报时间间隔，单位为 s

参数	含　义	权限	描　述
V1	时间日期	R/W	设置格式为"{V1=年/月/日/时/分/秒}"，如"{V1=2020/05/12/14/25/0}"。读取格式为"{V1=年/月/日/星期/时/分/秒}"，如"{V1=2020/05/12/2/14/25/0}"，星期为 0～6 时分别对应星期日～星期六
V2	闹钟	R/W	设置格式为"{V2=闹钟序号/开关/提醒星期/时/分}"，如"{V2=1/1/127/13/25}"，开关为 1 表示打开闹钟，开关为 0 表示关闭闹钟，提醒星期使用位操作，bit0～bit6 分别对应星期日～星期六，1 表示该天打开闹钟，0 表示该天关闭闹钟。读取格式为"{V1=闹钟1/开关/提醒星期/时/分/闹钟2/开关/提醒星期/时/分，…}"，如"{V2=1/1/127/13/25/2/1/127/13/25，…}"，可根据闹钟个数依次增加
V3	联系人	R/W	设置格式和读取格式均为"{V3=1/name/18771760913}"，含义是联系人序号/名称/电话号码
V7	自定义数据	R/W	设置格式和读取格式均为"{V7=type/length/indexMax/index/data}"，含义是数据类型/数据包长度/数据分包大小/数据分包时的序号/数据

3.1.4　小结

通过节的学习和实践，读者可以掌握智能腕表功能需求、方案设计和数据通信协议，对智能腕表的前期方案设计有足够的认知。

3.2　智能腕表 HAL 层硬件驱动设计与开发

3.2.1　硬件原理

本节主要介绍智能腕表中光线距离传感器、摄像头、三轴加速度传感器和指纹模块的原理。

1. 光线距离传感器的原理

智能腕表采用的是 APDS-9900 型光线距离传感器，其结构框图如图 3.11 所示。

APDS-9900 型光线距离传感器包含一个 Ch0 光电二极管（用于接收可见光和红外线）和一个 Ch1 光电二极管（用于接收红外线），两个 ADC（ALS ADC 和 Prox Detect ADC）将光电二极管电流转换为数字信号（提供高达 16 位的分辨率），该数字输出可以由微处理器读取，可通过 I2C 总线接口（I2C Interface）与微处理器进行通信。当启用中断并超过预设值时，中断引脚将置为有效并保持置位状态，直到被控制器清除为止。该中断功能无须轮询传感器的光线强度或接近度，从而可提高系统的效率。

APDS-9900 型光线距离传感器通过内部状态机（见图 3.12）来进行接近检测和电源控制。APDS-9900 型光线距离传感器上电复位后处于 Sleep 状态，当 PON 置为 1 时，首先进入 Start 状态，然后进入 Prox、Wait、ALS 状态。当 PON 置为 0 时，内部状态机将继续运行，在完成所有的转换后进入 Sleep 状态。

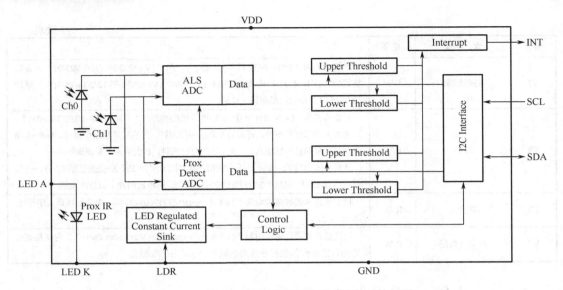

图 3.11　APDS-9900 型光线距离传感器的结构框图

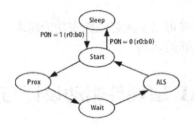

图 3.12　APDS-9900 内部状态机

APDS-9900 型光线距离传感器是由数据寄存器以及通过串行接口访问的命令寄存器来控制的，这些寄存器可以实现多种控制功能，可以通过读取这些寄存器来确定 ADC 的转换结果。APDS-9900 型光线距离传感器的寄存器如表 3.5 所示。

表 3.5　APDS-9900 型光线距离传感器的寄存器

地　　址	寄存器名称	权　　限	寄存器的功能	复　位　值
—	COMMAND	W	特殊寄存器地址	0x00
0x00	ENABLE	R/W	启用状态和中断	0x00
0x01	ATIME	R/W	ALS ADC 时间	0x00
0x02	PTIME	R/W	接近 ADC 时间	0xFF
0x03	WTIME	R/W	等待时间	0xFF
0x04	AILTL	R/W	ALS 中断低阈值低字节	0x00
0x05	AILTH	R/W	ALS 中断低阈值高字节	0x00
0x06	AIHTL	R/W	ALS 中断高阈值低字节	0x00
0x07	AIHTH	R/W	ALS 中断高阈值高字节	0x00
0x08	PILTL	R/W	接近中断低阈值低字节	0x00

续表

地　　址	寄存器名称	权　　限	寄存器的功能	复　位　值
0x09	PILTH	R/W	接近中断低阈值高字节	0x00
0x0A	PIHTL	R/W	接近中断高阈值低字节	0x00
0x0B	PIHTH	R/W	接近中断高阈值高字节	0x00
0x0C	PERS	R/W	中断持久性过滤器	0x00
0x0D	CONFIG	R/W	配置	0x00
0x0E	PPCOUNT	R/W	接近脉冲计数	0x00
0x0F	CONTROL	R/W	获得控制寄存器	0x00
0x11	REV	R	版本号	版本号
0x12	ID	R	设备 ID	ID
0x13	STATUS	R	设备状态	0x00

APDS-9900 型光线距离传感器通过特定的协议来访问指定的寄存器，通常是通过命令（COMMAND）寄存器来指定要进行后续读写操作的寄存器。APDS-9900 型光线距离传感器的 COMMAND 寄存器如表 3.6 所示。

表 3.6　APDS-9900 型光线距离传感器的 COMMAND 寄存器

字段	位	描　　述
CMD	7	用于选择 COMMAND 寄存器，寻址 COMMAND 寄存器时必须写为 1
TYPE	6:5	用于选择要在后续数据传输中进行的交易类型：00 表示重复字节协议传输；01 表示自动增量协议交易；10　保留不使用；11 表示字节协议将在每次数据传输时重复读取同一寄存器，该协议将提供自动递增功能以读取连续的字节
ADD	4:0	地址寄存器/特殊功能寄存器。根据 TYPE 字段选择的交易类型，该字段用于指定一个特殊的命令或者为后续的读写操作指定控制状态寄存器。00000 表示正常，无动作；00101 表示清除接近中断；00110 表示清除 ALS 中断；00111 表示清除接近中断和 ALS 中断；其他值保留

2．摄像头的原理

1）OV2640 型图像传感器简介

智能腕表的摄像头采用的是 OV2640 型图像传感器，该传感器利用透镜成像的原理来获得物体的成像，通过感光芯片及相关电路来记录和传输图像信号。OV2640 型图像传感器是一款 CMOS UXGA（Ultra eXtended Graphics Array，极速扩展图形阵列）图形传感器，支持自动曝光控制、自动增益控制、自动白平衡、自动消除灯光条纹等功能，支持图像压缩，可输出 JPEG 图像数据，其结构框图如图 3.13 所示，引脚说明如表 3.7 所示。

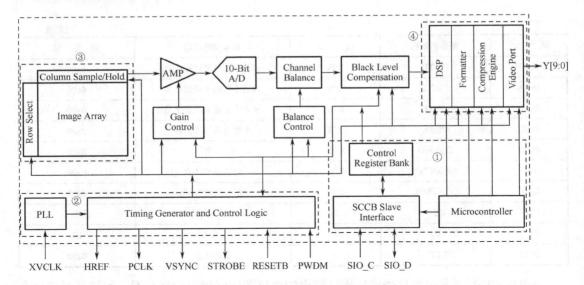

图 3.13　OV2640 型图像传感器结构框图

表 3.7　OV2640 型图像传感器的引脚说明

引脚名称	引脚类型	引脚描述
SIO_C	输入	SCCB 总线的时钟线，类似 I2C 的 SCL
SIO_D	输入/输出	SCCB 总线的数据线，类似 I2C 的 SDA
RESETB	输入	系统复位引脚，低电平有效
PWDN	输入	掉电/省电模式，高电平有效
HREF	输出	行同步信号
VSYNC	输出	帧同步信号
PCLK	输出	像素同步时钟
XCLK	输入	外部时钟输入端口，可接外部晶振
Y[9:0]	输出	像素数据输出端口

（1）控制寄存器。图 3.13 中标号①是控制寄存器，OV2640 型图像传感器根据控制寄存器的参数配置来运行，参数由 SIO_C 和 SIO_D 引脚写入。

（2）通信、控制信号及时钟。图 3.13 中标号②是 OV2640 型图像传感器的通信信号、控制信号和外部时钟，其中：PCLK、HREF 及 VSYNC 引脚上分别是像素同步时钟、行同步信号以及帧同步信号；当 RESETB 引脚为低电平时，可复位传感器；PWDN 引脚用于控制传感器进入低功耗模式；XCLK 引脚用于驱动传感器芯片的时钟信号，是外部输入到传感器的信号。

（3）感光矩阵。图 3.13 中标号③是感光矩阵，可将光信号转换成电信号，经过处理后可将电信号存储成由一个个像素组成的数字图像。

（4）数据输出部分。图 3.13 中标号④是数据输出部分，其中的 DSP 可根据控制寄存器的参数配置进行一些基本的图像处理运算，图像格式转换单元（Formatter）及压缩单元（Compression Engine）用于进行格式转换和图像压缩，最后由视频端口（Video Port）输出。

2）SCCB 总线时序

OV2640 型图像传感器的控制寄存器的参数是通过 SCCB 总线传输的，SCCB 总线与 I2C 总线非常相似，区别在于 SCCB 总线每次传输只能写入或读取一个字节的数据，而 I2C 总线支持突发读写，每次传输中可以写入或读取多个字节的数据。

（1）SCCB 总线时序。SCCB 总线的时序如图 3.14 所示，起始信号如图 3.15 所示，停止信号如图 3.16 所示，I2C 总线完全一样。

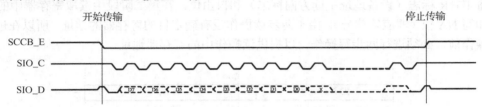

图 3.14 SCCB 总线的时序

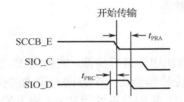

图 3.15 SCCB 总线的起始信号

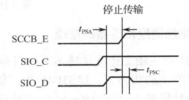

图 3.16 SCCB 总线的停止信号

起始信号：在 SIO_C 为高电平期间，SIO_D 出现一个下降沿，则 SCCB 总线开始传输。
停止信号：在 SIO_C 为高电平期间，SIO_D 出现一个上升沿，则 SCCB 总线停止传输。
数据有效性：除了开始和停止状态，在数据传输过程中，当 SIO_C 为高电平时，必须保证 SIO_D 上的数据稳定，SIO_D 上的电平转换只能发生在 SIO_C 为低电平的期间，SIO_D 的信号在 SIO_C 为高电平时被采集。

（2）SCCB 总线的数据读写过程。在 SCCB 总线的协议定义了两种写操作：即三步写操作和两步写操作。三步写操作可向从机的一个目的寄存器中写入数据，如图 3.17 所示，在三步写操作中，第一阶段（Phase 1）发送从机的 ID 地址+W 标志（相当于 I2C 总线中的设备地址：7 位设备地址+写方向标志），第二阶段（Phase 2）发送从机目标寄存器的 8 位地址，第三阶段（Phase 3）发送要写入寄存器的 8 位数据。图中的 "X" 数据位可写入 1 或 0。

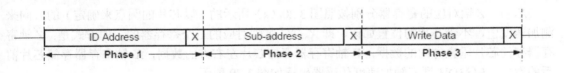

图 3.17 三步写操作

两步写操作没有第三阶段，即只向从器件传输了设备 ID+W 标志和目的寄存器的地址，如图 3.18 所示。两步写操作是用来配合后面的读寄存器数据操作的，它与读操作一起使用，实现数据读写。

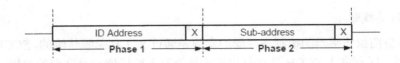

图 3.18　两步写操作

两步读操作用于读取从机目的寄存器中的数据，如图 3.19 所示。在第一阶段中发送从机的设备 ID+R 标志（设备地址＋读方向标志）和自由位，在第二阶段中读取寄存器中的 8 位数据和写 NA 位（非应答信号）。由于两步读操作没有确定目的寄存器的地址，所以在进行两步读操作前，必须进行两步写操作，以提供读操作中的寄存器地址。

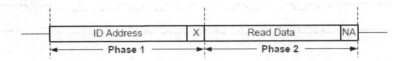

图 3.19　两步读操作

3．三轴加速度传感器的原理

LIS3DH 型三轴加速度传感器可以对自身器件的加速度进行检测，能检测 X、Y 和 Z 轴的加速度。在静止的状态下，LIS3DH 型三轴加速度传感器会在一个方向有重力的作用，因此有一个轴的数据是 $1g$（即 9.8 m/s^2）。在实际的应用中，我们并不使用和 9.8 相关的计算方法，而是以 $1g$ 或者使用 $g/1000$ 作为标准加速度单位。既然使用 A/D 转换器（ADC），那么肯定会有量程和精度的概念，在量程方面，LIS3DH 型三轴加速度传感器有 $\pm2g$、$\pm4g$、$\pm8g$、$\pm16g$ 四种。对于计步应用来说，$2g$ 足够了，除去重力加速度 $1g$，还能检测出 $1g$ 的加速度。精度和 LIS3DH 型三轴加速度传感器的寄存器位数有关。LIS3DH 型三轴加速度传感器使用高低两个 8 位（共 16 位）的寄存器来存储一个轴的当前读数。由于有正反两个方向的加速度，所以 16 位数是有符号的，实际数值是 15 位。以 $\pm2g$ 量程来算，其精度为 $2g/2^{15}= 2g/32768 =0.000061g$。

当 LIS3DH 型三轴加速度传感器处于静止状态时，Z 轴正方向会检测出 $1g$，X、Y 轴为 0；如果调转位置（如手机屏幕翻转），那么总会有一个轴会检测出 $1g$，其他轴为 0。在实际的测量值中，可能并不是 0，而是有细微数值。

1）三轴加速度传感器的坐标系

X、Y、Z 轴对应的寄存器分别按照图 3.20（a）所示的（以芯片的圆点来确定）的方向来测加速度值，不管芯片的位置如何，即 X、Y、Z 轴对应的三个寄存器的工作方式是：Z 轴寄存器存储芯片垂直方向的数据，Y 轴寄存器存储芯片左右方的数据，X 轴寄存器存储芯片前后的数据。LIS3DH 型三轴加速度传感器坐标如图 3.20 所示。

2）三轴加速度传感器的应用

（1）运动检测。使用或逻辑电路，设置一个较小的运动阈值，只检测 X、Y 轴数据是否超过该阈值即可（Z 轴这时有 $1g$，可不管这个轴），只要 X、Y 任一轴数据超过阈值一定时间，即可认为设备处于运动状态。

（2）失重检测。失重时 Z 轴的加速度和重力加速度抵消，在短时间内会为 0，而且 X、Y

轴没有变化，因此在短时间内三者都为 0。这里使用与逻辑电路工作方式，设置一个较小的运动阈值，当三个方向的数据都小于该阈值一定时间时，即可认为失重。

（3）位置姿势识别。手机翻转等应用场景就是利用位置姿态识别这个功能来实现的。

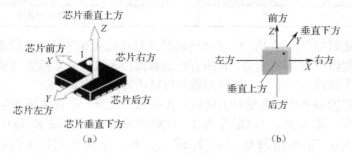

图 3.20　LIS3DH 型三轴加速度传感器坐标

3）计步算法

通过分析人行走时三轴加速度传感器输出信号的变化可知，在一个步伐周期里，加速度有一个增大过程和一个减小过程，在一个周期内会有出现一个加速度波峰和一个加速度波谷。当脚抬起来时，身体重心上移，加速度逐步变大，脚抬至最高处时，加速度值出现波峰；当脚往下放时，加速度逐步减小，脚到达地面时，加速度值出现波谷。这就是一个完整的步伐周期内加速度的变化规律。此外，步行之外的原因引起加速度波形振动时，也会被计数器误判是步伐，在行走时，速度快时一个步伐所用的时间短，速度慢时所用的时间长，但一个步伐所用时间都应在动态时间窗口，即 0.2～2.0 s 内，利用这个时间窗口就可以剔除无效振动对步伐判断造成的影响。基于以上分析，可以确定一个步伐周期中加速度变化规律应具备以下特点：

（1）极值检测：在一个步伐里周期内，加速度会出现一个极大值和一个极小值，有一组上升和下降区间。

（2）时间阈值：两个有效步伐的时间间隔应为 0.2～2.0 s。

（3）幅度阈值：人在运动时，加速度的最大值与最小值是交替出现的，且其差的绝对值阈值不小于预设值 1。

LIS3DH 型三轴加速度传感器内置的硬件算法主要包括 2 个参数和 1 个模式选择，2 个参数分别是阈值和持续时间。例如，在检测运动时，可以设定一个运动对应的阈值，并且要求芯片检测数据在超过这个阈值后并持续一定的时间才可以认为芯片是运动的。内置算法是基于阈值和持续时间来检测运动的。

LIS3DH 型三轴加速度传感器共有两种能够同时工作的硬件算法电路，一种是专门针对单击、双击这种场景的，如鼠标应用；另一种是针对其他所有场景的，如静止运动检测、运动方向识别、位置识别等。LIS3DH 型三轴加速度传感器有四种工作模式，如表 3.8 所示。

表 3.8　LIS3DH 三轴加速度传感器的四种工作模式

序　　号	AOI	6D	工　作　模　式
1	0	0	中断事件的或逻辑组合
2	0	1	6 方向运动识别

序　　号	AOI	6D	工 作 模 式
3	1	0	中断事件的与逻辑组合
4	1	1	6 方向位置识别

第 1 种：或逻辑电路，即 X、Y、Z 任一轴的数据超过阈值即可完成检测。

第 3 种：与逻辑电路，即 X、Y、Z 所有轴的数据均超过阈值才能完成检测。当然，也允许只检测任意两个轴或者一个轴，不检测的轴可以认为永远为真。

以上两种电路的阈值比较是绝对值比较，没有方向之分。不管在正方向还是负方向，只要绝对值超过阈值，那么 X_H、Y_H 或 Z_H 为 1，此时相应的 X_L、Y_L 或 Z_L 为 0；否则 X_L、Y_L 或 Z_L 为 1，相应的 X_H、Y_H 或 Z_H 为 0。X_H、Y_H 或 Z_H，X_L、Y_L 或 Z_L 可以认为是检测条件是否满足的指示位。

第 2 种和第 4 种是一个物体 6 方向的检测，即检测运动方向的变化，也就是从一个方向变化到另一个方向。位置检测芯片稳定时可假设为一种确定的方向，如平放朝上、平放朝下、竖立时前后左右等。其阈值比较电路如，该阈值比较使用正负数的真实数据比较。正方向超过阈值，则 X_H、Y_H 或 Z_H 为 1，否则为 0；负方向超过阈值，X_L、Y_L 或 Z_L 为 1，否则为 0。X_H、Y_H 或 Z_H，X_L、Y_L 或 Z_L 代表了 6 个方向。由于在静止稳定状态时，只有一个方向有重力加速度，因此可以据此知道当前芯片的位置姿势。

4．指纹模块的原理

智能腕表的指纹模块采用的是 IDWD1016C 型指纹模块，该指纹模块是半导体电容式指纹模块，一块平板上集成了大量的半导体器件，当手指贴在平板上时，手指和平板就构成了电容，由于手指的凸凹不平，凸点处和凹点处与平板的实际距离就不一样，形成的电容也就不一样，根据这个原理就可以实现指纹的采集。

IDWD1016C 型指纹模块采用 UART 与微处理器进行通信，数据格式是 8 位数据位、1 位停止位、无校验、无流控，默认的速率 115200 bps（在通信过程中可以动态改变，可选速率有 9600、19200、38400、57600、115200 bps）。IDWD1016C 型指纹模块与微处理器的连接后，当有手指按压指纹模块时，WAKEUP 引脚会输出高电平，微处理器接收到 WAKEUP 引脚的信号后会启动系统，输出指纹模块电源开启信号，给 VIN 引脚提供 3.3 V 的电源，然后通过 UART 进行通信。

1）UART 数据包的发送和接收过程

在通过 UART 传输数据包时，首先在接收到传输数据包的指令包，然后在做好传输准备后发送成功应答包，最后开始传输数据包。数据包主要包括包头、芯片地址、包标识、包长度、数据与校验和。

数据包的包标识主要分为 02H 和 08H 两种。02H 表示该数据包还有且有后续的数据包，08H 表示该数据包是最后一个数据包，即结束包。数据长度是预先设置好的，主要有 32、64、128、和 256 四种。例如，要传输的数据大小为 1 KB，则数据包中将数据长度设置为 128，需要把 1 KB 的数据分为 8 个数据包传输。每个数据包包括：2 B 的包头、4 B 的芯片地址、1 B 的包标识、2 B 的包长度、128 B 的数据和 2 B 的校验和，每个数据包为 139 字节。另外，8 个数据包中，前 7 个数据包的包标识是 02H，最后一个数据包的包标识是 08H。需要注意的是，如果结束包不足 139 B，则以实际长度传输。UART 发送数据包的过程和接收数据包的过程分别如图 3.21 和图 3.22 所示。

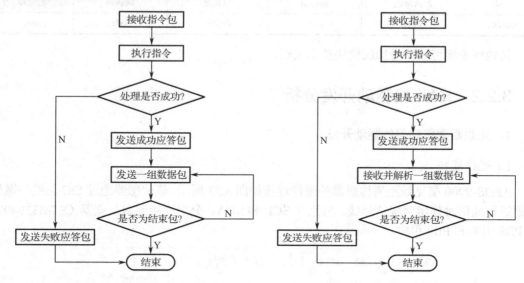

图 3.21　UART 数据包的发送过程　　　　图 3.22　UART 数据包的接收过程

2）部分控制指令

（1）自动验证指纹指令。IDWD1016C 型指纹模块会在指纹库中搜索目标模板并返回搜索结果，如果目标模板同当前采集的指纹比对得分大于最高阈值，并且目标模板为不完整特征，则以采集的指纹特征更新目标模板。自动验证指纹指令包格式和应答包格式如表 3.9 和3.10 所示。

表 3.9　自动验证指纹指令包格式

包头	芯片地址	包标识	包长度	指令码	安全等级	ID 号	参数	校验和
0xEF01	xxxx	01H	0008H	32H	xxH	xxxxH	xxxxH	xxxxH

表 3.10　自动验证指纹指令应答包格式

包头	芯片地址	包标识	包长度	确认码	参数	ID 号	得分	校验和
0xEF01	xxxx	07H	0008H	xxH	00H	xxxxH	xxxxH	sum

（2）获取图像指令。IDWD1016C 型指纹模块会将录入的指纹图像保持在 ImageBuffer 中，并返回录入成功的确认码；若无法录入指纹，则返回无手指确认码。获取图像指令包格式和应答包格式如表 3.11 和 3.12 所示。

表 3.11　获取图像指令包格式

包头	芯片地址	包标识	包长度	指令码	校验和
0xEF01	xxxx	01H	0003H	01H	0005H

表 3.12　获取图像指令应答包格式

包头	芯片地址	包标识	包长度	确认码	校验和
0xEF01	xxxx	07H	0003H	xxH	sum

其他指令集可以参考指纹模块技术文档。

3.2.2　HAL 层驱动开发分析

1．光线距离传感器的驱动开发

1）硬件连接

APDS-9900 型光线距离传感器的硬件连接如图 3.23 所示，该传感器通过 I2C 总线与微处理器进行通信时使用两根信号线，分别是 SCL 和 SDA，分别连接到微处理器（STM32F407）的 PB8 引脚和 PB9 引脚。

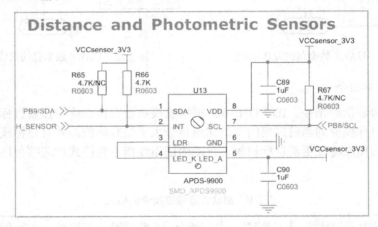

图 3.23　APDS-9900 型光线距离传感器的硬件连接

2）驱动函数分析

APDS-9900 型光线距离传感器是通过 I2C 总线来驱动的，驱动函数如表 3.13 所示。

表 3.13　APDS-9900 型光线距离传感器的驱动函数

函 数 名 称	函 数 说 明
int apds9900_readReg(unsigned char regAddr)	功能：通过 I2C 总线从寄存器中读取 1 字节的数据。参数：regAddr 表示寄存器地址。返回值：读取的数据
int apds9900_readRegTwo(unsigned char regAddr)	功能：通过 I2C 总线从寄存器中读取 2 字节的数据。参数：regAddr 表示寄存器地址。返回值：读取的数据
int apds9900_writeReg(unsigned char regAddr, unsigned char data)	功能：通过 I2C 总线向寄存器写入数据。参数：regAddr 表示寄存器地址；data 表示要写入的数据。返回值：−1 表示写入错误，0 表示写入成功）
void apds9900_init(void)	功能：初始化 APDS-9900 型光线距离传感器
int get_apds9900Lux(void)	功能：通过计算获取光线数据。返回值：光线数据

（1）通过 I2C 总线从寄存器读取 1 字节的数据。代码如下：

```
int apds9900_readReg(unsigned char regAddr)
{
    unsigned char data;
    I2C_Start();
    I2C_WriteByte(APDS9900_ADDR & 0xFE);
    if(I2C_WaitAck()) return -1;
    I2C_WriteByte(regAddr);
    if(I2C_WaitAck()) return -1;
    I2C_Start();
    I2C_WriteByte(APDS9900_ADDR | 0x01);
    if(I2C_WaitAck()) return -1;
    data = I2C_ReadByte();
    I2C_Stop();
    return data;
}
```

（2）通过 I2C 总线从寄存器读取 2 字节的数据。代码如下：

```
int apds9900_readRegTwo(unsigned char regAddr)
{
    unsigned char data[2] = {0};
    I2C_Start();
    I2C_WriteByte(APDS9900_ADDR & 0xFE);
    if(I2C_WaitAck()) return -1;
    I2C_WriteByte(regAddr);
    if(I2C_WaitAck()) return -1;
    I2C_Start();
    I2C_WriteByte(APDS9900_ADDR | 0x01);
    if(I2C_WaitAck()) return -1;
    data[0] = I2C_ReadByte();
    I2C_Ack();
    data[1] = I2C_ReadByte();
    I2C_NoAck();
    I2C_Stop();
    return data[1] << 8 | data[0];
}
```

（3）通过 I2C 总线向寄存器写入数据。代码如下：

```
int apds9900_writeReg(unsigned char regAddr, unsigned char data)
{
    I2C_Start();
    I2C_WriteByte(APDS9900_ADDR & 0xFE);
    if(I2C_WaitAck()) return -1;
    I2C_WriteByte(regAddr);
    if(I2C_WaitAck()) return -1;
    I2C_WriteByte(data);
```

```
if(I2C_WaitAck()) return -1;
I2C_Stop();
return 0;
}
```

（4）初始化 APDS-9900 型光线距离传感器。代码如下：

```
void apds9900_init(void)
{
    I2C_GPIOInit();

    sensorID = apds9900_readReg(0x12);
    if(sensorID < 0)
    {
        apds9900_writeReg(0x00, 0x03);
        sensorID = OTHER;
    } else {
        sensorID = APDS9900;
        int v = apds9900_readReg(0x11);
        apds9900_writeReg(0x00, 0x00);
        apds9900_writeReg(0x0E, 0x01);
        apds9900_writeReg(0x0F, 0x20);
        apds9900_writeReg(0x00, 0x0F);
    }
}
```

（5）通过计算获取光线数据。代码如下：

```
int get_apds9900Lux(void)
{
    float GA = 0x48;
    float B = 2.23;
    float C = 0.7;
    float D = 1.42;
    float DF = 52;
    float ALSIT = 2.72;
    int AGAIN = 1;
    float LPC = GA * DF / (ALSIT * AGAIN);
    int CDataL = 0;
    int IRDATAL = 0;
    if(sensorID == APDS9900)
    {
        CDataL = apds9900_readRegTwo(0x14 | 0xA0);
        IRDATAL = apds9900_readRegTwo(0x16 | 0xA0);
    } else {
        CDataL = apds9900_readReg(0x0C);
        IRDATAL = apds9900_readReg(0x0D);
    }
```

```
    if(CDataL < 0 || IRDATAL < 0) return -1;
    float IAC1 = CDataL - B * IRDATAL;
    float IAC2 = C * CDataL - D * CDataL;
    float IAC = IAC1;
    IAC = (IAC2 > IAC) ? IAC2 : IAC;
    IAC = (IAC < 0) ? 0 : IAC;
    int Lux = (int)(IAC * LPC);
    return Lux;
}
```

2. 摄像头的驱动开发

1）硬件连接

OV2640 型图像传感器的硬件连接如图 3.24 所示。OV2640 型图像传感器是通过 SCCB 总线驱动的，该总线与 I2C 总线类似，DCMI_SCL 引脚接到微处理器（STM32F407）的 PD11 引脚，DCMI_SDA 引脚接到微处理器的 PD13 引脚，DCMI_D1～DCMI_D7 为数据输出线，DCMI_VSYNC 和 DCMI_HSYNC 为帧同步信号和行同步信号。

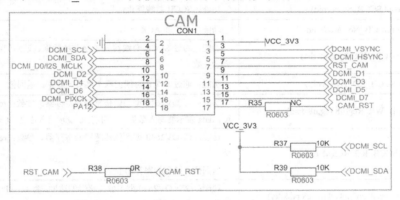

图 3.24　OV2640 型图像传感器的硬件连接

2）驱动函数分析

OV2640 型图像传感器是通过 SCCB 总线来驱动的，驱动函数如表 3.14 所示。

表 3.14　OV2640 型图像传感器的驱动函数

函 数 名 称	函 数 说 明
u8 OV2640_Init(void)	功能：初始化 OV2640 型图像传感器。返回值：0 表示成功，其他表示错误
void OV2640_ResolutionConfig()	功能：设置 OV2640 型图像传感器的分辨率
void OV2640_Close()	功能：关闭 OV2640 型图像传感器
void OV2640_JPEG_Mode(void)	功能：将 OV2640 型图像传感器的模式切换为 JPEG
void OV2640_RGB565_Mode(void)	功能：将 OV2640 型图像传感器的模式切换为 RGB565
void OV2640_Auto_Exposure(u8 level)	功能：设置 OV2640 型图像传感器的自动曝光等级设置。参数：level 表示自动曝光的等级

函 数 名 称	函 数 说 明
void OV2640_Light_Mode(u8 mode)	功能：白平衡设置。参数：mode 表示模式
void OV2640_Color_Saturation(u8 sat)	功能：色度设置。参数：sat 表示色度值
void OV2640_Brightness(u8 bright)	功能：亮度设置。参数：bright 表示亮度等级
void OV2640_Contrast(u8 contrast)	功能：对比度设置。参数：contrast 表示对比度值
void OV2640_Special_Effects(u8 eft)	功能：特效设置。参数：eft 表示模式
void OV2640_Color_Bar(u8 sw)	功能：彩条设置。参数：sw 表示彩条开启或关闭
void OV2640_Window_Set(u16 sx,u16 sy,u16 width,u16 height)	功能：设置图像输出窗口。参数：sx 表示起始横坐标地址 sy 表示起始纵坐标地址，width 表示宽度，height 表示高度
u8 OV2640_OutSize_Set(u16 width,u16 height)	功能：设置图像输出大小。参数：OV2640 型图像传感器输出的图像大小，width 表示图像的宽度，height 表示图像的高度。返回值：0 表示设置成功，其他表示设置失败
void SCCB_Init(void)	功能：初始化 SCCB 总线接口
void SCCB_Start(void)	功能：SCCB 总线起始信号
void SCCB_Stop(void)	功能：SCCB 总线停止信号
void SCCB_No_Ack(void)	功能：产生非 ACK 信号
u8 SCCB_WR_Byte(u8 dat)	功能：通过 SCCB 总线写入 1 字节的数据。返回值：0 表示成功，1 表示失败
u8 SCCB_RD_Byte(void)	功能：通过 SCCB 总线读取 1 字节的数据。返回值：读取的数据
u8 SCCB_WR_Reg(u8 reg,u8 data)	功能：写 OV2640 型图像传感器的寄存器。参数：reg 表示寄存器地址，data 表示要写入数据。返回值：0 表示写入成功，1 表示写入失败）、
u8 SCCB_RD_Reg(u8 reg)	功能：读 OV2640 型图像传感器的寄存器。参数：reg 表示寄存器地址。 返回值：读取的寄存器值
void ov2640_speed_ctrl(u8 clkdiv,u8 pclkdiv)	功能：控制 OV2640 型图像传感器的速度。参数：clkdiv 表示 CLK 分频系数，pclkdiv 表示 PCLK 分频系数

（1）初始化 OV2640 型图像传感器。代码如下：

```
u8 OV2640_Init(void)
{
    u16 reg;
    GPIO_InitTypeDef     GPIO_InitStructure;
    //设置 IO
    GPIO_InitStructure.GPIO_Mode = GPIO_Mode_OUT;           //推挽输出
    GPIO_InitStructure.GPIO_OType = GPIO_OType_PP;          //推挽输出
    GPIO_InitStructure.GPIO_Speed = GPIO_Speed_100MHz;      //100 MHz
    GPIO_InitStructure.GPIO_PuPd = GPIO_PuPd_UP;            //上拉

    RCC_AHB1PeriphClockCmd(OV2640_PWDN_RCC, ENABLE);
    GPIO_InitStructure.GPIO_Pin = OV2640_PWDN_PIN;
    GPIO_Init(OV2640_PWDN_GPIO, &GPIO_InitStructure);
```

```
        RCC_AHB1PeriphClockCmd(OV2640_RST_RCC, ENABLE);
        GPIO_InitStructure.GPIO_Pin = OV2640_RST_PIN;
        GPIO_Init(OV2640_RST_GPIO, &GPIO_InitStructure);

        SCCB_Init();                                    //初始化 SCCB 总线接口

         OV2640_PWDN_H;
        delay_ms(50);
         OV2640_PWDN_L;
        delay_ms(10);

        OV2640_RST_L;                                   //复位 OV2640 型图像传感器
        delay_ms(50);
        OV2640_RST_H;                                   //结束复位
        delay_ms(10);

        SCCB_WR_Reg(OV2640_DSP_RA_DLMT, 0x01);          //操作 OV2640 型图像传感器寄存器
            SCCB_WR_Reg(OV2640_SENSOR_COM7, 0x80);      //软复位 OV2640 型图像传感器
        delay_ms(50);

        reg=SCCB_RD_Reg(OV2640_SENSOR_MIDH);            //读取 OV2640 型图像传感器 ID 的高 8 位
        reg<<=8;
        reg|=SCCB_RD_Reg(OV2640_SENSOR_MIDL);           //读取 OV2640 型图像传感器 ID 的低 8 位
        if(reg!=OV2640_MID)
        {
            printf("MID:%d\r\n",reg);
            return 1;
        }
        reg=SCCB_RD_Reg(OV2640_SENSOR_PIDH);
        reg<<=8;
        reg|=SCCB_RD_Reg(OV2640_SENSOR_PIDL);
        if(reg!=OV2640_PID)
        {
            printf("HID:%d\r\n",reg);
            return 2;
        }
        //设置 OV2640 型图像传感器的分辨率
        OV2640_ResolutionConfig();

        return 0x00;        //ok
}
```

（2）设置 OV2640 型图像传感器的分辨率。代码如下：

```
void OV2640_ResolutionConfig()
{
    u16 i = 0;
    for(i=0;i<sizeof(ov2640_svga_init_reg_tbl)/2;i++)
```

```
        {
            SCCB_WR_Reg(ov2640_svga_init_reg_tbl[i][0],ov2640_svga_init_reg_tbl[i][1]);
        }
}
```

（3）关闭 OV2640 型图像传感器。代码如下：

```
void OV2640_Close()
{
    SCCB_WR_Reg(OV2640_DSP_RA_DLMT, 0x01);        //操作 OV2640 型图像传感器的寄存器
    SCCB_WR_Reg(OV2640_SENSOR_COM7, 0x80);        //软复位 OV2640 型图像传感器
    delay_ms(50);
    OV2640_PWDN_H;         //POWER OFF
    delay_ms(10);
}
```

（4）将 OV2640 型图像传感器的模式切换为 JPEG。代码如下：

```
void OV2640_JPEG_Mode(void)
{
    u16 i=0;
    //设置 YUV422 格式
    for(i=0;i<(sizeof(ov2640_yuv422_reg_tbl)/2);i++)
    {
        SCCB_WR_Reg(ov2640_yuv422_reg_tbl[i][0],ov2640_yuv422_reg_tbl[i][1]);
    }
    //输出 JPEG 数据
    for(i=0;i<(sizeof(ov2640_jpeg_reg_tbl)/2);i++)
    {
        SCCB_WR_Reg(ov2640_jpeg_reg_tbl[i][0],ov2640_jpeg_reg_tbl[i][1]);
    }
}
```

（5）将 OV2640 型图像传感器的模式切换为 RGB565。代码如下：

```
void OV2640_RGB565_Mode(void)
{
    u16 i=0;
    //设置 RGB565 格式
    for(i=0;i<(sizeof(ov2640_rgb565_reg_tbl)/2);i++)
    {
        SCCB_WR_Reg(ov2640_rgb565_reg_tbl[i][0],ov2640_rgb565_reg_tbl[i][1]);
    }
}
```

（6）设置 OV2640 型图像传感器的自动曝光等级设置。代码如下：

```
void OV2640_Auto_Exposure(u8 level)
{
    u8 i;
```

```
    u8 *p=(u8*)OV2640_AUTOEXPOSURE_LEVEL[level];
    for(i=0;i<4;i++)
    {
        SCCB_WR_Reg(p[i*2],p[i*2+1]);
    }
}
```

（7）白平衡设置。代码如下：

```
void OV2640_Light_Mode(u8 mode)
{
    u8 regccval=0x5E;//Sunny
    u8 regcdval=0x41;
    u8 regceval=0x54;
    switch(mode)
    {
        case 0:
        SCCB_WR_Reg(0xFF,0x00);
        SCCB_WR_Reg(0xC7,0x10);
        break;
        case 2:
        regccval=0x65;
        regcdval=0x41;
        regceval=0x4F;
        break;
        case 3:
        regccval=0x52;
        regcdval=0x41;
        regceval=0x66;
        break;
        case 4:
        regccval=0x42;
        regcdval=0x3F;
        regceval=0x71;
        break;
    }
    SCCB_WR_Reg(0xFF,0x00);
    SCCB_WR_Reg(0xC7,0x40);
    SCCB_WR_Reg(0xCC,regccval);
    SCCB_WR_Reg(0xCD,regcdval);
    SCCB_WR_Reg(0xCE,regceval);
}
```

（8）色度设置。代码如下：

```
void OV2640_Color_Saturation(u8 sat)
{
    u8 reg7dval=((sat+2)<<4)|0x08;
```

```
SCCB_WR_Reg(0xFF,0x00);
SCCB_WR_Reg(0x7C,0x00);
SCCB_WR_Reg(0x7D,0x02);
SCCB_WR_Reg(0x7C,0x03);
SCCB_WR_Reg(0x7D,reg7dval);
SCCB_WR_Reg(0x7D,reg7dval);
}
```

（9）亮度设置。代码如下：

```
void OV2640_Brightness(u8 bright)
{
    SCCB_WR_Reg(0xff, 0x00);
    SCCB_WR_Reg(0x7c, 0x00);
    SCCB_WR_Reg(0x7d, 0x04);
    SCCB_WR_Reg(0x7c, 0x09);
    SCCB_WR_Reg(0x7d, bright<<4);
    SCCB_WR_Reg(0x7d, 0x00);
}
```

（10）对比度设置。代码如下：

```
void OV2640_Contrast(u8 contrast)
{
    u8 reg7d0val=0x20;              //默认为普通模式
    u8 reg7d1val=0x20;
    switch(contrast)
    {
        case 0:                    //-2
        reg7d0val=0x18;
        reg7d1val=0x34;
        break;
        case 1:                    //-1
        reg7d0val=0x1C;
        reg7d1val=0x2A;
        break;
        case 3:                    //1
        reg7d0val=0x24;
        reg7d1val=0x16;
        break;
        case 4:                    //2
        reg7d0val=0x28;
        reg7d1val=0x0C;
        break;
    }
    SCCB_WR_Reg(0xff,0x00);
    SCCB_WR_Reg(0x7c,0x00);
    SCCB_WR_Reg(0x7d,0x04);
```

```
SCCB_WR_Reg(0x7c,0x07);
SCCB_WR_Reg(0x7d,0x20);
SCCB_WR_Reg(0x7d,reg7d0val);
SCCB_WR_Reg(0x7d,reg7d1val);
SCCB_WR_Reg(0x7d,0x06);
}
```

（11）特效设置。代码如下：

```
void OV2640_Special_Effects(u8 eft)
{
    u8 reg7d0val=0x00;              //默认为普通模式
    u8 reg7d1val=0x80;
    u8 reg7d2val=0x80;
    switch(eft)
    {
        case 1:                     //负片
        reg7d0val=0x40;
        break;
        case 2:                     //黑白
        reg7d0val=0x18;
        break;
        case 3:                     //偏红色
        reg7d0val=0x18;
        reg7d1val=0x40;
        reg7d2val=0xC0;
        break;
        case 4:                     //偏绿色
        reg7d0val=0x18;
        reg7d1val=0x40;
        reg7d2val=0x40;
        break;
        case 5:                     //偏蓝色
        reg7d0val=0x18;
        reg7d1val=0xA0;
        reg7d2val=0x40;
        break;
        case 6:                     //复古
        reg7d0val=0x18;
        reg7d1val=0x40;
        reg7d2val=0xA6;
        break;
    }
    SCCB_WR_Reg(0xff,0x00);
    SCCB_WR_Reg(0x7c,0x00);
    SCCB_WR_Reg(0x7d,reg7d0val);
    SCCB_WR_Reg(0x7c,0x05);
    SCCB_WR_Reg(0x7d,reg7d1val);
```

```
    SCCB_WR_Reg(0x7d,reg7d2val);
}
```

（12）彩条设置。代码如下：

```
void OV2640_Color_Bar(u8 sw)
{
    u8 reg;
    SCCB_WR_Reg(0xFF,0x01);
    reg=SCCB_RD_Reg(0x12);
    reg&=~(1<<1);
    if(sw)reg|=1<<1;
    SCCB_WR_Reg(0x12,reg);
}
```

（13）设置图像输出窗口。代码如下：

```
void OV2640_Window_Set(u16 sx,u16 sy,u16 width,u16 height)
{
    u16 endx;
    u16 endy;
    u8 temp;
    endx=sx+width/2;
      endy=sy+height/2;

    SCCB_WR_Reg(0xFF,0x01);
    temp=SCCB_RD_Reg(0x03);                    //读取 VREF 之前的值
    temp&=0xF0;
    temp|=((endy&0x03)<<2)|(sy&0x03);
    SCCB_WR_Reg(0x03,temp);                    //设置 VREF 的开始和结尾的最低 2 位
    SCCB_WR_Reg(0x19,sy>>2);                   //设置 VREF 的开始高 8 位
    SCCB_WR_Reg(0x1A,endy>>2);                 //设置 VREF 的结尾的高 8 位

    temp=SCCB_RD_Reg(0x32);                    //读取 HREF 之前的值
    temp&=0xC0;
    temp|=((endx&0x07)<<3)|(sx&0x07);
    SCCB_WR_Reg(0x32,temp);                    //设置 HREF 的开始和结尾的最低 3 位
    SCCB_WR_Reg(0x17,sx>>3);                   //设置 HREF 的开始高 8 位
    SCCB_WR_Reg(0x18,endx>>3);                 //设置 HREF 的结尾的高 8 位
}
```

（14）设置图像输出大小。代码如下：

```
u8 OV2640_OutSize_Set(u16 width,u16 height)
{
    u16 outh;
    u16 outw;
    u8 temp;
    if(width%4) return 1;
```

```
        if(height%4) return 2;
        outw=width/4;
        outh=height/4;
        SCCB_WR_Reg(0xFF,0x00);
        SCCB_WR_Reg(0xE0,0x04);
        SCCB_WR_Reg(0x5A,outw&0xFF);           //设置 OUTW 的低 8 位
        SCCB_WR_Reg(0x5B,outh&0xFF);           //设置 OUTH 的低 8 位
        temp=(outw>>8)&0x03;
        temp|=(outh>>6)&0x04;
        SCCB_WR_Reg(0x5C,temp);                //设置 OUTH、OUTW 的高位
        SCCB_WR_Reg(0xE0,0x00);
        return 0;
}
```

（15）设置图像开窗大小。代码如下：

```
u8 OV2640_ImageWin_Set(u16 offx,u16 offy,u16 width,u16 height)
{
        u16 hsize;
        u16 vsize;
        u8 temp;
        if(width%4)return 1;
        if(height%4)return 2;
        hsize=width/4;
        vsize=height/4;
        SCCB_WR_Reg(0xFF,0x00);
        SCCB_WR_Reg(0xE0,0x04);
        SCCB_WR_Reg(0x51,hsize&0xFF);          //设置 H_SIZE 的低 8 位
        SCCB_WR_Reg(0x52,vsize&0xFF);          //设置 V_SIZE 的低 8 位
        SCCB_WR_Reg(0x53,offx&0xFF);           //设置 OFFX 的低 8 位
        SCCB_WR_Reg(0x54,offy&0xFF);           //设置 OFFY 的低 8 位
        temp=(vsize>>1)&0x80;
        temp|=(offy>>4)&0x70;
        temp|=(hsize>>5)&0x08;
        temp|=(offx>>8)&0x07;
        SCCB_WR_Reg(0x55,temp);                //设置 H_SIZE、V_SIZE、OFFX、OFFY 的高位
        SCCB_WR_Reg(0x57,(hsize>>2)&0x80);     //设置 H_SIZE、V_SIZE、OFFX、OFFY 的高位
        SCCB_WR_Reg(0xE0,0x00);
        return 0;
}
```

（16）设置图像尺寸大小，也就是所选格式的输出分辨率。代码如下：

```
u8 OV2640_ImageSize_Set(u16 width,u16 height)
{
        u8 temp;
        SCCB_WR_Reg(0xFF,0x00);
        SCCB_WR_Reg(0xE0,0x04);
```

```
    SCCB_WR_Reg(0xC0,(width)>>3&0xFF);        //设置 HSIZE 的 10:3 位
    SCCB_WR_Reg(0xC1,(height)>>3&0xFF);       //设置 VSIZE 的 10:3 位
    temp=(width&0x07)<<3;
    temp|=height&0x07;
    temp|=(width>>4)&0x80;
    SCCB_WR_Reg(0x8C,temp);
    SCCB_WR_Reg(0xE0,0x00);
    return 0;
}
```

（17）控制 OV2640 型图像传感器的速度。代码如下：

```
void ov2640_speed_ctrl(u8 clkdiv,u8 pclkdiv)
{
    SCCB_WR_Reg(0xFF,0x00);
    SCCB_WR_Reg(0xD3,pclkdiv);        //设置 PCLK 分频
    SCCB_WR_Reg(0xFF,0x01);
    SCCB_WR_Reg(0x11,clkdiv);         //设置 CLK 分频
}
```

3．三轴加速度传感器的驱动开发

1）硬件连接

LIS3DH 型三轴加速度传感器的硬件连接如图 3.25 所示。LIS3DH 型三轴加速度传感器通过 I2C 总线与微处理器（STM32F407）进行通信，I2C 总线使用了两根信号线，分别是 SCL 和 SDA，SCL 连接到微处理器的 PB8 引脚，SDA 连接到微处理器的 PB9 引脚，微处理器通过 I2C 总线可获取 X、Y、Z 三个轴上的加速度。

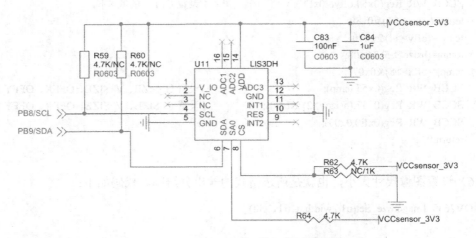

图 3.25　LIS3DH 型三轴加速度传感器的硬件连接

2）驱动函数分析

LIS3DH 型三轴加速度传感器是通过 I2C 总线驱动的，驱动函数如表 3.15 所示。

表 3.15　LIS3DH 型三轴加速度传感器的驱动函数

函 数 名 称	函 数 说 明
int lis3dh_readReg(unsigned char regAddr)	功能：通过 I2C 总线从 LIS3DH 型三轴加速度传感器的寄存器读取数据。参数：regAddr 表示寄存器地址。返回值：data 表示数据
int lis3dh_writeReg(unsigned char regAddr, unsigned char data)	功能：通过 I2C 总线向 LIS3DH 型三轴加速度传感器的寄存器写入数据。参数：regAddr 表示寄存器地址，data 表示数据。返回值：-1 表示失败，0 表示成功
int lis3dh_init(void)	功能：初始化 LIS3DH 型三轴加速度传感器。返回值：-1 表示失败，0 表示成功
void get_lis3dhInfo(float *accX, float *accY, float *accZ)	功能：LIS3DH 型三轴加速度传感器的三个轴上的加速度数据。参数：accX 表示 X 轴上的加速度数据，accY 表示 Y 轴上的加速度数据，accZ 表示 Z 轴上的加速度数据
int lis3dh_tumble(float x, float y, float z)	功能：跌倒检测处理。参数：x、y、z 分别表示 X、Y、Z 三个轴上的加速度数据
int stepcounting(float32_t* test_f32)	功能：计算步数计算。参数：test_f32 表示浮点复数
void lis3dh_step(float x, float y, float z)	功能：计步处理。参数：x、y、z 分别表示 X、Y、Z 三个轴上的加速度数据
int lis3dh_sedentary(float x, float y, float z)	功能：久坐处理。参数：x、y、z 分别表示 X、Y、Z 三个轴上的加速度数据。返回值：久坐状态
int run_lis3dh_arithmetic(void)	功能：运行 lis3dh 算法。返回值：执行状态
void set_lis3dh_enableStatus(unsigned char cmd)	功能：设置算法使能。参数：使能命令
unsigned char get_lis3dh_enableStatus(void)	功能：获取计步算法使能。返回值：状态
int get_lis3dh_stepCount(void)	功能：获取当前计步数。返回值：计步数
int get_lis3dh_tumbleStatus(void)	功能：获取跌倒状态。返回值：跌倒状态
int get_lis3dh_SedentaryStatus(void)	功能：获取久坐状态。返回值：久坐状态

（1）相关宏定义如下：

```
#define   LIS3DH_ADDR          0x32      //LIS3DH 型三轴加速度传感器的 I2C 总线接口地址
#define   LIS3DH_IDADDR        0x0F      //LIS3DH 型三轴加速度传感器的 ID 地址
#define   LIS3DH_ID            0x33      //LIS3DH 型三轴加速度传感器的 ID
#define   LIS3DH_CTRL_REG1     0x20
#define   LIS3DH_CTRL_REG2     0x21
#define   LIS3DH_CTRL_REG3     0x22
#define   LIS3DH_CTRL_REG4     0x23
#define   LIS3DH_OUT_X_L       0x28
#define   LIS3DH_OUT_X_H       0x29
#define   LIS3DH_OUT_Y_L       0x2A
#define   LIS3DH_OUT_Y_H       0x2B
#define   LIS3DH_OUT_Z_L       0x2C
#define   LIS3DH_OUT_Z_H       0x2D
```

```
#define   N       64                              //采样个数
#define   Fs      10                              //采样频率
#define   F_P     (((float)Fs)/N)

typedef struct{
    unsigned char tumbleEnableStatus : 1;
    unsigned char stepEnableStatus : 1;
    unsigned char SedentaryEnableStatus : 1;
    unsigned char tumbleStatus : 1;
    unsigned char SedentaryStatus : 1;
    unsigned short stepCount;
    unsigned char SedentaryInterval;
    unsigned short SedentaryTime;
}lis3dh;
```

（2）LIS3DH 型三轴加速度传感器的部分驱动函数代码如下：

```
//跌倒使能、计步使能、久坐使能、跌倒状态、久坐状态、计算步数、久坐算法间隔比例、久坐时间
lis3dh lis3dhStruct = {1, 1, 0, 0, 0, 0, 10, 60};

int lis3dh_readReg(unsigned char regAddr)
{
    int data;
    I2C_Start();
    I2C_WriteByte(LIS3DH_ADDR & 0xFE);
    if(I2C_WaitAck()) return −1;
    I2C_WriteByte(regAddr);
    if(I2C_WaitAck()) return −1;
    I2C_Start();
    I2C_WriteByte(LIS3DH_ADDR | 0x01);
    if(I2C_WaitAck()) return −1;
    data = I2C_ReadByte();
    I2C_Stop();
    return data;
}

int lis3dh_writeReg(unsigned char regAddr, unsigned char data)
{
    I2C_Start();
    I2C_WriteByte(LIS3DH_ADDR & 0xFE);
    if(I2C_WaitAck()) return −1;
    I2C_WriteByte(regAddr);
    if(I2C_WaitAck()) return −1;
    I2C_WriteByte(data);
    if(I2C_WaitAck()) return −1;
    I2C_Stop();
    return 0;
}
```

```
int lis3dh_init(void)
{
    I2C_GPIOInit();
    if(LIS3DH_ID != lis3dh_readReg(LIS3DH_IDADDR))        //获取 LIS3DH 型三轴加速度传感器的 ID
        return −1;
    //设置频率为 1.25 kHz，启动 LIS3DH 型三轴加速度传感器
    if(lis3dh_writeReg(LIS3DH_CTRL_REG1, 0x97) < 0)
        return −1;
    if(lis3dh_writeReg(LIS3DH_CTRL_REG4, 0x10) < 0)
        return −1;
    return 0;
}


void get_lis3dhInfo(float *accX, float *accY, float *accZ)
{
    char accXL, accXH, accYL, accYH, accZL, accZH;
    accXL = lis3dh_readReg(LIS3DH_OUT_X_L);
    accXH = lis3dh_readReg(LIS3DH_OUT_X_H);
    if(accXH & 0x80)
        *accX = (float)(((int)accXH << 4 | (int)accXL >> 4) −4096)/2048*9.8*4;
    else
        *accX = (float)((int)accXH << 4 | (int)accXL >> 4)/2048*9.8*4;
    accYL = lis3dh_readReg(LIS3DH_OUT_Y_L);
    accYH = lis3dh_readReg(LIS3DH_OUT_Y_H);
    if(accYH & 0x80)
        *accY = (float)(((int)accYH << 4 | (int)accYL >> 4) −4096)/2048*9.8*4;
    else
        *accY = (float)((int)accYH << 4 | (int)accYL >> 4)/2048*9.8*4;
    accZL = lis3dh_readReg(LIS3DH_OUT_Z_L);
    accZH = lis3dh_readReg(LIS3DH_OUT_Z_H);
    if(accZH & 0x80)
        *accZ = (float)(((int)accZH << 4 | (int)accZL >> 4) −4096)/2048*9.8*4;
    else
        *accZ = (float)((int)accZH << 4 | (int)accZL >> 4)/2048*9.8*4;
}
/**********************************************************************************
* 函数名称：fallDect()
* 函数功能：跌倒检测处理
* 函数参数：x、y、z 分别表示 X、Y、Z 三个轴上的加速度数据
* 返 回 值：int 表示跌倒状态
**********************************************************************************/
int lis3dh_tumble(float x, float y, float z)
{
    float squareX = x * x;
    float squareY = y * y;
    float squareZ = z * z;
```

```
    float value;

    value = sqrt(squareX + squareY + squareZ);
    if (value < 5)
        return 1;
    return 0;
}
/******************************************************************************
* 函数名称：int stepcounting(float32_t* test_f32)
* 函数功能：计算步数
******************************************************************************/
int stepcounting(float32_t* test_f32)
{
    uint32_t ifftFlag = 0;                              //傅里叶逆变换标志位
    uint32_t doBitReverse = 1;                          //翻转标志位
    float32_t testOutput[N/2];                          //输出数组
    uint32_t i;
    arm_cfft_f32(&arm_cfft_sR_f32_len64, test_f32, ifftFlag, doBitReverse);    //傅里叶变换
    arm_cmplx_mag_f32(test_f32, testOutput, N/2);
    float max = 0;
    uint32_t mi = 0;
    for (i=0; i<N/2; i++) {
        float a = testOutput[i];
        if (i == 0) a = testOutput[i]/(N);
        else a = testOutput[i]/(N/2);
        if (i != 0 && a > max && i*F_P <= 5.4f) {
            mi = i;
            max = a;
        }
    }
    if (max > 1.5) {
        int sc = 0;
        sc = (int)(mi * F_P * (1.0/Fs)*N);
        if (sc >= 3 && sc < 30) {
            return sc;
        }
    }
    return 0;
}
/******************************************************************************
* 函数名称：lis3dh_step()
* 函数功能：计步处理算法
* 函数参数：x、y、z 分别表示 X、Y、Z 三个轴上的加速度数据
******************************************************************************/
void lis3dh_step(float x, float y, float z)
{
    static unsigned char tick = 0;
```

```
    static float acc_input[64*2];
    static unsigned short acc_len = 0;
    static unsigned char step_cnt = 0;
    float a = sqrt(x*x + y*y + z*z);
    acc_input[acc_len * 2] = a;
    acc_input[acc_len*2+1] = 0;
    acc_len++;
    if(acc_len == 64)
        acc_len = 0;
    if(acc_len == 0)
        step_cnt += stepcounting(acc_input);
    tick++;
    if(tick == lis3dhStruct.SedentaryInterval)
    {
        tick = 0;
        lis3dhStruct.stepCount += step_cnt;
        step_cnt = 0;
    }
}
/*******************************************************************************
* 函数名称: lis3dh_SedentaryStatus()
* 函数功能: 久坐处理算法
* 函数参数: x、y、z 分别表示 X、Y、Z 三个轴上的加速度数据
* 返 回 值: int - 久坐状态
*******************************************************************************/
int lis3dh_sedentary(float x, float y, float z)
{
    static float lastX = 0, lastY = 0, lastZ = 9;
    static unsigned char count = 0;
    static unsigned short time = 0;
    if((x – 2 > lastX || x + 2 < lastX) || (y – 2 > lastY || y + 2 < lastY) || (z – 2 > lastZ || z + 2 < lastZ))
    {
        time = 0;
        count = 0;
    }
    else
        count++;
    if(count > lis3dhStruct.SedentaryInterval)
    {
        count= 0;
        time++;
    }
    if(time >= lis3dhStruct.SedentaryTime)
        return 1;
    else
        return 0;
}
```

```
/******************************************************************************
 * 函数名称：run_lis3dh_arithmetic()
 * 函数功能：运行 lis3dh 算法
 ******************************************************************************/
int run_lis3dh_arithmetic(void)
{
    if(lis3dhStruct.tumbleEnableStatus || lis3dhStruct.stepEnableStatus
        || lis3dhStruct.SedentaryEnableStatus)
    {
        float accX, accY, accZ;
        unsigned char runStatus = 0;
        get_lis3dhInfo(&accX, &accY, &accZ);
        if(lis3dhStruct.tumbleEnableStatus)
        {
            if(!(accX == 0 && accY == 0 && accZ == 0))
                lis3dhStruct.tumbleStatus = lis3dh_tumble(accX, accY, accZ);
            else
                lis3dhStruct.tumbleStatus = 0;
            runStatus |= 0x01;
        }
        if(lis3dhStruct.stepEnableStatus)
        {
            lis3dh_step(accX, accY, accZ);
            runStatus |= 0x02;
        }
        if(lis3dhStruct.SedentaryEnableStatus)
        {
            lis3dhStruct.SedentaryStatus = lis3dh_sedentary(accX, accY, accZ);
            runStatus |= 0x04;
        }
        return runStatus;
    }
    else
        return -1;
}

//设置算法使能
void set_lis3dh_enableStatus(unsigned char cmd)
{
    if((cmd & 0x01) == 0x01)
        lis3dhStruct.tumbleEnableStatus = 1;
    else
        lis3dhStruct.tumbleEnableStatus = 0;
    if((cmd & 0x02) == 0x02)
        lis3dhStruct.stepEnableStatus = 1;
    else
        lis3dhStruct.stepEnableStatus = 0;
```

```
        if((cmd & 0x04) == 0x04)
            lis3dhStruct.SedentaryEnableStatus = 1;
        else
            lis3dhStruct.SedentaryEnableStatus = 0;
    }

//获取计步算法使能状态
unsigned char get_lis3dh_enableStatus(void)
    {
        unsigned char status = 0;
        if(lis3dhStruct.tumbleEnableStatus)
            status |= 0x01;
        if(lis3dhStruct.stepEnableStatus)
            status |= 0x02;
        if(lis3dhStruct.SedentaryEnableStatus)
            status |= 0x04;
        return status;
    }

//获取当前计步数
int get_lis3dh_stepCount(void)
    {
        if(lis3dhStruct.stepEnableStatus)
            return lis3dhStruct.stepCount;
        else
            return −1;
    }

//获取跌倒状态
int get_lis3dh_tumbleStatus(void)
    {
        if(lis3dhStruct.tumbleEnableStatus)
            return lis3dhStruct.tumbleStatus;
        else
            return −1;
    }

//获取久坐状态
int get_lis3dh_SedentaryStatus(void)
    {
        if(lis3dhStruct.SedentaryEnableStatus)
            return lis3dhStruct.SedentaryStatus;
        else
            return −1;
    }

//设置久坐时间系数：久坐算法运行间隔（单位为 ms）、久坐时间（单位为 s）
```

```
void set_lis3dh_SedentaryTime(unsigned short interval, unsigned short time)
{
    lis3dhStruct.SedentaryInterval = 1000 / interval;
    lis3dhStruct.SedentaryTime = time;
}

//清空计步数
void del_lis3dh_stepCount(void)
{
    lis3dhStruct.stepCount = 0;
}
```

4．指纹模块的驱动开发

1）硬件连接

IDWD1016C 型指纹模块的硬件连接如图 3.26 所示。IDWD1016C 型指纹模块通过 UART 与微处理器（STM32F407）进行通信，TX3 引脚连接到微处理器的 PA2 引脚，RX3 引脚连接到微处理器的 PA3 引脚，TOUCHIRQ 引脚连接到微处理器的 PA5 引脚。

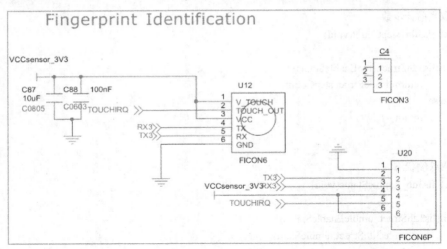

图 3.26　IDWD1016C 型指纹模块的硬件连接

2）驱动函数分析

IDWD1016C 型指纹模块是通过 UART 驱动的，其驱动函数如表 3.16 所示。

表 3.16　IDWD1016C 型指纹模块的驱动函数

函 数 名 称	函 数 说 明
void finger_init(void)	功能：初始化 IDWD1016C 型指纹模块
void finger_usartSend(unsigned char *buf, unsigned char len)	功能：通过 UART 向 IDWD1016C 型指纹模块发送数据。参数：buf 表示要发送的数据，len 表示数据的长度
unsigned int finger_checkOut(unsigned char *buf, unsigned char start, unsigned int len)	功能：计算校验和。参数：buf 表示数据，tart 表示起始位置，len 表示数据长度。返回值：校验值

续表

函 数 名 称	函 数 说 明
void finger_resetParam(void)	功能：初始化参数
unsigned int finger_getParam(void)	功能：获取参数。返回值：参数值
void finger_getRnrollImage(void)	功能：注册用获取图像
void finger_getChar(unsigned char buffID)	功能：生成特征。参数：buffID 表示缓存区的 ID
void finger_searchMB(unsigned char buffID, unsigned int startPage, unsigned int searchNum)	功能：搜索目标模板。参数：buffID 表示目标模板号，pageID 表示开始位置，searchNum 表示搜索个数
void finger_cancel(void)	功能：取消指纹
void finger_autoEnroll(unsigned int id, unsigned char inputNum)	功能：自动注册模板。参数：Id 表示指纹 ID，inputNum 表示录入次数
void finger_autoIdentify(unsigned int id, unsigned char level)	功能：自动验证指纹。参数：Id 表示指纹 ID，level 表示安全等级
void finger_delbuf(unsigned char *buf, unsigned char len, unsigned char bufLen)	功能：删除字符串。参数：buf 表示需要删除的字符串，len 表示截取的数据长度，bufLen 表示数据长度
unsigned char finger_errorAnalysis(unsigned char ch1, unsigned char ch2)	功能：自动验证指纹解析。参数：ch1 表示接收指令，ch2 表示接收指令。返回值：返回错误码
void finger_fingerStructReset(void)	功能：重启指纹
int finger_usartInput(char ch)	功能：获取 UART 输入数据。参数：ch 表示指纹 UART 的输入
void finger_uartAnalysis(void)	功能：串口解析
int finger_getIdentifyInfo(void)	功能：验证指纹信息。返回值：1 表示验证成功，1 表示验证失败
int finger_getEnrollInfo(void)	功能：获取登记指纹信息。返回值：指纹的登记号码

（1）相关宏定义如下：

```
#define    MAXRECBYTE    128
#define    HEADER         0xEF, 0x01
#define    ADDR           0xFF, 0xFF, 0xFF, 0xFF
typedef struct{
    unsigned char validTempNum;
    unsigned char errorNum;
    unsigned int pageNum;
    unsigned int verifyScore;
    int fingerMode;
}finger_TypeDef;

typedef struct{
    unsigned char usartRecBuff[MAXRECBYTE];
    unsigned int usartRecLen;
}usart_TypeDef;

typedef struct{
    unsigned char led : 1;                //0 表示 LED 长亮，1 表示 LED 在成功获取图像成功后熄灭
    unsigned char pretreatment : 1;       //0 表示采图不进行图像预处理，1 表示采图时进行图像预处理
```

```
        unsigned char back : 1;  //录入过程是否要求在关键步骤返回当前状态：0 表示要求返回，1 表示不
要求返回
        unsigned char cover : 1;
        unsigned char detection : 1;          //检测新的指纹模板是否已经存在：1 表示存在，0 表示不存在
        unsigned char leave : 1;  //录入过程中是否要求手指离开才进入下一次录入：0 表示要求离开，1 表示
不要求离开
    }param_TypeDef;
    typedef struct{
        unsigned char enrollNum : 6;
        unsigned char enrollFlag : 1;
        unsigned char identifyFlag : 1;
    }handle_TypeDef;
```

（2）IDWD1016C 型指纹模块部分驱动函数的代码如下：

```
usart_TypeDef usartFinger;
finger_TypeDef fingerStruct;
param_TypeDef paramStruct;
handle_TypeDef handleStruct;

void (*finger_SendByte)(char byte)=NULL;

int finger_SetSendByteCall(void (*func)(char dat))
{
    finger_SendByte = func;
    return 0;
}

//设置波特率
void finger_init(void)
{
    finger_resetParam();
}

//向 IDWD1016C 型指纹模块发送数据
void finger_usartSend(unsigned char *buf, unsigned char len)
{
    for(unsigned char i=0; i<len; i++)
    finger_SendByte(buf[i]);
}

//返回 IDWD1016C 型指纹模块的当前模式
int finger_getCurrMode(void)
{
    return fingerStruct.fingerMode;
}

//返回当前有效的目标模板数量
```

```c
unsigned char finger_getValidTempNum(void)
{
    return fingerStruct.validTempNum;
}


//返回当前错误编号
unsigned char finger_getErrorNum(void)
{
    return fingerStruct.errorNum;
}


//接收数据
void finger_delUsartBuff(void)
{
    memset(usartFinger.usartRecBuff, 0, usartFinger.usartRecLen);
    usartFinger.usartRecLen = 0;
}


//计算校验和
unsigned int finger_checkOut(unsigned char *buf, unsigned char start, unsigned int len)
{
    unsigned int check = 0;
    for(unsigned char i=start; i<len; i++)
    {
        check += buf[i];
    }
    return check;
}


//初始化参数
void finger_resetParam(void)
{
    paramStruct.led = true;             //默认采集成功后 LED 熄灭
    paramStruct.pretreatment = false;   //默认采集成功后不进行图像预处理
    paramStruct.back = false;           //默认在处理关键步骤返回当前状态
    paramStruct.cover = true;           //默认覆盖新的指纹模板
    paramStruct.detection = false;      //默认不检测指纹模板是否存在
    paramStruct.leave = false;          //默认要求手指离开
}


//获取参数
unsigned int finger_getParam(void)
{
    unsigned int param = 0;
    if(paramStruct.led)
        param |= 0x01;
    else
```

```
            param &= ~0x01;
        if(paramStruct.pretreatment)
            param |= 0x02;
        else
            param &= ~0x02;
        if(paramStruct.back)
            param |= 0x04;
        else
            param &= ~0x04;
        if(paramStruct.cover)
            param |= 0x08;
        else
            param &= ~0x08;
        if(paramStruct.detection)
            param |= 0x10;
        else
            param &= ~0x10;
        if(paramStruct.leave)
            param |= 0x20;
        else
            param &= ~0x20;
        return param;
}
void finger_setParam(unsigned char cmd)
{
        paramStruct.led = cmd & 0x01;
        paramStruct.pretreatment = cmd & 0x02;
        paramStruct.back = cmd & 0x04;
        paramStruct.cover = cmd & 0x08;
        paramStruct.detection = cmd & 0x10;
        paramStruct.leave = cmd & 0x20;

}


//获取图像
void finger_getImage(void)
{
    unsigned char getImageOrder[12] = {HEADER, ADDR, 0x01, 0x00, 0x03, 0x01, 0x00, 0x05};
    finger_usartSend(getImageOrder, 12);

}

//注册获取的图像
void finger_getRnrollImage(void)
{
    unsigned char getRnrollImageOrder[12] = {HEADER, ADDR, 0x01, 0x00, 0x03, 0x29, 0x00, 0x2D};
    finger_usartSend(getRnrollImageOrder, 12);

}
```

```
//生成特征
void finger_getChar(unsigned char buffID)
{
    unsigned int check = 0;
    unsigned char getCharOrder[13] = {HEADER, ADDR, 0x01, 0x00, 0x04, 0x02, buffID, 0x00, 0x00};
    check = finger_checkOut(getCharOrder, 6, 13);
    getCharOrder[11] = check / 256;
    getCharOrder[12] = check % 256;
    finger_usartSend(getCharOrder, 13);
}

//合成模板
void finger_regMB(void)
{
    unsigned char regMBOrder[12] = {HEADER, ADDR, 0x01, 0x00, 0x03, 0x05, 0x00, 0x09};
    finger_usartSend(regMBOrder, 12);
}

//存储模板
void finger_storMB(char buffID, unsigned int pageID)
{
    unsigned int check = 0;
    unsigned char storMBOrder[15] = {HEADER, ADDR, 0x01, 0x00, 0x06, 0x06, buffID, pageID, 0x00, 0x00};
    check = finger_checkOut(storMBOrder, 6, 15);
    storMBOrder[13] = (unsigned char)check / 256;
    storMBOrder[14] = (unsigned char)check % 256;
    finger_usartSend(storMBOrder, 15);
}

//搜索模板
void finger_searchMB(unsigned char buffID, unsigned int startPage, unsigned int searchNum)
{
    unsigned int check = 0;
    unsigned char searchMBOrder[17] = {HEADER, ADDR, 0x01, 0x00, 0x08, 0x04, buffID, startPage/256,
                                       startPage%256, searchNum/256, searchNum%256, 0x00, 0x00};
    check = finger_checkOut(searchMBOrder, 6, 17);
    searchMBOrder[15] = (unsigned char)check / 256;
    searchMBOrder[16] = (unsigned char)check % 256;
    finger_usartSend(searchMBOrder, 17);
}

//读取索引表，pageNum 表示页码（0~3）
void finger_readIndexTable(unsigned char pageNum)
{
    unsigned int check = 0;
    unsigned char readIndexTableOrder[13] = {HEADER, ADDR, 0x01, 0x00, 0x04, 0x1F, pageNum, 0x00,
```

```
0x00};
            check = finger_checkOut(readIndexTableOrder, 6, 13);
            readIndexTableOrder[11] = (unsigned char)check / 256;
            readIndexTableOrder[12] = (unsigned char)check % 256;
            finger_usartSend(readIndexTableOrder, 13);
            fingerStruct.fingerMode = 4;
    }


    //三色灯控制
    void finger_controlBLN(unsigned char function, unsigned char color, unsigned char num)
    {
            unsigned int check = 0;
            unsigned char controlBLNOrder[15] = {HEADER, ADDR, 0x01, 0x00, 0x06, 0x3C, function, color, num,
0x00, 0x00};
            check = finger_checkOut(controlBLNOrder, 6, 15);
            controlBLNOrder[13] = check / 256;
            controlBLNOrder[14] = check % 256;
            finger_usartSend(controlBLNOrder, 15);
    }


    //获取有效模板数量
    void finger_validTempleteNum(void)
    {
            unsigned char validTempleteNumOrder[12] = {HEADER, ADDR, 0x01, 0x00, 0x03, 0x1D, 0x00, 0x21};
            finger_usartSend(validTempleteNumOrder, 12);
            fingerStruct.fingerMode = 3;
    }


    //删除指纹模板
    void finger_deleteChar(unsigned int id, unsigned int delNum)
    {
            unsigned int check = 0;
            unsigned char deleteCharOrder[16] = {HEADER, ADDR, 0x01, 0x00, 0x07, 0x0C,
                                            id/256, id%256, delNum/256, delNum%256, 0x00, 0x00};
            check = finger_checkOut(deleteCharOrder, 6, 16);
            deleteCharOrder[14] = check / 256;
            deleteCharOrder[15] = check % 256;
            finger_usartSend(deleteCharOrder, 16);
    }


    //清空指纹库
    void finger_empty(void)
    {
            unsigned char empty[12] = {HEADER, ADDR, 0x01, 0x00, 0x03, 0x0d, 0x00, 0x11};
            finger_usartSend(empty, 12);
    }
```

```
//检测模组是否工作正常
void finger_getChipEcho(void)
{
    unsigned char getChipEchoOrder[12] = {HEADER, ADDR, 0x01, 0x00, 0x03, 0x35, 0x00 ,0x39};
    finger_usartSend(getChipEchoOrder, 12);
}

//下载图像数据包
void finger_upImage(void)
{
    unsigned char upImageOrder[12] = {HEADER, ADDR, 0x01, 0x00, 0x03, 0x0A, 0x00, 0x0E};
    finger_usartSend(upImageOrder, 12);
}

//取消
void finger_cancel(void)
{
    unsigned char cancelOrder[12] = {HEADER, ADDR, 0x01, 0x00, 0x03, 0x30, 0x00, 0x34};
    finger_usartSend(cancelOrder, 12);
    fingerStruct.fingerMode = 0;
}

//获取验证指纹 ID
void finger_getFingerID(unsigned char stepNum)
{
    switch(stepNum)
    {
    case 0: finger_getRnrollImage(); break;            //获取图像
    case 1: finger_getChar(1); break;                  //生成特征
    case 2: finger_searchMB(1, 0, 100); break;         //搜索目标模板
    default: finger_cancel(); break;
    }
}

//自动注册模板
void finger_autoEnroll(unsigned int id, unsigned char inputNum)
{
    unsigned int check = 0, param = 0;
    unsigned char autoEnrollOrder[17] = {HEADER, ADDR, 0x01, 0x00, 0x08, 0x31, id/256, id%256,
                                    inputNum, 0x00, 0x00, 0x00, 0x00};
    finger_cancel();
    param = finger_getParam();
    autoEnrollOrder[13] = param / 256;
    autoEnrollOrder[14] = param % 256;
    check = finger_checkOut(autoEnrollOrder, 6, 16);
    autoEnrollOrder[15] = (unsigned char)check / 256;
    autoEnrollOrder[16] = (unsigned char)check % 256;
```

```
        finger_usartSend(autoEnrollOrder, 17);
        handleStruct.enrollFlag = 0;
        handleStruct.enrollNum = 0;
        fingerStruct.fingerMode = 1;
}


//自动验证指纹
void finger_autoIdentify( unsigned int id, unsigned char level)
{
        unsigned char check = 0;
        unsigned char param = 0;
        unsigned char autoIdentifyOrder[17] = {HEADER, ADDR, 0x01, 0x00, 0x08, 0x32, level, id/256,
                                        id%256, 0x00, 0x00, 0x00, 0x00};
        finger_cancel();
        param = finger_getParam();
        autoIdentifyOrder[13] = param / 256;
        autoIdentifyOrder[14] = param % 256;
        check = finger_checkOut(autoIdentifyOrder, 6, 17);
        autoIdentifyOrder[15] = (unsigned char)check / 256;
        autoIdentifyOrder[16] = (unsigned char)check % 256;
        finger_usartSend(autoIdentifyOrder, 17);
        handleStruct.identifyFlag = 0;
        fingerStruct.fingerMode = 2;
}


//删除字符串
void finger_delbuf(unsigned char *buf, unsigned char len, unsigned char bufLen)
{
        for(unsigned char i=0; i<bufLen; i++)
        {
                buf[i] = buf[len++];
        }
}


//自动验证指纹解析，返回错误码
unsigned char finger_errorAnalysis(unsigned char ch1, unsigned char ch2)
{
        unsigned char num = 0;
        if(ch1 == 0x00)                                     //成功
        {
                if(fingerStruct.fingerMode == 1)
                {
                        if(ch2 == 0x01)                     //等待采图成功
                        num = 20;
                        else if(ch2 == 0x02)                //合成特征成功
                        num = 21;
                        else if(ch2 == 0x03)                //指纹录入成功，等待手指离开（参数设置）
```

```
                    num = 22;
                else if(ch2 == 0x04)                    //合成模板成功
                    num = 23;
                else if(ch2 == 0x05)                    //重复检测指纹
                    num = 24;
                else if(ch2 == 0x06)                    //登记该模板数据
                    num = 25;
            }
        else if(fingerStruct.fingerMode == 2)
            {
                if(ch2 == 0x01)                          //采集成功
                    num = 26;
                else if(ch2 == 0x05)                     //验证成功
                    num = 27;
            }
        }
    else if(ch1 == 0x01)
        num = 1;                                         //失败
    else if(ch1 == 0x07)
        num = 2;                                         //生成特征失败
    else if(ch1 == 0x09)
        num = 3;                                         //未搜索到指纹
    else if(ch1 == 0x0A)
        num = 4;                                         //合并模板失败
    else if(ch1 == 0x0B)
        num = 5;                                         //ID 超出范围
    else if(ch1 == 0x17)
        num = 6;                                         //残留指纹
    else if(ch1 == 0x1F)
        num = 7;                                         //指纹库已满
    else if(ch1 == 0x22)
        num = 8;                                         //指纹模板不为空
    else if(ch1 == 0x23)
        num = 9;                                         //指纹模板为空
    else if(ch1 == 0x24)
        num = 10;                                        //指纹库为空
    else if(ch1 == 0x25)
        num = 11;                                        //录入次数设置错误
    else if(ch1 == 0x26)
        num = 11;                                        //超时
    else if(ch1 == 0x27)
        num = 12;                                        //表示指纹已存在
    return num;
}
void finger_fingerStructReset(void)
{
    fingerStruct.pageNum = 0;
```

```
        fingerStruct.errorNum = 0;
        fingerStruct.validTempNum = 0;
        fingerStruct.verifyScore = 0;
        handleStruct.enrollFlag=0;
}
int finger_usartInput(char ch)
{
        usartFinger.usartRecBuff[usartFinger.usartRecLen++] = ch;
        return 0;
}


//UART 解析
void finger_uartAnalysis(void)
{
        unsigned int orderLen = 0;
        unsigned int lastLen = 0;
        unsigned int check = 0;
        if(usartFinger.usartRecLen >= 10)
        for(unsigned int i=0; i<usartFinger.usartRecLen; i++)
        {
                if(usartFinger.usartRecBuff[i] == 0xEF && usartFinger.usartRecBuff[i+1] == 0x01)
                {
                        lastLen = i;
                        finger_fingerStructReset();
                        orderLen = usartFinger.usartRecBuff[lastLen + 7] *256 + usartFinger.usartRecBuff[lastLen +
                                8];//获取命令长度
                        if(usartFinger.usartRecLen >= orderLen + lastLen + 9)      //当前数据是否比指令长
                        {
                                check = finger_checkOut(usartFinger.usartRecBuff, lastLen + 6, orderLen + lastLen + 7);
                                if((usartFinger.usartRecBuff[orderLen + lastLen + 7] == check / 256)
                                        && (usartFinger.usartRecBuff[orderLen + lastLen + 8] == check % 256))  //如果校
                                                                                                   验成功
                                {
                                        fingerStruct.errorNum = finger_errorAnalysis(usartFinger.usartRecBuff[lastLen + 9],
                                                        usartFinger.usartRecBuff[lastLen + 10]);
                                        if(fingerStruct.errorNum == 25)                     //采集指纹成功
                                        {
                                                handleStruct.enrollFlag = 1;
                                                finger_cancel();
                                        }
                                        else if(fingerStruct.errorNum == 27)                //验证指纹成功
                                        {
                                                handleStruct.identifyFlag = 1;
                                                finger_cancel();
                                        }
                                        //获取当前录入的次数
                                        if(fingerStruct.fingerMode == 1 && usartFinger.usartRecBuff[lastLen + 9] == 0x00)
```

```
                            {
                                handleStruct.enrollNum = usartFinger.usartRecBuff[lastLen + 11];
                            }
                            finger_delbuf(usartFinger.usartRecBuff, orderLen + lastLen + 9, usartFinger.usartRecLen);
                            usartFinger.usartRecLen -= orderLen + lastLen + 9;
                            i = 0;
                        }
                    }
                }
            }
        }
```

3.2.3　HAL 层驱动程序运行测试

1. 光线距离传感器的驱动测试

将本书配套资源中的"SmartWatch-HAL"目录下"Watch"文件夹复制到"contiki-3.0\zonesion\ZMagic"目录下。打开工程文件后编译代码，将编译后生成的文件下载到智能腕表板卡上，进入调试模式。在 sensor.c 文件的 sensor_init()函数中设置断点，如图 3.27 所示，当程序运行到断点处时可对 APDS-9900 型光线距离传感器进行初始化。

```
170  void sensor_init(void)
171 ⊟ {
172    relay_init();
173    gps_init();
● 174    apds9900_init();
175    lis3dh_init();
176  }
```

图 3.27　在 sensor_init()函数中设置断点

在 sensor_poll()函数中设置断点，如图 3.28 所示，当程序运行到断点处时可更新 APDS-9900 型光线距离传感器采集的数据。

```
w25qxx.c | pcf8563.c | app_60X60.c | contiki-main.c | autoapps.c | rfuart.c | hw.c | soft_iic.c | spi.c | finger.c | apds9900.c | sensor.c | clock.c | apds9900.h | sensor_process.c
276  void sensor_poll(unsigned int t)
277 ⊟ {
278    char buf[64]={0};
279    updateA0();
● 280    updateA1();
281    updateA2();
282    updateA3();
283    updateA4();
284    updateA7();
285
286    if (V0 != 0)
287 ⊟ {
288      if (t % V0 == 0)
289 ⊟    {
290        zxbeeBegin();
291        if (D0 & 0x01)
292 ⊟      {
293          zxbeeAdd("A0", A0);
```

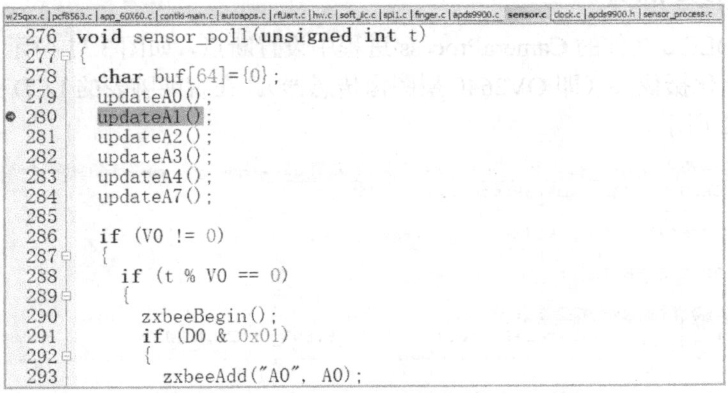

图 3.28　在 sensor_poll()函数中设置断点

进入 updateA1()函数后在该函数中设置断点，如图 3.29 所示，当程序运行到断点处时可获取 APDS-9900 型光线距离传感器采集的数据。

```
79  void updateA1(void)
80 □ {
81      if(get_apds9900Lux() > 0xffff)
82        A1 = 1;
83      else
84        A1 = 0;
85  }
86
```

图 3.29　在 updateA1()函数中设置断点

进入 get_apds9900Lux()函数后在该函数中设置断点，如图 3.30 所示，将添加 Lux 到 Watch 1 窗口中，当程序运行到断点处时可在 Watch 1 窗口中查看 APDS-9900 型光线距离传感器采集的数据。

```
75   int get_apds9900Lux(void)
76 □ {
77      float GA = 0x48;
78      float B = 2.23;
79      float C = 0.7;
80      float D = 1.42;
81      float DF = 52;
82      float ALSIT = 2.72;
83      int AGAIN = 1;
84      float LPC = GA * DF / (ALSIT * AGAIN);
85      int CDataL = 0;
86      int IRDATAL = 0;
87      if(sensorID == APDS9900)
88 □    {
89          CDataL = apds9900_readRegTwo(0x14 | 0xA0);
90          IRDATAL = apds9900_readRegTwo(0x16 | 0xA0);
91      }
92      else
93 □    {
94          CDataL = apds9900_readReg(0x0C);
95          IRDATAL = apds9900_readReg(0x0D);
96      }
97      if(CDataL < 0 || IRDATAL < 0) return -1;
98      float IAC1 = CDataL - B * IRDATAL;
99      float IAC2 = C * CDataL - D * CDataL;
100     float IAC = IAC1;
101     IAC = (IAC2 > IAC) ? IAC2 : IAC;
102     IAC = (IAC < 0) ? 0 : IAC;
103     int Lux = (int)(IAC * LPC);
104     return Lux;
105 }
```

图 3.30　在 get_apds9900Lux()函数中设置断点

2．摄像头的驱动测试

在 CameraDLG.c 文件的 CameraProcess 进程中设置断点，如图 3.31 所示，当程序运行到断点处时可初始化摄像头（即 OV2640 型图像传感器）。在智能腕表的 LCD 上会显示摄像头图标，如图 3.32 所示。

```
146  PROCESS_THREAD(CameraProcess, ev, data)
147 □ {
148     //static struct etimer et_Camera;
149
150     PROCESS_BEGIN();
151
152     CameraProcessInit();
153     process_post(&CameraProcess,PROCESS_EVENT_TIMER,NULL);
154
```

图 3.31　在 CameraProcess 进程中设置断点

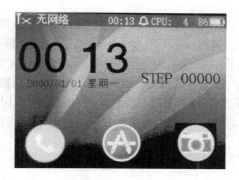

图 3.32　智能腕表的 LCD 上显示的摄像头图标

首先在 CameraProcessInit() 函数中先判断是否有音乐在播放，如果有则发送 AppCloseEvent 事件给 MusicProcess 进程来关闭掉音乐播放。然后调用 GUI_SetExecEnable() 函数清除 GUI 显示，调用 lockScreenEnable() 关闭锁屏，调用 DeleteStatusBar() 函数关闭状态栏 GUI 显示，将 LCD 背景设置为白色。最后调用 CameraLoadingUI() 函数来装载摄像头的用户界面，通过 OV2640_Init() 函数来启动摄像头，如图 3.33 所示，在智能腕表的 LCD 上会显示"相机启动中…"，如图 3.34 所示。

```
contiki-main.c | audioAmplifier.c | ov2640.c | accb.c | autoapps.c | App.c | View.c | DesktopDLG.c | CameraDLG.c | LockScreenDLG.c | GUI.h | CameraDLG.h          CameraProcessInit()
100      {
101          process_post_synch(&MusicProcess,AppCloseEvent,"EXIT");
102      }
103
104      GUI_SetExecEnable(0);
105      lockScreenEnable(0);
106      DeleteStatusBar();
107      GUI_Exec();
108
109      GUI_SetBkColor(GUI_WHITE);
110      GUI_FillRect(0,0,320,240);
111      CameraLoadingUI(CAMERA_UI_INIT);
112
113      for(short i=5;i>0;i--)
114      {
115        if(OV2640_Init() == 0)
116        {
117          CameraStatus = 1;
118          break;
119        }
120        delay_ms(100);
121      }
```

图 3.33　通过 OV2640_Init() 函数启动摄像头

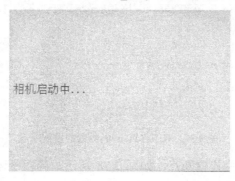

图 3.34　智能腕表的 LCD 上显示"相机启动中…"

当程序运行到图 3.33 中的断点时，第一，通过 OV2640_RGB565_Mode()函数将摄像头设置为 RGB 模式；第二，通过 ov2640_speed_ctrl()函数设置摄像头的速度；第三，通过 OV2640_OutSize_Set()函数设置摄像头的分辨率；第四，调用 DCMI_DMA_Init()函数初始化 DCMI（数字摄像头接口）；第五，调用 DcmiFrameIrqHandle()函数控制 DCMI 开启和关闭；最后，调用 DCMI_Start()函数启动 DCMI。摄像头启动过程中调用的函数如图 3.35 所示。

```
123    if(CameraStatus == 0)
124    {
125        CameraLoadingUI(CAMERA_UI_DEV_ERROR);
126        CameraRunUI();
127    }
128    else
129    {
130        OV2640_RGB565_Mode();//rgb565 mode
131        ov2640_speed_ctrl(0,4);
132        OV2640_OutSize_Set(lcd_dev.screen->wide,lcd_dev.screen->high);
133
134        OV2640_DCMI_Init();
135        DCMI_DMA_Init((u32)&ST7789_DAT,1,DMA_MemoryDataSize_HalfWord,DMA_Memor
136        DcmiFrameIrq_Set(Camera_FrameIRQHandle);
137
138        LCD.PrepareFill(0,0,lcd_dev.screen->wide-1,lcd_dev.screen->high-1);
139        DCMI_Start();//启动传输
140    }
141 }
```

图 3.35　摄像头启动过程中调用的函数

3．三轴加速度传感器的驱动测试

在 sensor.c 文件的 sensor_init()函数中设置断点，如图 3.36 所示，当程序运行到断点处时可进行三轴加速度传感器（LIS3DH 型三轴加速度传感器）的初始化。

```
170    void sensor_init(void)
171    {
172        relay_init();
173        gps_init();
174        apds9900_init();
175        lis3dh_init();
176    }
```

图 3.36　在 sensor_init()函数中设置断点

在 lis3dh_init()函数中设置断点，如图 3.37 所示，当程序运行到断点处时可读取三轴加速度传感器的 ID，设置其频率为 1.25 kHz，启动三轴加速度传感器。

```
47    int lis3dh_init(void)
48    {
49        I2C_GPIOInit();
50        if(LIS3DH_ID != lis3dh_readReg(LIS3DH_IDADDR))    // 获取ID
51            return -1;
52
53        if(lis3dh_writeReg(LIS3DH_CTRL_REG1, 0x97) < 0)    // 设置速率1.25KHz,启用XYZ轴
54            return -1;
55
56        if(lis3dh_writeReg(LIS3DH_CTRL_REG4, 0x10) < 0)
57            return -1;
58        return 0;
59    }
```

图 3.37　在 lis3dh_init()函数中设置断点

在 sensor_check()函数中设置断点，如图 3.38 所示，当程序运行到断点处时可测量三个轴上的加速度。

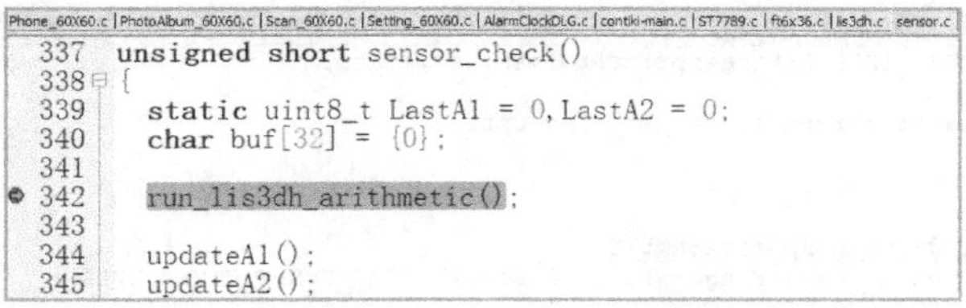

```
337   unsigned short sensor_check()
338 ⊟ {
339     static uint8_t LastA1 = 0, LastA2 = 0;
340     char buf[32] = {0};
341
342     run_lis3dh_arithmetic();
343
344     updateA1();
345     updateA2();
```

图 3.38　在 sensor_check()函数中设置断点

在 run_lis3dh_arithmetic()函数中设置断点，如图 3.39 所示，将变量 accX、accY、accZ 添加到 Watch 1 窗口，当程序运行到断点处时可在 Watch 1 窗口中查看这三个变量的值。进行数据观察。

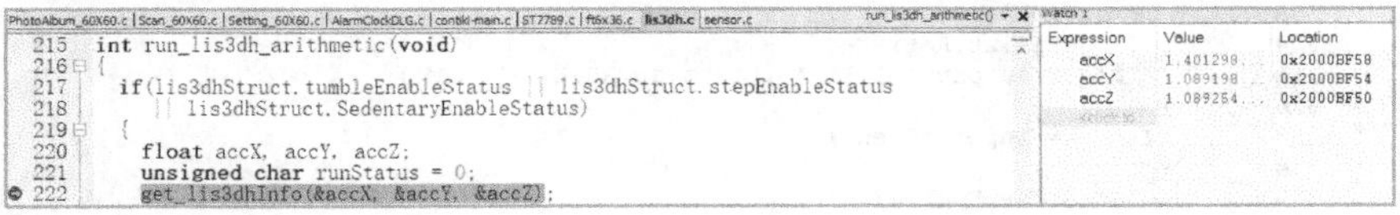

```
215   int run_lis3dh_arithmetic(void)
216 ⊟ {
217     if(lis3dhStruct.tumbleEnableStatus || lis3dhStruct.stepEnableStatus
218        || lis3dhStruct.SedentaryEnableStatus)
219     {
220       float accX, accY, accZ;
221       unsigned char runStatus = 0;
222       get_lis3dhInfo(&accX, &accY, &accZ);
```

图 3.39　在 run_lis3dh_arithmetic()函数中设置断点

在 get_lis3dhInfo()函数中设置断点，如图 3.40 所示，当程序运行到断点处时可得到 accX 的值。

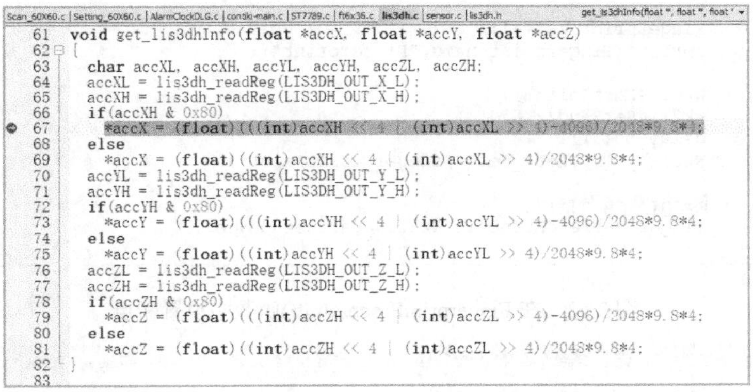

```
61    void get_lis3dhInfo(float *accX, float *accY, float *accZ)
62  {
63      char accXL, accXH, accYL, accYH, accZL, accZH;
64      accXL = lis3dh_readReg(LIS3DH_OUT_X_L);
65      accXH = lis3dh_readReg(LIS3DH_OUT_X_H);
66      if(accXH & 0x80)
67        *accX = (float)(((int)accXH << 4 | (int)accXL >> 4)-4096)/2048*9.8*4;
68      else
69        *accX = (float)((int)accXH << 4 | (int)accXL >> 4)/2048*9.8*4;
70      accYL = lis3dh_readReg(LIS3DH_OUT_Y_L);
71      accYH = lis3dh_readReg(LIS3DH_OUT_Y_H);
72      if(accYH & 0x80)
73        *accY = (float)(((int)accYH << 4 | (int)accYL >> 4)-4096)/2048*9.8*4;
74      else
75        *accY = (float)((int)accYH << 4 | (int)accYL >> 4)/2048*9.8*4;
76      accZL = lis3dh_readReg(LIS3DH_OUT_Z_L);
77      accZH = lis3dh_readReg(LIS3DH_OUT_Z_H);
78      if(accZH & 0x80)
79        *accZ = (float)(((int)accZH << 4 | (int)accZL >> 4)-4096)/2048*9.8*4;
80      else
81        *accZ = (float)((int)accZH << 4 | (int)accZL >> 4)/2048*9.8*4;
82    }
83
```

图 3.40　在 get_lis3dhInfo()函数中设置断点

4．指纹模块的驱动测试

在 FingerprintSetDLG.c 文件的 FingerprintProcess 进程中设置断点，如图 3.41 所示，当程序运行到断点处时可对指纹进程进行初始化。

在 FingerprintProcessInit()函数中设置断点，如图 3.42 所示，当程序运行到断点处时可进行指纹模块（IDWD1016C 型指纹模块）初始化。

在 finger_init()函数中设置断点，如图 3.43 所示，当程序运行到断点处时可设置指纹模块的参数。

在 finger_resetParam()函数设置断点，如图 3.44 所示，当程序运行到断点处时可设置指纹模块的默认参数值。

```
sensor.c | lis3dh.c | lis3dh.h | DesktopDLG.c | clock.c | finger.c | finger.h | FingerprintSetDLG.c | vk2xxx.c | contiki-main.c | App.c   process_thread_FingerprintProcess ▾
334    PROCESS_THREAD(FingerprintProcess, ev, data)
335  ⊟ {
336      static struct etimer et_Fingerprint;
337
338      PROCESS_BEGIN();
339   │
340      FingerprintProcessInit();
341      process_post(&FingerprintProcess,PROCESS_EVENT_TIMER,NULL);
342
343      while (1)
344  ⊟   {
345        PROCESS_WAIT_EVENT();
346        if(ev == PROCESS_EVENT_TIMER)
347  ⊟     {
348          etimer_set(&et_Fingerprint, 100);
349          FingerprintProcessPoll();
350        }
351        if(ev == AppInputEvent)
352  ⊟     {
353          FingerprintMode = 1;
354          Fingerprint.Register = -1;
355          finger_autoEnroll(Fingerprint.id,REGISTER_NUM);
356        }
357        if(ev == AppOpenEvent)
358  ⊟     {
359          lockScreenEnable(0);
360          CreateFingerprintSet();
361        }
```

图 3.41　在 FingerprintProcess 进程中设置断点

```
sensor.c | lis3dh.c | lis3dh.h | DesktopDLG.c | clock.c | finger.c | finger.h | FingerprintSetDLG.c | wk2xxx.c | contiki-main.c | App.c          FingerprintProcessInit() ▾
258    void FingerprintProcessInit()
259  ⊟ {
260      Fingerprint.id = 1;
261      sprintf(Fingerprint.name,"Fingerprint");
262
263      Wk2114PortInit(3);
264      Wk2114SetBaud(3,57600);
265      delay_ms(5);
266      Wk2114_SlaveRecv_Set(3,finger_usartInput);
267
268      finger_init();
269      finger_SetSendByteCall(Wk2114_Uart3SendByte);
270  }
```

图 3.42　在 FingerprintProcessInit()函数中设置断点

```
sensor.c | lis3dh.c | lis3dh.h | DesktopDLG.c | clock.c | finger.c | finger.h | FingerprintSetDLG.c | wk2xxx.c | contiki-main.c | App.c
15
16    void finger_init(void)
17  ⊟ {
18      // 串口初始化 baud:57600
19      finger_resetParam();
20  }
```

图 3.43　在 finger_init()函数中设置断点

```
pcf8563.c | app_60x60.c | autoapps.c | rfUart.c | sensor.c | lis3dh.c | lis3dh.h | DesktopDLG.c | clock.c | finger.c | finger.h | FingerprintSetDLG.c | wk2xxx.c | contiki-main.c | App.c    finger_resetParam()
64    // 初始化参数
65    void finger_resetParam(void)
66  ⊟ {
67      paramStruct.led = true;                // 默认采集成功后LED熄灭
68      paramStruct.pretreatment = false;      // 默认采集成功后不预处理
69      paramStruct.back = false;              // 默认在处理关键步骤返回当前状态
70      paramStruct.cover = true;              // 默认覆盖新的指纹模板
71      paramStruct.detection = false;         // 默认不检测指纹模板是否存在
72      paramStruct.leave = false;             // 默认要求手指离开
73
74
```

图 3.44　指纹模块设置默认参数

在 FingerprintSetDLG.c 文件的 FingerprintProcessInit()函数中设置断点，如图 3.45 所示，

当程序运行到断点处时可对指纹进行录入。

```
contiki-main.c | App.c | stdbool.h | App.h | MusicDLG.c | process.c | autoapps.c | BatteryVoltage.c | apl_key.c | LockScreenDLG.c | finger.c | finger.h | FingerprintSetDLG.c
334    PROCESS_THREAD(FingerprintProcess, ev, data)
335  {
336      static struct etimer et_Fingerprint;
337
338      PROCESS_BEGIN();
339
340      FingerprintProcessInit();
341      process_post(&FingerprintProcess,PROCESS_EVENT_TIMER,NULL);
342
343      while (1)
344      {
345        PROCESS_WAIT_EVENT();
346        if(ev == PROCESS_EVENT_TIMER)
347        {
348          etimer_set(&et_Fingerprint, 100);
349          FingerprintProcessPoll();
350        }
351        if(ev == AppInputEvent)
352        {
353          FingerprintMode = 1;
354          Fingerprint.Register = -1;
355          finger_autoEnroll(Fingerprint.id,REGISTER_NUM);
356        }
```

图 3.45　在 FingerprintProcessInit()函数中设置断点

在 FingerprintProcessPoll()函数设置断点，如图 3.46 所示，将变量 FingerprintMode 添加到 Watch 1 窗口，当程序运行到断点处时，可在 Watch 1 窗口中查看变量 FingerprintMode 的值，同时会在智能腕表的 LCD 上显示"FingerprintSet"界面，如图 3.47 所示。

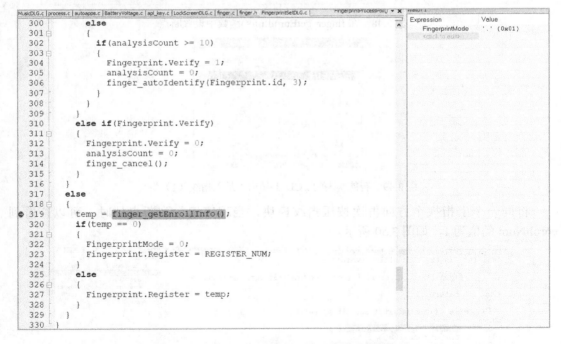

图 3.46　在 FingerprintProcessPoll()函数中设置断点

图 3.47 智能腕表的 LCD 上显示"FingerprintSet"界面

取消图 3.46 中的断点，进入 finger_getEnrollInfo()函数，并在该函数中设置断点，如图 3.48 所示，当程序运行到断点处时，将手指按压在指纹模块上，在智能腕表的 LCD 上显示 "录入指纹（1）"，如图 3.49 所示。

```
495    int finger_getEnrollInfo(void)
496    {
497        if(handleStruct.enrollFlag == 0 && handleStruct.enrollNum == 0)
498        {
499            return -1;
500        }
501        else if(handleStruct.enrollFlag == 1)
502        {
503            finger_fingerStructReset();
504            finger_cancel();
505            return 0;
506        }
507        else
508            return handleStruct.enrollNum;
509    }
510
```

Expression	Value
FingerprintMode	'.' (0x01)
handleStruct	< struct >
enrollNum	'.' (0x01)
enrollFlag	'\0' (0x00)
identifyFlag	'\0' (0x00)
<click to edit>	

图 3.48 在 finger_getEnrollInfo()函数中设置断点

图 3.49 智能腕表的 LCD 上显示"录入指纹（1）"

将同一个手指换个方向再次按压指纹模块，当程序运行到断点处时，可以查看到 enrollNum 的值为 1，如图 3.50 所示。

```
495    int finger_getEnrollInfo(void)
496    {
497        if(handleStruct.enrollFlag == 0 && handleStruct.enrollNum == 0)
498        {
499            return -1;
500        }
501        else if(handleStruct.enrollFlag == 1)
502        {
503            finger_fingerStructReset();
504            finger_cancel();
505            return 0;
506        }
507        else
508            return handleStruct.enrollNum;
509    }
```

Expression	Value
FingerprintMode	'.' (0x01)
handleStruct	< struct >
enrollNum	'1' (0x31)
enrollFlag	'\0' (0x00)
identifyFlag	'\0' (0x00)
<click to edit>	

图 3.50 查看到 enrollNum 的值

继续运行程序，当程序运行到断点处时可获得指纹的录入结果，如图 3.51 所示。

```
490        return -1;
491    }
492    return 0;
493 }
494
495 int finger_getEnrollInfo(void)
496 {
497    if(handleStruct.enrollFlag == 0 && handleStruct.enrollNum == 0)
498    {
499        return -1;
500    }
501    else if(handleStruct.enrollFlag == 1)
502    {
503        finger_fingerStructReset();
504        finger_cancel();
505        return 0;
506    }
507    else
508        return handleStruct.enrollNum;
509 }
```

Expression	Value
FingerprintMode	'.' (0x01)
handleStruct	<struct>
enrollNum	'1' (0x31)
enrollFlag	'.' (0x01)
identifyFlag	'\0' (0x00)

图 3.51　获取指纹的录入结果

进入 finger_fingerStructReset()函数后在该函数中设置断点，如图 3.52 所示，当程序运行到断点处时可重置指纹参数值。

```
372 void finger_fingerStructReset(void)
373 {
374    fingerStruct.pageNum = 0;
375    fingerStruct.errorNum = 0;
376    fingerStruct.validTempNum = 0;
377    fingerStruct.verifyScore = 0;
378    handleStruct.enrollFlag=0;
379 }
380
```

Expression	Value
FingerprintMode	'.' (0x01)
handleStruct	<struct>
enrollNum	'1' (0x31)
enrollFlag	'\0' (0x00)
identifyFlag	'\0' (0x00)
fingerStruct	<struct>
validTempNum	'\0' (0x00)
errorNum	'\0' (0x00)
pageNum	0
verifyScore	0
fingerMode	0

图 3.52　在 finger_fingerStructReset()函数中设置断点

继续运行程序，可以在智能腕表 LCD 上显示"录入指纹　成功"，如图 3.53 所示。

图 3.53　LCD 上显示"录入指纹　成功"

进入 finger_getIdentifyInfo()函数，并在该函数中设置断点，如图 3.54 所示，当程序运行到断点处时，如果智能腕表的 LCD 处于锁屏状态下，将已录入指纹的手指按压在指纹模块上可进行解锁 LCD。

在 FingerprintProcessPoll()函数中设置断点，如图 3.55 所示，当程序运行到断点处时可执行 LockScreenProcess 进程。

```
autoapps.c | BatteryVoltage.c | api_key.c | LockScreenDLG.c | finger.c | finger.h | FingerprintSetDLG.c | contiki-main.c | App.c          finger_getEnrollInfo()  ▾  ×
480   int finger_getIdentifyInfo(void)
481   {
482     if(fingerStruct.errorNum == 27)
483     {
484       finger_fingerStructReset();
485       return 1;
486     }
487     else if((fingerStruct.errorNum <= 12) && (fingerStruct.err
488     {
489       finger_fingerStructReset();
490       return -1;
491     }
```

图 3.54　在 finger_getIdentifyInfo()函数中设置断点

```
BatteryVoltage.c | api_key.c | LockScreenDLG.c | finger.c | finger.h | FingerprintSetDLG.c | contiki-main.c | App.c          fingerprintProcessPoll()  ▾  ×
277     analysisCount++;
278     if(FingerprintMode == 0)
279     {
280       if(LockScreenGet())
281       {
282         if(Fingerprint.Verify)
283         {
284           temp = finger_getIdentifyInfo();
285           if(temp == 1)
286           {
287             analysisCount = 0;
288             Fingerprint.Verify = 0;
289             finger_cancel();
290   //          process_post_synch(&LockScreenProcess,AppInputEv
291             process_post(&LockScreenProcess,AppInputEvent,NULL
292           }
293           else if(temp == -1)
294           {
295             Fingerprint.Verify = 0;
296             analysisCount = 0;
297             finger_cancel();
298           }
299         }
```

图 3.55　在 FingerprintProcessPoll()函数中设置断点

　　进入 LockScreenProcess 进程后，智能腕表系统会将事件 AppOpenEvent 传递给 LockScreenProcess 进程，在该进程中设置断点，如图 3.56 所示，当程序运行到断点处时可调用 ScreenUnlock()函数解锁 LCD。

```
autoapps.c | BatteryVoltage.c | api_key.c | LockScreenDLG.c | finger.c | finger.h | FingerprintSetDLG.c | contiki-main.c | App.c      process_thread_LockScreenProces
275   PROCESS_THREAD(LockScreenProcess, ev, data)
276   {
277     static struct etimer et_LockScreen;
278
279     PROCESS_BEGIN();
280
281     TouchIrqSet(lockScreenTimeReset);
282     if(LockScreen & 0x80)
283     {
284       Screenlock();
285     }
286     etimer_set(&et_LockScreen,1000);
287
288     while (1)
289     {
290       PROCESS_WAIT_EVENT();
291       if(ev == PROCESS_EVENT_TIMER)
292       {
293         etimer_set(&et_LockScreen,1000);
294         LockScreenProcessPoll();
295       }
296       if(ev==AppInputEvent)
297       {
298         ScreenUnlock();
299       }
300       if(ev==AppOpenEvent)
301       {
302         Screenlock();
303       }
304     }
```

图 3.56　在 LockScreenProcess 进程设置断点

3.2.4 小结

通过本节的学习和实践，读者可以了解光线距离传感器、摄像头、三轴加速度传感器和指纹模块的原理及驱动程序的设计，并在智能腕表板卡上进行驱动程序测试，提高读者编写驱动程序的能力。

3.3 智能腕表 GUI 设计

3.3.1 程序框架总体分析

智能腕表的系统程序是从 main 函数开始执行的，首先进行时钟、ADC、串口的初始化；然后进行进程初始化，初始化 ctimer 进程后启动 etimer 进程；最后启动 StartProcess 进程，进入 while 循环中处理事件和进程。智能腕表程系统序的执行流程如图 3.57 所示。

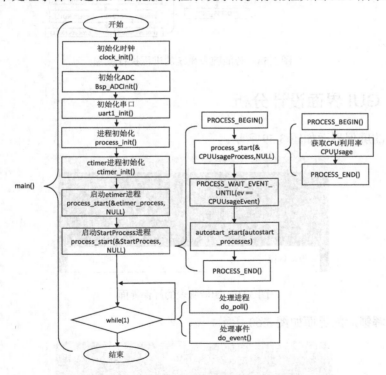

图 3.57　智能腕表系统程序的执行流程

智能腕表的系统程序首先执行 PowerProcess 进程，获取当前电池电量；接着执行 KeyProcess 进程，获取按键键值；然后执行 rfUartProcess 进程，进行无线通信传输；最后执行 AppProcess 进程，执行智能腕表功能进程。智能腕表系统的进程执行流程如图 3.58 所示。

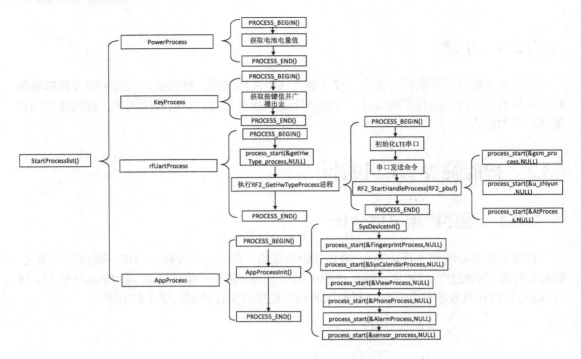

图 3.58　智能腕表系统的进程执行流程

3.3.2　GUI 界面设计分析

智能腕表的屏保界面如图 3.59 所示。

图 3.59　智能腕表的屏保界面

智能腕表解锁后的界面如图 3.60 所示。

图 3.60　智能腕表解锁后的界面

智能腕表的通话界面如图 3.61 所示。

智能腕表的应用界面如图 3.62 所示。

图 3.61　智能腕表的通话界面　　　　图 3.62　智能腕表的应用界面

3.3.3　GUI 界面函数设计

将本书配套资源中"SmartWatch-HAL"文件夹"Watch"文件夹复制到"contiki-3.0\zonesion\ZMagic"中。打开工程文件,在 App.c 文件中,找到 AppProcess 进程函数,根据 PROCESS_THREAD()→AppProcessInit()→process_start()→PROCESS_THREAD()→ViewProcessInit()→CreateStatusBar()的调用关系找到 CreateStatusBar()函数。代码如下:

```
void ViewProcessInit()
{
    RCC_AHB1PeriphClockCmd(RCC_AHB1Periph_CRC,ENABLE);          //时钟使能
    GUI_Init();                                                 //初始化 emWin/ucGUI
    WM_SetCreateFlags(WM_CF_MEMDEV);
    GUI_UC_SetEncodeUTF8();                                     //使用 UTF-8 编码

    if(Creat_XBF_Font() != 0)                                   //创建 XBF 字体
    {
        System.font = 0;
        System.language = 0;
    }

    CreateStatusBar();
    CreateDesktop();
    process_start(&LockScreenProcess,NULL);
}
```

进入 CreateStatusBar()函数中的 CreateStatusBarDLG()函数,在 CreateStatusBarDLG()函数中首先调用 GUI_CreateDialogBox()函数来创建对话框,其中参数_aDialogCreate 表示对话框中包含的小工具资源列表的指针,参数 _cbDialog 为回调函数的指针;然后调用WM_CreateTimer()函数来创建定时器,设置每 500 ms 更新一次窗口信息。代码如下:

```
WM_HWIN CreateStatusBarDLG(void) {
    WM_HWIN hWin;
    hWin =    GUI_CreateDialogBox(_aDialogCreate,   GUI_COUNTOF(_aDialogCreate),   _cbDialog,
WM_HBKWIN, 0, 0);
    WM_CreateTimer(hWin, 0x00, 500, 0);
```

```
        return hWin;
    }
```

进入 _aDialogCreate 指针，在资源列表中创建小工具，创建 StatusBar 的 WINDOW 小工具以及 time 的 TEXT 小工具。代码如下：

```
static const GUI_WIDGET_CREATE_INFO _aDialogCreate[] = {
    { WINDOW_CreateIndirect, "StatusBar", ID_WINDOW_0, 0, 0, 320, 20, 0, 0x0, 0 },
    { TEXT_CreateIndirect, "time", ID_TEXT_0, 130, 0, 60, 20, 0, 0x64, 0 },
};
```

进入 _cbDialog 回调函数，对于 WM_INIT_DIALOG 消息，智能腕表系统首先初始化状态栏，调用 WINDOW_SetBkColor()函数设置状态栏的背景颜色为深灰；然后初始化时间设置，设置对齐方式、字体、文本、文本颜色。代码如下：

```
static void _cbDialog(WM_MESSAGE * pMsg) {
    WM_HWIN hItem;
    static short tick = 0;
    Calendar_t calendar;
    char buf[16] = {0};
    switch (pMsg->MsgId) {
        case WM_INIT_DIALOG:
            hItem = pMsg->hWin;
            WINDOW_SetBkColor(hItem, GUI_DARKGRAY);
            hItem = WM_GetDialogItem(pMsg->hWin, ID_TEXT_0);
            TEXT_SetTextAlign(hItem, GUI_TA_HCENTER | GUI_TA_VCENTER);
            TEXT_SetFont(hItem, FontList16[System.font]);
            TEXT_SetText(hItem, "00:00");
            TEXT_SetTextColor(hItem, GUI_MAKE_COLOR(0x00FFFFFF));
        break;
        case WM_PAINT:
        ShowNetworkIcon(3,2,GUI_WHITE,GUI_DARKGRAY);
        if(ProcessIsRun(&MusicProcess))
        {
            if(MusicStatus == STA_PLAYING)
                ShowMusicIcon(100,2,GUI_ORANGE,GUI_DARKGRAY);
            else
                ShowMusicIcon(100,2,GUI_WHITE,GUI_DARKGRAY);
        }
        if(EarphoneGet() == 0)
        {
            ShowEarphoneIcon(118,2,GUI_WHITE,GUI_DARKGRAY);
        }
        if(Alarm_getState())
        {
            ShowAlarmIcon(185, 2);
        }
        ShowCPUUsage(205,2,GUI_LIGHTGREEN,GUI_DARKGRAY);
```

```
                ShowBattery(268,2,GUI_WHITE,GUI_DARKGRAY);
            break;
        case WM_TIMER:
            WM_RestartTimer(pMsg->Data.v, 500);
            hItem = WM_GetDialogItem(pMsg->hWin, ID_TEXT_0);
            if(SBarStyle)
            {
                WM_ShowWindow(hItem);
                calendar = Calendar_Get();
                if(tick % 4 == 0)
                    sprintf(buf,"%02u %02u",calendar.hour,calendar.minute);
                else
                    sprintf(buf,"%02u:%02u",calendar.hour,calendar.minute);
                TEXT_SetText(hItem, buf);
                tick++;
                if(tick >= 20) tick = 0;
            }
            else
                WM_HideWindow(hItem);
            WM_InvalidateWindow(pMsg->hWin);
            break;
        default:
            WM_DefaultProc(pMsg);
            break;
        }
    }
```

对于 WM_PAINT 消息，智能腕表系统首先调用 ShowNetworkIcon()函数设置网络信息，显示网络和强度，有音乐播放时显示橙色，暂停时显示白色，插入耳机时显示耳机图标，有闹钟时显示闹钟图标；然后调用 ShowCPUUsage()函数显示 CPU 的利用率，最后调用 ShowBattery()函数显示充电指示。

对于 WM_TIMER 消息，智能腕表系统首先调用 WM_RestartTimer()函数重启定时器，当处于锁屏状态下，显示时间窗口可见；然后调用 Calendar_Get()函数获取时间参数，更新时间到 LCD 屏幕上，当开锁后，显示时间窗口不可见。

智能腕表系统进入 CreateDesktop()函数后，首先调用 GUI_CreateDialogBox()函数创建对话框，_aDialogCreate 参数为对话框中包含的小工具资源列表的指针，_cbDialog 参数为回调函数的指针；然后调用 WM_CreateTimer()函数创建定时器，可以设置为每 500 ms 更新一次窗口信息。代码如下：

```
WM_HWIN CreateDesktop(void) {
    WM_HWIN hWin;
    StatusBarSet(0);
    hWin  =  GUI_CreateDialogBox(_aDialogCreate,  GUI_COUNTOF(_aDialogCreate),  _cbDialog,
WM_HBKWIN, 0, 0);
    WM_CreateTimer(hWin, 0x01, 500, 0);                    //创建一个定时器
    return hWin;
}
```

　　智能腕表系统进入 process_start(&LockScreenProcess,NULL) 函数后，首先进入 LockScreenProcess 进程，通过调用 TouchIrqSet()函数来执行触摸屏中断，若 30 s 内无操作则进入屏保；然后调用 Screenlock()函数来执行 GUI 函数。代码如下：

```
PROCESS_THREAD(LockScreenProcess, ev, data)
{
    static struct etimer et_LockScreen;
    PROCESS_BEGIN();
    TouchIrqSet(lockScreenTimeReset);
    if(LockScreen & 0x80)
    {
        Screenlock();
    }
    etimer_set(&et_LockScreen,1000);
    while (1)
    {
        PROCESS_WAIT_EVENT();
        if(ev == PROCESS_EVENT_TIMER)
        {
            etimer_set(&et_LockScreen,1000);
            LockScreenProcessPoll();
        }
        if(ev==AppInputEvent)
        {
            ScreenUnlock();
        }
        if(ev==AppOpenEvent)
        {
            Screenlock();
        }
    }
    PROCESS_END();
}
```

　　智能腕表系统进入 Screenlock()函数后，首先调用 CreateLockScreenDLG()函数；然后调用 GUI_CreateDialogBox()函数来创建对话框，_aDialogCreate 参数为对话框中包含的小工具资源列表的指针，_cbDialog 参数为回调函数的指针；最后调用 WM_CreateTimer()函数来创建定时器，可以设置为每 20 ms 更新一次窗口信息。代码如下：

```
WM_HWIN CreateLockScreenDLG(void) {
    WM_HWIN hWin;
    StatusBarSet(0);
    hWin = GUI_CreateDialogBox(_aDialogCreate, GUI_COUNTOF(_aDialogCreate), _cbDialog,
WM_HBKWIN, 0, 0);
    WM_CreateTimer(hWin, 0x02, 20, 0);              //创建一个定时器
    return hWin;
}
```

智能腕表系统进入 _aDialogCreate 指针后，从资源列表中创建小工具，分别创建 LockScreen 的 WINDOW 小工具、time 的 TEXT 小工具、date 的 TEXT 小工具、Progbar 的 PROGBAR 小工具，以及 Progbar 的 BUTTON 小工具。代码如下：

```
static const GUI_WIDGET_CREATE_INFO _aDialogCreate[] = {
    { WINDOW_CreateIndirect, "LockScreen", ID_WINDOW_0, 0, 20, 320, 220, 0, 0x0, 0 },
    { TEXT_CreateIndirect, "time", ID_TEXT_0, 20, 20, 280, 70, 0, 0x64, 0 },
    { TEXT_CreateIndirect, "date", ID_TEXT_1, 20, 100, 280, 40, 0, 0x64, 0 },
    { PROGBAR_CreateIndirect, "Progbar", ID_PROGBAR_0, 15, 160, 290, 50, 0, 0x0, 0 },
    { BUTTON_CreateIndirect, "Button", ID_BUTTON_0, 20, 160, 80, 50, 0, 0x0, 0 },
};
```

智能腕表系统进入 _cbDialog 回调函数后，对于 WM_INIT_DIALOG 消息，首先初始化锁屏，将背景颜色设置为白色；其次初始化时间，设置对齐方式、字体、文本、文本颜色；第三步初始化日期，设置对齐方式、字体、文本、文本颜色；第四步设置进度条控件，设置字体和文本；第五步初始化控件，设置字体和文本；最后调用 Calendar_Get()函数来更新时间、日期。代码如下：

```
static void _cbDialog(WM_MESSAGE * pMsg) {
    WM_HWIN hItem;
    int    NCode;
    int    Id;
    Calendar_t calendar;
    char buf[64]={0};
    static short y,x[2] = {20};
    switch (pMsg->MsgId) {
        case WM_INIT_DIALOG:
            hItem = pMsg->hWin;
            WINDOW_SetBkColor(hItem, 0x00000000);
            hItem = WM_GetDialogItem(pMsg->hWin, ID_TEXT_0);
            TEXT_SetTextAlign(hItem, GUI_TA_HCENTER | GUI_TA_VCENTER);
            TEXT_SetTextColor(hItem, 0x00FFFFFF);
            TEXT_SetFont(hItem, GUI_FONT_D64);
            TEXT_SetText(hItem, "00:00");
            hItem = WM_GetDialogItem(pMsg->hWin, ID_TEXT_1);
            TEXT_SetTextAlign(hItem, GUI_TA_HCENTER | GUI_TA_VCENTER);
            TEXT_SetTextColor(hItem, 0x00FFFFFF);
            TEXT_SetFont(hItem, FontList24[System.font]);
            TEXT_SetText(hItem, "0000/00/00 Week");
            hItem = WM_GetDialogItem(pMsg->hWin, ID_PROGBAR_0);
            PROGBAR_SetFont(hItem, FontList16[System.font]);
            PROGBAR_SetText(hItem,"      ");
            hItem = WM_GetDialogItem(pMsg->hWin, ID_BUTTON_0);
            BUTTON_SetFont(hItem, FontList16[System.font]);
            BUTTON_SetText(hItem, lockScreenText[System.language]);
            calendar = Calendar_Get();
            sprintf(buf,"%02u:%02u",calendar.hour,calendar.minute);
```

```
                TEXT_SetText(WM_GetDialogItem(pMsg->hWin, ID_TEXT_0), buf);
                sprintf(buf,"%04u/%02u/%02u %s",calendar.year,calendar.month,calendar.day,
                                        WeekText[System.language][calendar.week]);
                TEXT_SetText(WM_GetDialogItem(pMsg->hWin, ID_TEXT_1), buf);
        break;
        case WM_DELETE:
                StatusBarSet(1);
        break;
        case WM_NOTIFY_PARENT:
                Id = WM_GetId(pMsg->hWinSrc);
                NCode = pMsg->Data.v;
                switch(Id) {
                        case ID_BUTTON_0: //Notifications sent by 'Button'
                                switch(NCode) {
                                        case WM_NOTIFICATION_CLICKED:
                                        break;
                                        case WM_NOTIFICATION_RELEASED:
                                        break;
                                }
                        break;
                }
        break;
        case WM_TIMER:                          //定时器消息，到时间时有效
                WM_RestartTimer(pMsg->Data.v, 20);
                calendar = Calendar_Get();
                if(calendar.second%2==0)
                sprintf(buf,"%02u:%02u",calendar.hour,calendar.minute);
                else
                sprintf(buf,"%02u %02u",calendar.hour,calendar.minute);
                TEXT_SetText(WM_GetDialogItem(pMsg->hWin, ID_TEXT_0), buf);
                sprintf(buf,"%04u/%02u/%02u %s",calendar.year,calendar.month,calendar.day,
                                        WeekText[System.language][calendar.week]);
                TEXT_SetText(WM_GetDialogItem(pMsg->hWin, ID_TEXT_1), buf);
                x[1] = GUI_TOUCH_X_MeasureX();
                y = GUI_TOUCH_X_MeasureY();
                hItem = WM_GetDialogItem(pMsg->hWin, ID_BUTTON_0);
                if((x[1]>=60)&&(x[1]<=260)&&(y>=180)&&(y<=230) && (x[1] < (x[0]+80)))
                {
                        x[0] = x[1];
                        WM_MoveChildTo(hItem,x[1]-40,160);
                        if(x[1]>240)
                        process_post_synch(&LockScreenProcess,AppInputEvent,NULL);
                }
                else
                {
                        x[0] = 20;
                        WM_MoveChildTo(hItem,20,160);
```

```
            }
        break;
        default:
            WM_DefaultProc(pMsg);
        break;
    }
}
```

对于 WM_DELETE 消息，智能腕表系统调用 StatusBarSet()函数设置为 1，在状态栏设置 SBarStyle 为 1 时更新时间。

对于 WM_TIMER 消息，智能腕表系统调用 WM_RestartTimer()函数来重置时间、获取时间参数、更新时间日期。当触摸控件解锁时，智能腕表系统调用 GUI_TOUCH_X_MeasureX() 和 GUI_TOUCH_X_MeasureY()函数来获取滑动触摸屏的 X 和 Y 轴坐标值，通过滑动的坐标值来判断是否达到开锁条件。

智能腕表系统进入 CreateDesktop()后，首先调用 CreateDesktop()函数；然后调用 GUI_CreateDialogBox()函数来创建对话框_aDialogCreate 参数为对话框中包含的小工具的资源列表的指针，_cbDialog 参数为回调函数的指针；最后调用 WM_CreateTimer()函数来创建定时器，可以设置为每 500 ms 更新一次窗口信息。代码如下：

```
WM_HWIN CreateDesktop(void) {
    WM_HWIN hWin;
    StatusBarSet(0);
    hWin  =  GUI_CreateDialogBox(_aDialogCreate,  GUI_COUNTOF(_aDialogCreate),  _cbDialog,
WM_HBKWIN, 0, 0);
    WM_CreateTimer(hWin, 0x01, 500, 0);                    //创建一个定时器
    return hWin;
}
```

智能腕表系统进入_aDialogCreate 指针后，从资源列表中创建小工具分别创建 Desktop 的 WINDOW 小工具、time 的 TEXT 小工具、date 的 TEXT 小工具、step 的 TEXT 小工具，以及 Iconview 的 ICONVIEW 小工具。代码如下：

```
static const GUI_WIDGET_CREATE_INFO _aDialogCreate[] = {
    { WINDOW_CreateIndirect, "Desktop", ID_WINDOW_0, 0, 20, 320, 220, 0, 0x0, 0 },
    { TEXT_CreateIndirect, "time", ID_TEXT_0, 5, 20, 170, 60, 0, 0x64, 0 },
    { TEXT_CreateIndirect, "date", ID_TEXT_1, 5, 80, 170, 20, 0, 0x64, 0 },
    { TEXT_CreateIndirect, "step", ID_TEXT_3, 185, 65, 130, 30, 0, 0x64, 0 },
    { ICONVIEW_CreateIndirect, "Iconview", ID_ICONVIEW_0, 20, 150, 280, 60, WM_CF_HASTRANS,
0x003C003C, 0 },
};
```

智能腕表系统进入_cbDialog 回调函数，对于 WM_INIT_DIALOG 消息，首先初始化桌面，设置背景颜色为紫色；其次初始化时间，设置对齐方式、字体、文本、文本颜色；第三步初始化日期，设置对齐方式、字体、文本、文本颜色；第四步初始化 step，设置对齐方式、字体、文本、文本颜色；第五步设置图标对齐方式，设置背景颜色，设置图标与边框、图标与图标的间距，添加图标；最后调用 Calendar_Get()函数来获取时间并更新到 LCD 上。

对于 WM_DELETE 消息，智能腕表系统调用 StatusBarSet()函数设置为 1，在状态栏设置 SBarStyle 为 1 时更新时间。

对于 WM_NOTIFY_PARENT 消息，智能腕表系统首先调用 ICONVIEW_GetSel()函数返回当前选定图标的索引值，根据索引值判断选取哪个图标，然后执行相应函数。

对于 WM_PAINT 消息，智能腕表系统调用_ShowBMPEx()函数显示文件系统中的 BMP 图片。

对于 WM_TIMER 消息，智能腕表系统首先重置定时器，获取时间参数并更新；然后通过三轴加速度传感器来检测步数并更新。

3.3.4 GUI 界面运行测试

（1）上电锁屏界面。在智能腕表上电后，会在 LCD 中间显示当前时间、日期、星期，在 LCD 上部的状态栏显示网络、信号、闹钟、CPU 利用率、电量等信息。上电锁屏界面如图 3.63 所示。

（2）主界面。将"滑动解锁"向右滑到底，可显示智能腕表的主界面，桌面显示内容包括时间、日期、星期、步数电话图表、应用图表、摄像头图标。主界面如图 3.64 所示。

图 3.63 上电锁屏界面

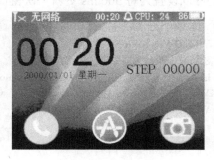

图 3.64 主界面

（3）应用界面。单击应用（ ）图标，可显示显示"设置""时钟""日历""音乐""文件""图片""锁屏""设备绑定"，如图 3.65 所示。

（4）系统设置界面。在应用界面单击"设置"图标可进入系统设置（System Steup）界面，显示的内容包括"系统信息""时间设置""日期设置""语言设置""显示设置""指纹设置"，如图 3.66 所示。

图 3.65 应用界面

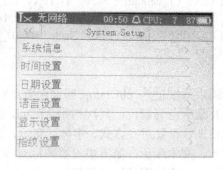

图 3.66 系统设置界面

① 系统信息界面。在系统设置界面单击"系统信息"可进入系统信息（System Info）界面，显示的内容包括设备类型、CPU、主时钟、ROM、RAM 等信息，如图 3.67 所示。

② 时间设置界面。在系统设置界面单击"时间设置"可进入时间设置（TimeSet）界面，在该界面设置好时间后，单击"Save"按钮可保存设置的时间，单击"Close"按钮可返回系统设置界面，如图 3.68 所示。

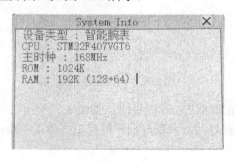

图 3.67　系统信息界面

图 3.68　时间设置界面

③ 日期设置界面。在系统设置界面单击"日期设置"可进入日期设置（DateSet）界面，在该界面设置好日期后，单击"Save"按钮可保存设置的日期，单击"Close"按钮可返回系统设置界面，如图 3.69 所示。

④ 语言设置界面。在系统设置界面单击"语言设置"可进入语言设置（LanguageSetting）界面，在该界面可以选择"英语""简体中文"，单击"OK"按钮可保存选择的语言并返回系统设置界面，如图 3.70 所示。

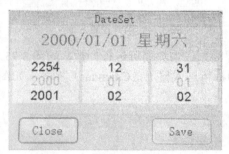

图 3.69　日期设置界面

图 3.70　语言设置界面

⑤ 显示设置界面。在系统设置界面单击"显示设置"可进入显示设置（LockScreenSet）界面，在该界面可选择锁屏时间，如图 3.71 所示，单击"▢"按钮可返回系统设置界面。

⑥ 指纹设置界面。在系统设置界面单击"指纹设置"可进入指纹设置（FingerprintSet）界面，单击"Setup"按钮后会在该界面显示"录入指纹"，在手指按压指纹模块三次后显示"录入指纹成功"后，单击"Close"按钮可返回系统设置界面，如图 3.72 所示，以后就可以通过指纹来解锁了。

图 3.71　显示设置界面　　　　　　　　图 3.72　指纹设置界面

（5）时钟界面。在应用界面单击"时钟"图标可进入时钟界面，如图 3.73 所示。

在时钟界面单击"Alarm"可以进入闹钟设置界面，设置好闹钟信息后，单击"Save"按钮即可，如图 3.74 所示。

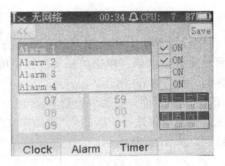

图 3.73　时钟界面　　　　　　　　图 3.74　闹钟设置界面

在时钟界面单击"Timer"可进入秒表计数界面，在该界面可进行计数，如图 3.75 所示。

（6）日历界面。在应用界面单击"日历"图标可进入日历（Calendar）界面，如图 3.76 所示。

图 3.75　秒表计数界面　　　　　　　图 3.76　日历界面

（7）音乐界面。在应用界面单击"音乐"图标可进入音乐界面，在该界面会显示 SD 卡中 wav 格式的音乐文件，如图 3.77 所示。

（8）文件界面。在应用界面单击"文件"图标可进入文件（FileBrowsing）界面，在该界面中可以显示系统中的文件或文件夹，如图 3.78 所示。

图 3.77　音乐界面

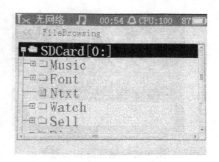

图 3.78　文件界面

（9）图片界面。在应用界面单击"图片"图标可进入文件界面，在该界面中可以显示系统中保存的图片，如图 3.79 所示。

图 3.79　图片显示实例

（10）设备绑定界面。在应用界面单击"设备绑定"可进入设备绑定界面，该界面包括 IEMI 和 ID-KEY 两个界面，如图 3.80 和图 3.81 所示。

图 3.80　IEMI 界面

图 3.81　ID-KEY 界面

（11）通话显示。在 4G 模块中插入 4G 卡，在智能腕表的 LCD 会显示运营商和信号，如图 3.82 所示。

解锁后单击主界面中的电话图标可进入通话界面，如图 3.83 所示。

图 3.82　运营商和信号显示　　　　　　图 3.83　通话界面

3.3.5　小结

通过本节的学习和实践，读者可以了解智能腕表系统程序的总体框架，学习 GUI 界面和 GUI 函数的设计，并熟悉 GUI 界面运行测试的内容。GUI 界面函数有很多，可以通过查阅相关来理解这些函数的含义。

3.4　智能腕表应用 App 设计

3.4.1　WebApp 框架设计

1．WebApp 介绍

WebApp 介绍请参考 2.4.1 节。

2．WebApp 的实现

智能腕表 WebApp 的实现和智能台灯类似，详见 3.4.1 节。

3．智能腕表应用 App 的界面逻辑分析与设计

在开发智能腕表应用 App 之前，需要先为应用 App 的界面设计一套界面逻辑，然后按照设计的界面逻辑编写代码。

智能腕表应用 App 的界面设计采用两级菜单的形式，一级菜单属于一级导航，二级菜单属于二级导航。一级导航分布在智能腕表应用 App 界面的上部，每个一级导航都有若干二级导航，二级导航是对第一级导航的细化，主要实现界面的功能。智能腕表应用 App 的界面框架如图 3.84 所示。

在图 3.84 中，一级菜单 1 为功能界面（属于一级导航），下设地图定位、跌倒警告、脱落警示三个子界面（属于二级导航）；一级菜单 2 为设置界面（属于一级导航），下设时间日期、闹钟设置、亲情号码三个子界面（属于二级导航）；一级菜单 3 为其他界面（属于一级导航）；一级菜单 4 未使用。

项目名称	一级菜单1	一级菜单2	一级菜单3	一级菜单4
二级菜单1	操作/显示区			
二级菜单2				
二级菜单3				

图 3.84　智能腕表应用 App 的界面框架

（1）功能界面的框架。

① 地图定位子界面的框架如图 3.85 所示。

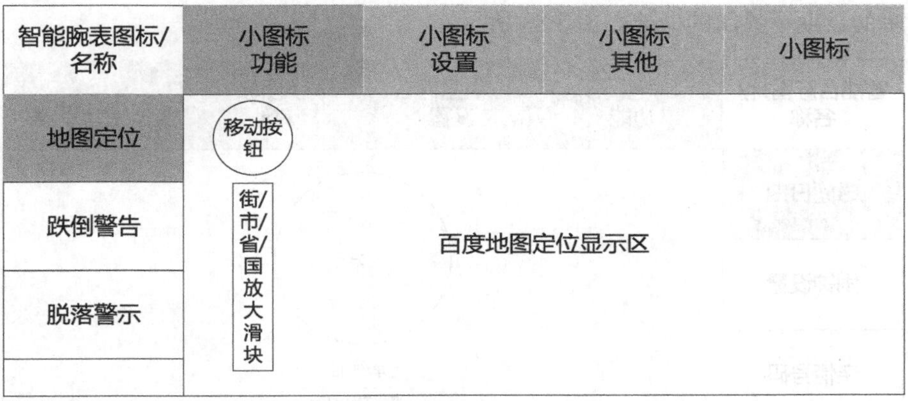

智能腕表图标/名称	小图标功能	小图标设置	小图标其他	小图标
地图定位	移动按钮　街/市/省/国放大滑块	百度地图定位显示区		
跌倒警告				
脱落警示				

图 3.85　地图定位子界面的框架

② 跌倒警告子界面的框架如图 3.86 所示。

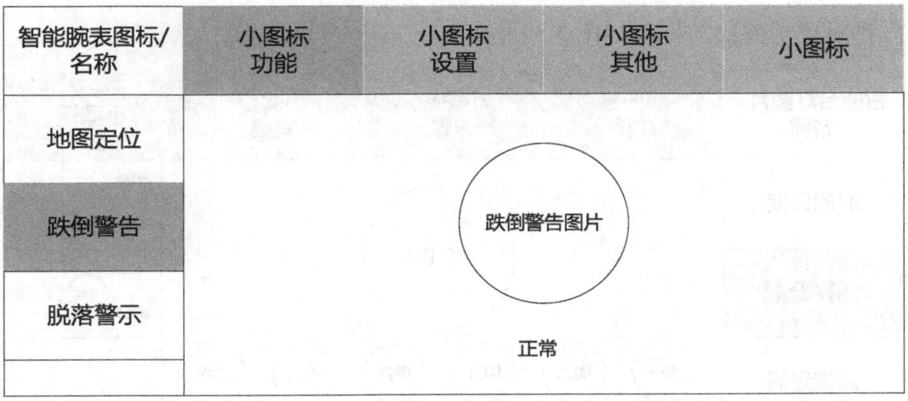

智能腕表图标/名称	小图标功能	小图标设置	小图标其他	小图标
地图定位	跌倒警告图片　正常			
跌倒警告				
脱落警示				

图 3.86　跌倒警告子界面的框架

③ 脱落警示子界面的框架如图 3.87 所示。

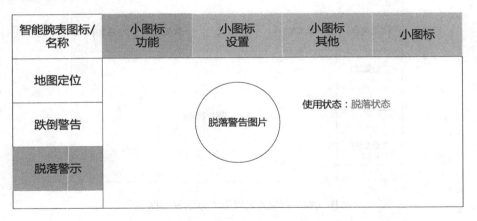

图 3.87　脱落警示子界面的框架

（1）设置界面的框架。

① 时间日期子界面的框架如图 3.88 所示。

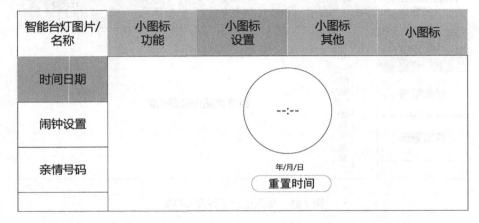

图 3.88　时间日期子界面的框架

② 闹钟设置子界面的框架如图 3.89 所示。

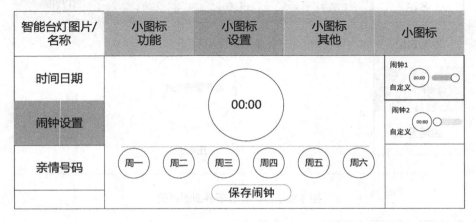

图 3.89　闹钟设置子界面的框架

③ 亲情号码子界面的框架如图 3.90 所示。

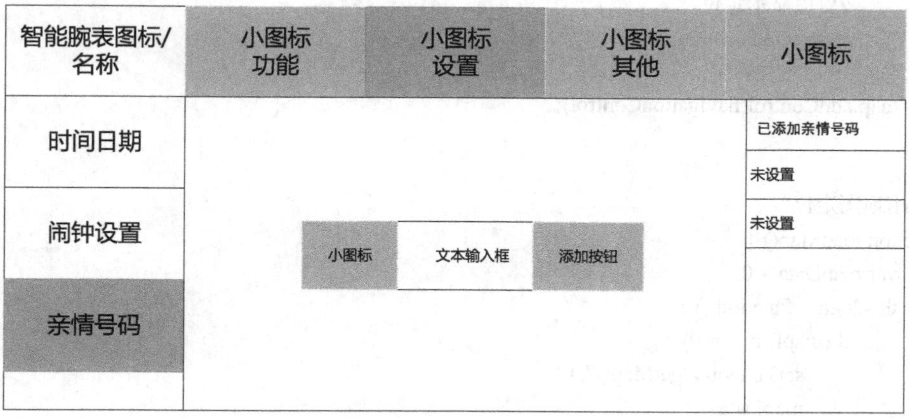

智能腕表图标/名称	小图标功能	小图标设置	小图标其他	小图标
时间日期				已添加亲情号码
				未设置
闹钟设置				未设置
亲情号码		小图标　文本输入框　添加按钮		

图 3.90　亲情号码子界面的框架

3.4.2　智能腕表应用 App 的功能设计

智能腕表应用 App 的功能主要包括地图定位、跌倒警告、脱落警示、亲情号码,以及时间日期与闹钟设置等。

1. 地图定位功能的设计

地图定位功能主要使用数据通信协议中的参数 A0,将这个参数设置为主动上报后,只需要在智能腕表应用 App 中接收这个参数,然后以一定的形式显示出来即可。地图定位功能是在地图定位子界面中实现的,该子界面位于功能界面(一级导航)下。

地图定位子界面是通过百度地图提供的 API 和 GPS 模块的定位数据来实现的。在使用百度地图 API 之前需引入 JavaScript 脚本,该脚本必须位于<script>与</script>标签之间,可放置在 HTML 界面的<body>和<head>部分中,代码如下:

```
<script src="http://api.map.baidu.com/api?v=2.0&ak=eOwaMcyA9GhTTBrVMDeUMEwHNKVdPzwi"></script>
```

引入 JavaScript 脚本之后就可以使用百度地图的 API 了。首先打开 script.js 文件,找到 getMap()函数;然后加载地图;最后增加地图控件(如平移、缩放控件),在设置地图控件的显示位置、类型后启用地图定位。代码如下:

```
function getMap() {
    //百度地图 API
    var map = new BMap.Map("allmap");
    var point = new BMap.Point(lat1, lng1);
    map.centerAndZoom("武汉", 12);
    //增加地图控件
    var navigationControl = new BMap.NavigationControl({
        //靠左上角位置
        anchor: BMAP_ANCHOR_TOP_LEFT,
        //LARGE 类型
```

```
            type: BMAP_NAVIGATION_CONTROL_LARGE,
            //启用显示定位
            enableGeolocation: false
        });
        map.addControl(navigationControl);
    }


    //启用地图定位
    function loadMap() {
        var mapData = 0;
        this.load = function () {
            if (mapData == 0) {
                setTimeout("getMap()", 0);
                mapData = 1;
            }
        }
    }
```

打开 user.js 文件后，首先导入 GPS 的定位数据，然后使用百度地图 API 将定位地点显示界面上。代码如下：

```
//消息处理回调函数
rtc.onmessageArrive = function onmessageArrive(mac, dat) {
    console.log(mac, ">>>", dat);
    if (dat[0] == '{' && dat[dat.length - 1] == '}') {        //判断字符串首尾是否为{}
        dat = dat.substr(1, dat.length - 2);                  //截取{}内的字符串
        console.log(dat);
        var its = dat.split(',');                             //以 ',' 来分割字符串
        console.log(its);
        var lat = null, lng = null;
        if (!mac2mes[mac]) {
            mac2mes[mac] = [];
        }
        for (var i = 0; i < its.length; i++) {
            var it = its[i].split('=');
            if (it.length == 2) {
                if (it[0] == "A0") {                          //GPS 定位数据
                    console.log(it[1]);
                    var lat = it[1].split("&")[0] + "";       //30.4595
                    var lng = it[1].split("&")[1] + "";       //114.3943
                    if (lng <= 0.000001 || lat <= 0.000001) return;
                    lng = gps2new(lng);
                    lat = gps2new1(lat);
                    if (lng > 0.000001 || typeof BMap == "undefined")
                        mac2mes[mac][1] = lat;
                    if (lat > 0.000001 || typeof BMap == "undefined")
                        mac2mes[mac][2] = lng;
                    console.log("更新经纬度：" + mac2mes[mac][2] + "---" + mac2mes[mac][1]);
```

```
//百度地图 API
var map = new BMap.Map("allmap");
var point = new BMap.Point(mac2mes[mac][2], mac2mes[mac][1]);
map.centerAndZoom(point, 15);
map.enableScrollWheelZoom(true);                  //开启鼠标滚轮缩放
var marker2 = new BMap.Marker(point);             //创建标注
map.addOverlay(marker2);                          //将标注添加到地图中
//增加地图控件
var navigationControl = new BMap.NavigationControl({
    //靠左上角位置
    anchor: BMAP_ANCHOR_TOP_LEFT,
    //LARGE 类型
    type: BMAP_NAVIGATION_CONTROL_LARGE,
    //启用显示定位
    enableGeolocation: false
});
map.addControl(navigationControl);
        }
        ……
    }
  }
}
};
```

2．跌倒警告功能的设计

跌倒警告功能主要使用数据通信协议中的参数 A2，将这个参数设置为主动上报后，只需要在智能腕表应用 App 中接收这个参数即可。跌倒警告功能是在跌倒警告子界面中实现的，该子界面位于功能界面（一级导航）下。跌倒警告子界面如图 3.91 所示。

图 3.91　跌倒警告子界面

当检测到跌倒信息时，跌倒警告子界面将更改跌倒警告图片，以及图片下方的文字。代码如下：

```
//消息处理回调函数
rtc.onmessageArrive = function onmessageArrive(mac, dat) {
        ......
        for (var i = 0; i < its.length; i++) {
                var it = its[i].split('=');
                if (it.length == 2) {
                        ......
                        if (it[0] == "A2") {        //跌倒状态
                                //console.log(it[1]);
                                st = parseInt(it[1][0]);
                                if (st == 1) {
                                        $("#fall-img").attr({ src: "images/fall-alarm-on.png", alt: "on" }).next(".title").text("跌倒").
                                                        css("color", "#222").parent(".box-shell").css("backgroundColor", "#fff");
                                        setTimeout(function(){
                                                console.log("111")
                                                $("#fall-img").attr({ src: "images/fall-alarm-off.png", alt: "off" }).next(".title").
                                                        text(" 正 常 ").css("color",   "#ddd").parent(".box-shell").css("background
Color", "#21282b");
                                        },4000)
                                }
                        }
                        ......
                }
        }
};
```

3. 脱落警示功能的设计

脱落警示功能主要使用数据通信协议中的参数 A2，将这个参数设置为主动上报后，只需要在智能腕表应用 App 中接收这个参数即可。脱落警示功能是在脱落警示子界面中实现的，该子界面位于功能界面（一级导航）下。脱落警示子界面如图 3.92 所示。

图 3.92　脱落警示子界面

当检测到脱落信息时，脱落警示子界面会更改脱落警示图片，以及图片右边的文字。代码如下：

```
//消息处理回调函数
rtc.onmessageArrive = function onmessageArrive(mac, dat) {
    ......
    for (var i = 0; i < its.length; i++) {
        var it = its[i].split('=');
        if (it.length == 2) {
            ......
            if (it[0] == "A1") {     //腕表脱落状态
                console.log(it[1]);
                var switch_status = parseInt(it[1][0]);
                if (switch_status == 0) {
                    $("#fall-on-img").attr({ src: "images/fall-off-warning-on.png", alt: "on" }).next("div").
                                    children("span").text("正常使用");
                } else {
                    $("#fall-on-img").attr({ src: "images/fall-off-warning-off.png", alt: "off" }).next("div").
                                    children("span").text("脱落状态");
                }
            }
            ......
        }
    }
};
```

4．亲情号码功能的设计

亲情号码功能主要使用数据通信协议中的参数 V3，只需要在智能腕表应用 App 中通过查询指令来获取该参数中的电话号码即可。亲情号码功能是在亲情号码子界面中实现的，该子界面位于设置界面（一级导航）下。亲情号码子界面如图 3.93 所示。

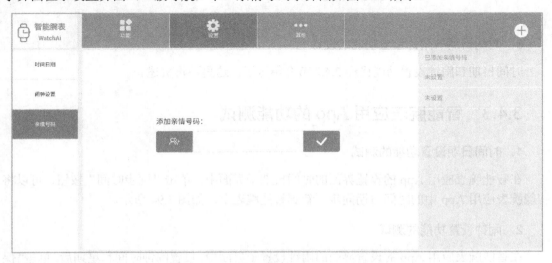

图 3.93　亲情号码子界面

在亲情号码子界面中，可以通过文本输入框来添加亲情号码，通过 modify()函数可以修改右侧列表中的亲情号码，通过 save()函数可以保持文本输入框中输入的亲情号码。代码如下：

```
var RightList = {
    ……
    current_small_famliy: "1",
    //修改亲情号码
    modify: function (object) {
        //checkPhone();
        object.css("color", "red").siblings("dd").css("color", "#3498dB");
        $("#check_phone").val(object.children("span").text());
        RightList.current_small_famliy = object.index();
        message_show("修改亲情号码:" + object.children("span").text());
    }

    //保存已修改的亲情号码
    save: function () {
        //checkPhone();
        if (Check.checkMobile($('#check_phone')) == 0) {
            message_show('电话号码格式错误!');
            return false;
        }
        var current_famliy = $("#check_phone").val();
        //message_show(current_famliy);
        if (current_famliy.length != 0) {
            $(".famliy-phone:eq(" + (RightList.current_small_famliy - 1) + ")").html(current_famliy);
            phone_set(RightList.current_small_famliy - 1, current_famliy);
        } else {
            $(".famliy-phone:eq(" + (RightList.current_small_famliy - 1) + ")").html("未设置");
            phone_set(RightList.current_small_famliy - 1, "0");
        }
    }
}
```

5．时间日期与闹钟设置功能的设计

时间日期和闹钟设置功能已经 2.4.2 节介绍过了，这里不再赘述。

3.4.3　智能腕表应用 App 的功能测试

1．时间日期设置功能的测试

在智能腕表应用 App 的设置界面的时间日期子界面中，单击"同步时间"按钮，可以将智能腕表应用 App 中的时间日期同步更新到智能腕表上，如图 3.94 所示。

2．闹钟设置功能的测试

在智能腕表应用 App 的设置界面的闹钟设置子界面中，设置闹钟时间和星期后，单击"保存"按钮，通过右上角的滑块开启闹钟，可以将智能腕表应用 App 中的闹钟设置同步更新到智能腕表上，如图 3.95 所示。

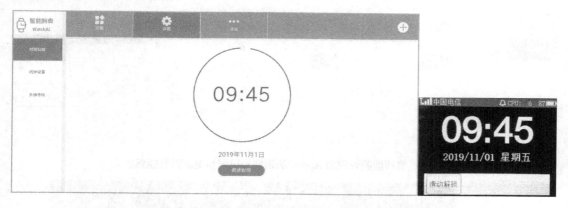

图 3.94　将智能腕表应用 App 中的时间日期同步更新到智能腕表上

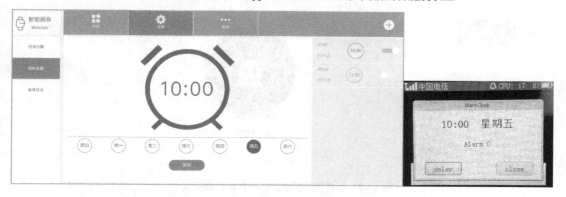

图 3.95　将智能腕表应用 App 中的闹钟设置同步更新到智能腕表上

3．亲情号码功能的测试

在智能腕表应用 App 的设置界面的亲情号码子界面中，输入电话号码后单击"✓"按钮可添加亲情号码，可以将智能腕表应用 App 中的亲情号码同步更新到智能腕表上，如图 3.96 所示。

4．地图定位功能的测试

在智能腕表应用 App 的功能界面的地图定位子界面中，安装 GPS 模块后，在定位成功后可以在应用中查看定位效果。

5．跌倒警告功能的测试

在智能腕表应用 App 的功能界面的跌倒警告子界面中，当翻转智能腕表时可以在应用 App 中显示跌倒警告，如图 3.97 所示。

在出现跌倒警告时可以向设定的亲情号发送跌倒短信，如图 3.98 所示，按下 K1 按键后可以给设定的亲情号拨打电话。

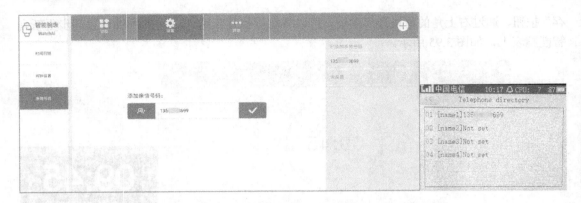

图 3.96　将智能腕表应用 App 中的亲情号码同步更新到智能腕表上

图 3.97　智能腕表应用 App 中显示跌倒警告

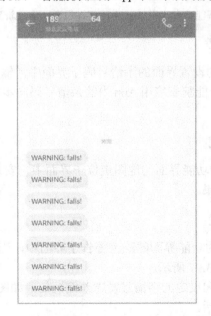

图 3.98　在出现跌倒警告时向设定的亲情号发送跌倒短信

6. 脱落警示功能的测试

用手指遮挡光线距离传感器时，如图 3.99 所示，此时智能腕表应用 App 上显示正常使用，如图 3.100 所示。

图 3.99　遮挡光线距离传感器

图 3.100　智能腕表应用 App 上显示正常使用

将手指移开光线距离传感器时，此时智能腕表应用 App 上会显示脱落状态，如图 3.101 所示。

图 3.101　智能腕表应用 App 上显示脱落状态

3.4.4　小结

通过本节的学习和实践，读者可以掌握 WebApp 框架设计和智能腕表应用 App 功能设计的方法，完成智能腕表应用 App 的功能测试，通过测试可验证智能腕表应用 App 的功能是否能实现。

第**4**章

运动手环设计与开发

运动手环是一种智能穿戴设备，可以记录用户日常生活中的锻炼、睡眠、饮食、脉搏、心率、体温和环境等实时数据，这些数据可以同步到智能手机、平板电脑等移动设备上，从而达到指导用户健康生活的目的。运动手环如图 4.1 所示。

图 4.1　运动手环

本章介绍运动手环的设计与开发，主要内容如下：

（1）运动手环需求分析与设计：完成了系统需求分析，结合总体架构设计、硬件选型和应用程序分析，完成了运动手环的方案设计。

（2）运动手环 HAL 层硬件驱动设计与开发：分析了九轴传感器、振动模块和光电心率传感器的工作原理，结合 Contiki 操作系统完成了硬件驱动 HAL 层驱动设计，并进行了 4 种传感器的驱动测试。

（3）运动手环通信设计：分析了程序总体框架，设计了数据通信协议和智云框架，并进行了应用端通信函数的测试。

（4）运动手环应用 App 的设计：分析了 WebApp 框架设计，进行了界面的逻辑分析与设计，完成了运动手环应用 App 的功能设计，包括运动监控、活动轨迹、睡眠监控、心率监控、模式选择、日期及闹钟设置，并进行运动手环应用 App 的功能测试。

4.1　运动手环需求分析与设计

4.1.1　运动手环需求分析

1. 系统功能概述

通过对市场上运动手环的功能进行调研，总结出运动手环的功能，如表 4.1 所示。

表 4.1　运动手环功能调研分析

功 能 名 称	功 能 说 明
振动唤醒	运动手环内置了振动组件,既可以通过运动手环闹钟来激活振动唤醒功能,也可以通过重要事件来激活振动唤醒功能
睡眠追踪	睡眠数据包括睡眠时间和质量,睡眠数据可以通过运动手环同步到智能手机或者平板电脑上。运动手环清晰地记录了入睡时间、深度睡眠时间、浅度睡眠时间和清醒时间等信息
运动监测	运动手环可以把佩戴者(用户)每天行走的步数详细而准确地记录下来,用户可以通过智能手机来查看运动手环的数据,主要包括当天的运动时间、空闲时间、运动路程、走路步数和能量消耗等信息
膳食记录	通过运动手环可以合理地控制膳食,用户将食物的图片和分量记录在运动手环后,运动手环会对食物进行分析,展示所摄入食物包含的能量,统计用户每天的能量摄入情况

2．功能需求分析设计

本章介绍的运动手环是基于智能产品原型机设计的,由运动手环板卡和运动手环应用 App 组成,主要的功能有运动监控、睡眠监控、无线连接、自动控制、设置等功能,健康生活、亲情关爱、设备绑定,运动手环的功能设计如表 4.2 所示。

表 4.2　运动手环功能设计表

功 能 名 称	功 能 描 述
运动监控功能	运动手环通过九轴传感器采集运动数据,并通过 BLE 上传到运动手环应用 App,可在应用 App 中显示步数、用时、消耗的卡路里(本书用热量的单位卡路里来表示热量)等数据
睡眠监控功能	用户在运动手环中设置好睡眠时间并启动九轴传感器,当用户翻身时,九轴传感器可以采集到加速度的数据,根据采集的加速度数据可以分析用户的睡眠质量
无线连接功能	运动手环可以通过 BLE 连接到智能手机或平板电脑,用户可以在智能手机或平板电脑上对运动手环进行操作,如设置参数。无线连接可以通过手动输入运动手环 BLE 的 MAC 地址或扫描二维码来实现
自动控制功能	运动手环系统包括自动模式和手动模式两种模式。在自动模式下,运动手环完全自主控制,不需要用户干预即可自动检测用户有无运动并详细记录运动信息;在手动模式下,用户可以手动控制运动手环
设置功能	用户可以直接在运动手环上设置时间、闹钟等,也可以通过运动手环应用 App 来设置运动手环

4.1.2　运动手环的方案设计

1．总体架构设计

运动手环也是基于物联网四层架构模型来进行设计的,详见 2.1.2 节,其总体架构如图 4.2 所示。

2．硬件选型分析

1)处理器选型分析

运动手环的处理器选型与智能台灯相同,请参考 2.1.2 节。

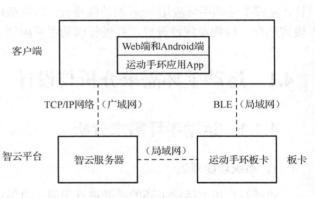

图 4.2　运动手环总体架构

2）通信模块选型分析

运动手环的通信模块采用低耗能蓝牙（BLE），与智能台灯一样，关于 BLE 的介绍请参考 2.1.2 节。

3）传感器模块选型分析

（1）九轴传感器。运动手环的九轴传感器采用 MPU-9250 型九轴传感器，该传感器内部集成了三轴陀螺仪、三轴加速度传感器和三轴磁力传感器。MPU-9250 型九轴传感器输出的是 16 位数字量，可以通过 I2C 总线和微处理器（STM32F407）进行交互。三轴陀螺仪的角速度测量范围最高达±2000 dps，具有良好的动态响应特性；三轴加速度传感器的测量范围最大为±16g（g 为重力加速度），静态测量精度高；三轴磁力传感器采用高灵度霍尔传感器进行数据采集，磁感应强度测量范围为±4800 μT。

MPU-9250 型九轴传感器具有数字运动处理器硬件加速引擎，可以整合九轴传感器的数据，输出完整的 9 轴融合数据，通过 InvenSense 公司提供的运动处理库，可以实现姿态解算，降低运动处理运算对操作系统的负荷，同时大大降低开发难度。

（2）振动模块。运动手环的振动模块主要依靠电机来进行工作，电机总体可分为动力电机和控制电机，具体分类如图 4.3 所示，其中动力电机分为旋转地电机和直线电机，旋转电机又分为直流电机和交流电机。

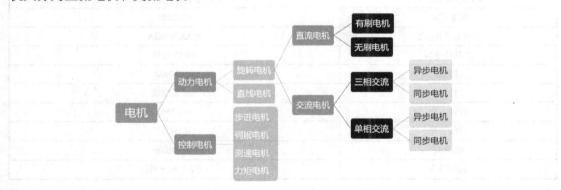

图 4.3　电机分类

所有电机都是由定子和转子组成的，在直流电机中，为了让转子转起来，需要不断改变电流方向，否则转子只能转半圈。直流电机包括有刷电机和无刷电机。有刷电机又称碳刷电机，采用机械换向，外部磁极不动内部线圈动，换向器和转子线圈一起旋转，电刷和磁铁都不动，于是换向器和电刷摩擦，完成电流方向的切换。扭力高、结构简单容易维护（换碳刷）、价格便宜。

运动手环的振动模块采用有刷电机，有刷电机轴上面有一个偏心轮，当有刷电机转动时，偏心轮的圆心质点不在有刷电机的转心上，使得有刷电机处于不断失去平衡的状态，通过惯性作用引起振动。

（3）光电心率传感器。MAX30102A 型光电心率传感器是一个集成了脉搏血氧和心率监测功能的生物传感器。MAX30102A 型光电心率传感器采用了一个 1.8 V 逻辑电源和一个独立的 5.0 V 内部 LED 电源，可以在智能穿戴设备上实现心率和血氧的检测，将智能穿戴设备佩戴于手指、耳垂和手腕等处即可。MAX30102A 型光电心率传感器通过标准的 I2C 总线与微处理器进行通信。MAX30102A 型光电心率传感器特点有：

① 集成度高：MAX30102A 型光电心率传感器将发光 LED、光电检测二极管、ADC、环境光抑制电路和光学机械外壳都集成在了一起，形成了一个完整的模块。

② 数字输出：MAX30102A 型光电心率传感器本身自带 18 位高精度 ADC，使用 I2C 总线与微处理器进行通信，而且本身还有 FIFO，可以减轻处理器负担、降低功耗。

③ 功能丰富：MAX30102A 型光电心率传感器集成了 LED 驱动电路，可以调节 LED 电流；可以根据不同应用选择不同的采样频率；集成了片上温度传感器，可以随时监测片上温度。

4）硬件方案

运动手环的硬件主要有主控芯片（微处理器）、GPS&北斗模块、OLED 显示模块、BLE 模块、光电心率传感器、九轴传感器、LED、按键、时钟芯片、存储芯片等。表 4.3 为运动手环硬件列表。

表 4.3　运动手环硬件列表

硬　件	硬件型号
微处理器	STM32F407
GPS&北斗模块	UM220-III N 型 GPS 模块
OLED 显示模块	中景园电子 0.96 英寸 OLED
BLE 模块	CC2540
光电心率传感器	MAX30102A
九轴传感器	MPU-9250
LED	LED0402
按键	AN 型按键
时钟芯片	PCF8563
存储芯片	W25Q64
RGB 灯	3528RGB
振动模块	1027 型扁平马达

运动手环的硬件设计结构如图 4.4 所示。

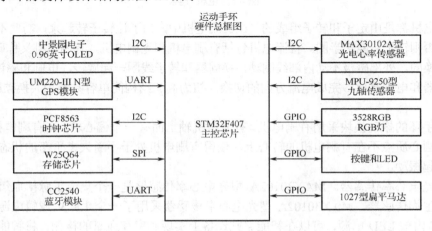

图 4.4　运动手环的硬件设计结构

3．应用程序设计分析

运动手环的应用程序设计分析包括运动手环应用 App 的开发框架分析、界面风格分析和交互设计分析，其方法与智能台灯类似，详见 2.1.2 节。

4.1.3 小结

通过本节的学习和实践，读者可以掌握运动手环的需求分析和方案设计，从而对运动手环的前期方案设计有足够的认知。

4.2 运动手环 HAL 层硬件驱动设计与开发

4.2.1 硬件原理

本节主要介绍运动手环中的九轴传感器、振动模块、光电心率传感器的原理。

1．九轴传感器的原理

运动手环中的九轴传感器采用 MPU-9250 型九轴传感器，该传感器内部集成了三轴陀螺仪、三轴加速度传感器和三轴磁力传感器。三轴加速度传感器和三轴陀螺仪的方向和极性如图 4.5 所示，三轴磁力传感器的方向如图 4.6 所示。

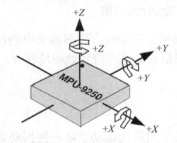
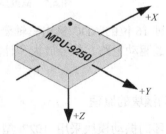

图 4.5　加速度和陀螺仪的方向和极性　　　　图 4.6　磁力传感器的方向

MPU-9250 型九轴传感器的功能框图如图 4.7 所示。

（1）通过 16 位的 ADC 输出三轴陀螺仪的信号。MPU-9250 型九轴传感器中的三轴陀螺仪是由 3 个独立检测 X、Y、Z 轴的 MEMS 组成的，利用科里奥利效应（Coriolis effect）来检测每个轴的转动。一旦某个轴发生变化，MEMS 会发生相应的变化，产生的信号被放大、调解、滤波，最后得到一个与角速率成正比的电压，然后将每一个轴的电压转换成 16 位的数据。

（2）通过 16 位的 ADC 输出三轴加速度传感器的信号。MPU-9250 型九轴传感器中的三轴加速度传感器是根据每个轴上的电容来独立测量每个轴的偏差度的，这种独立的结构降低了各种因素造成的测量偏差。当三轴加速度传感器放置在平面上时，会检测到 X 和 Y 轴上为 0，Z 轴上为 $1g$ 的重力加速度。每一个三轴加速度传感器都由专门的 16 位 ADC 来提供数字输出信号，输出的范围是 $\pm2g$、$\pm4g$、$\pm8g$ 或 $\pm16g$，输出范围可通过编程来设置。

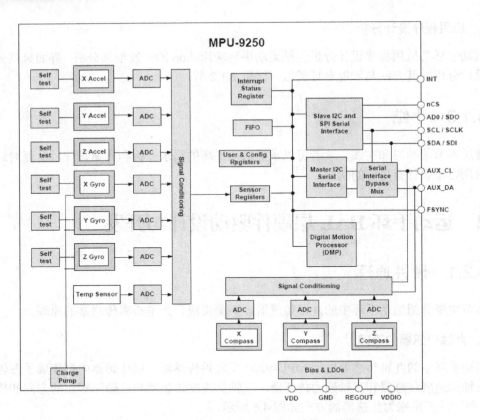

图 4.7　MPU-9250 型九轴传感器的功能框图

（3）通过 16 位的 ADC 输出三轴磁力传感器的信号。三轴磁力传感器采用高精度的霍尔传感器，通过驱动电路、信号放大和计算电路来处理信号，从而得到地磁场在 X、Y、Z 轴的电磁强度。

2．振动模块的原理

运动手环的振动模块采用 1027 型扁平马达，其作用是让运动手环产生振动效果，1027型扁平马达如图 4.8 所示，其结构如图 4.9 所示。

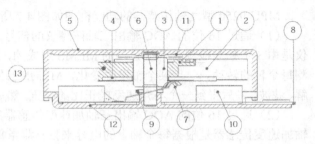

1—线圈；2—振动子；3—轴承；4—硬板；5—上机壳；6—轴；7—电刷；
8—软板；9—垫圈；10—磁钢；11—黏性垫片；12—下机壳；13—转子

图 4.8　1027 型扁平马达　　　　　　　　　　图 4.9　1027 型扁平马达的结构

1027 型扁平马达通过电刷与换向器之间的滑动接触使电流流入线圈，不同绕组的通电线圈在定子组件形成的永久磁场中切割磁力线，从而产生电磁力，这一电磁力形成的力矩使转子转动。而流经电刷的电流通过换向器作用使这一过程循环进行，实现了转子的持续转动。转子上安装一质量偏心的振子，转子质量的重心偏离轴的中心，转子在转动过程中重心会不断改变，从而产生振动。

3．光电心率传感器的原理

传统测量脉搏的方法主要有三种：从心电信号中提取脉搏信号，从测量血压的压力传感器检测到的波动来计算脉搏信号，通过光电容积法来测量脉搏信号。使用前两种方法测量脉搏信号时都会限制病人的活动，如果时间过长则会增加病人生理和心理上的不舒适感；采用光电容积法测量脉搏信号作为监护测量中最普遍的方法之一，具有方法简单、佩戴方便、可靠性高等特点。

光电容积法的基本原理是利用人体组织在血管搏动时造成透光率不同来测量脉搏和氧饱和度的，该方法使用的传感器由光源和光电转换器组成，通常通过绑带或夹子固定在病人的手指、手腕或耳垂上。光源一般采用对动脉血中氧合血红蛋白和血红蛋白有选择性的特定波长的发光二极管，通常选用 660 nm 附近的红光和 900 nm 附近的红外线。当光束透过人体的血管时，由于动脉搏动使血管容积变化，从而导致光束的透光率发生变换，此时由光电转换器接收经人体组织反射的光线，然后将光线转变为电信号并将其放大后输出。由于脉搏信号是随心脏的搏动而周期性变化的，血管容积也在周期性地变化，因此光电转换器输出的电信号就是脉搏信号。

运动手环中的光电心率传感器采用 MAX30102A 型光电心率传感器，其结果框图如图 4.10 所示。

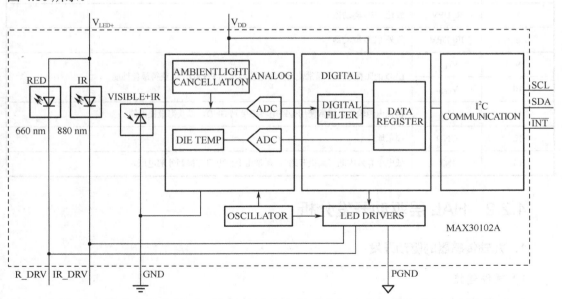

图 4.10　MAX30102A 型光电心率传感器的结构框图

MAX30102A 型光电心率传感器的引脚如图 4.11 所示，引脚功能如表 4.4 所示。

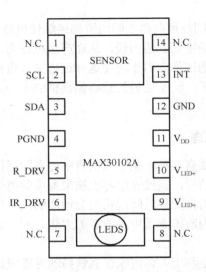

图 4.11　MAX30102A 型光电心率传感器的引脚分布

表 4.4　MAX30102A 型光电心率传感器的引脚功能

引　脚　号	引脚名称	引　脚　功　能
1、7、8、14	N.C.	无连接，通常在使用时焊接到 PCB，以提高机械稳定性
2	SCL	I2C 总线的时钟信号线
3	SDA	I2C 总线的数据信号线，双向（漏极开路）
4	PGND	LED 驱动器块的电源地
5	R_DRV	红色 LED 驱动器
6	IR_DRV	红外 LED 驱动器
9	V_{LED+}	LED 的阳极连接，通常使用旁路电容连接到 PGND，以获得最佳性能
10	V_{LED+}	
11	V_{DD}	模拟电源输入，通常使用旁路电容连接到 GND，以获得最佳性能
12	GND	模拟地
13	INT	低电平有效中断（漏极开路），通常用上拉电阻连接到外部电压。

4.2.2　HAL 层驱动开发分析

1. 九轴传感器的驱动开发

1）硬件连接

运动手环的九轴传感器采用 MPU-9250 型九轴传感器，其硬件连接如图 4.12 所示，该传感器通过 I2C 总线与微处理器（SMT32F407）进行通信，其 SCL 引脚连接到微处理器的 PA8引脚，SDA 引脚连接到微处理器的 PC9 引脚。

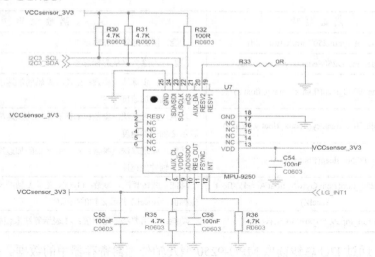

图 4.12 MPU-9250 型九轴传感器的硬件连接

2）驱动函数分析

MPU-9250 型九轴传感器是通过 I2C 总线驱动的，其驱动函数如表 4.5 所示。

表 4.5 MPU-9250 型九轴传感器的驱动函数

函 数 名 称	函 数 说 明
int mpu9250_readReg(unsigned char Addr, unsigned char regAddr)	功能：通过 I2C 总线从 MPU-9250 型九轴传感器的寄存器中读取数据。参数：Addr 表示寄存器地址，regAddr 表示内部地址。回返值：读取的数据
int mpu9250_writeReg(unsigned char Addr, unsigned char regAddr, unsigned char data)	功能：通过 I2C 总线向 MPU-9250 型九轴传感器的寄存器中写入数据。参数：Addr 表示寄存器地址，regAddr 表示内部地址，data 表示写入的数据。返回值：−1 表示写入失败，0 表示写入成功
int mpu9250_init(void)	功能：初始化 MPU-9250 型九轴传感器
int mpu9250_reset(void)	功能：重置 MPU-9250 型九轴传感器。返回值：−1 表示重置失败，0 表示重置成功
void read_mpu9250Accel(float *x, float *y, float *z)	功能：读取三轴加速度传感器的 X、Y 和 Z 轴的坐标值。参数：*x 表示 X 轴的坐标值，*y 表示 Y 轴的坐标值 *z 表示 Z 轴的坐标值
void read_mpu9250Gyro(float *x, float *y, float *z)	功能：读取三轴陀螺仪的 X、Y 和 Z 轴的坐标值。参数：*x 表示 X 轴的坐标值，*y 表示 Y 轴的坐标值 *z 表示 Z 轴的坐标值
void read_mpu9250Mag(float *x, float *y, float *z)	功能：读取三轴磁力传感器的 X、Y 和 Z 轴的坐标值。参数：*x 表示 X 轴的坐标值，*y 表示 Y 轴的坐标值 *z 表示 Z 轴的坐标值
void set_mpu9250_enableStatus(unsigned char cmd)	功能：设置算法为开启状态。参数：cmd 表示状态命令值
unsigned char get_mpu9250_enableStatus(void)	功能：获取算法的开启状态。返回值：算法状态
void set_mpu9250_sedentaryTime(unsigned short interval, unsigned short time)	功能：设置久坐提醒时间。参数：interval 表示调用间隔，time 表示提醒时间
mpu9250Config get_mpu9250Info(void)	功能：获取 MPU-9250 型九轴传感器配置信息
void set_mpu9250Config(mpu9250Config configStruct)	功能：设置 MPU-9250 型九轴传感器配置信息。参数：configStruct 表示 MPU-9250 型九轴传感器配置信息结构体

函 数 名 称	函 数 说 明
void del_mpu9250TurnStatus(void)	功能：清除翻转状态标志位
void del_mpu9250SedentaryStatus(void)	功能：清除久坐状态标志位
void mpu9250_step(float x, float y, float z)	功能：计步算法。参数：x 表示 X 轴的加速度，y 表示 Y 轴的加速度，z 表示 Z 轴的加速度
void mpu9250_sedentary(float x, float y, float z)	功能：久坐算法。参数：x 表示 X 轴的加速度，y 表示 Y 轴的加速度，z 表示 Z 轴的加速度
void mpu9250_sleep(float x, float y, float z)	功能：睡眠算法。参数：x 表示 X 轴的加速度，y 表示 Y 轴的加速度，z 表示 Z 轴的加速度
void mpu9250_turn(float GyroX, float AccelY, float AccelZ)	功能：翻转算法。参数：GyroX 表示 X 轴的坐标值，AccelY 表示 Y 轴的坐标值，AccelZ 表示 Z 轴的坐标值
int run_mpu9250_arithmetic(void)	功能：调用算法。返回值：-1 表示算法未使能，其他表示算法使能

（1）通过 I2C 总线读取 MPU-9250 型九轴传感器寄存器中的数据。代码如下：

```
int mpu9250_readReg(unsigned char Addr, unsigned char regAddr)
{
    unsigned char data;
    MPU9250I2C_Start();
    MPU9250I2C_WriteByte(Addr);
    if(MPU9250I2C_WaitAck()) return -1;
    MPU9250I2C_WriteByte(regAddr);
    if(MPU9250I2C_WaitAck()) return -1;
    MPU9250I2C_Start();
    MPU9250I2C_WriteByte(Addr | 0x01);
    if(MPU9250I2C_WaitAck()) return -1;
    data = MPU9250I2C_ReadByte();
    MPU9250I2C_Stop();
    return data;
}
```

（2）通过 I2C 总线向 MPU-9250 型九轴传感器的寄存器中写入数据。代码如下：

```
int mpu9250_writeReg(unsigned char Addr, unsigned char regAddr, unsigned char data)
{
    MPU9250I2C_Start();
    MPU9250I2C_WriteByte(Addr);
    if(MPU9250I2C_WaitAck()) return -1;
    MPU9250I2C_WriteByte(regAddr);
    if(MPU9250I2C_WaitAck()) return -1;
    MPU9250I2C_WriteByte(data);
    if(MPU9250I2C_WaitAck()) return -1;
    MPU9250I2C_Stop();
    return 0;
}
```

（3）初始化 MPU-9250 型九轴传感器。代码如下：

```
int mpu9250_init(void)
{
    MPU9250I2C_GPIOInit();
    if(mpu9250_writeReg(GYRO_ADDRESS, PWR_MGMT_1, 0x00) < 0)//电源管理，复位 MPU9250 型
                                                                九轴传感器
        return -1;
    if(mpu9250_writeReg(GYRO_ADDRESS, 0x37, 0x02) < 0)
        return -1;
    if(mpu9250_writeReg(GYRO_ADDRESS, SMPLRT_DIV, 0x07) < 0)   //寄存器更新速率
        return -1;
    if(mpu9250_writeReg(GYRO_ADDRESS, CONFIG, 0x06) < 0)        //低通滤波器，截止频率为 5 Hz
        return -1;
    if(mpu9250_writeReg(GYRO_ADDRESS, GYRO_CONFIG, 0x18) < 0)   //陀螺仪测量范围：±2000 dps
        return -1;
    if(mpu9250_writeReg(GYRO_ADDRESS, ACCEL_CONFIG, 0x01) < 0)
        return -1;
    return 0;
}
```

（4）读取三轴加速度传感器的 X、Y 和 Z 轴的坐标值。代码如下：

```
void read_mpu9250Accel(float *x, float *y, float *z)
{
    char BUF[6];
    short accelX = 0, accelY = 0, accelZ = 0;
    BUF[0]=mpu9250_readReg(GYRO_ADDRESS, ACCEL_XOUT_L);
    BUF[1]=mpu9250_readReg(GYRO_ADDRESS, ACCEL_XOUT_H);
    accelX = (BUF[1]<<8)|BUF[0];
    *x = accelX / 1640.0f;

    BUF[2]=mpu9250_readReg(GYRO_ADDRESS, ACCEL_YOUT_L);
    BUF[3]=mpu9250_readReg(GYRO_ADDRESS, ACCEL_YOUT_H);
    accelY = (BUF[3]<<8)|BUF[2];
    *y = accelY / 1640.0f;

    BUF[4]=mpu9250_readReg(GYRO_ADDRESS, ACCEL_ZOUT_L);
    BUF[5]=mpu9250_readReg(GYRO_ADDRESS, ACCEL_ZOUT_H);
    accelZ = (BUF[5]<<8)|BUF[4];
    *z = accelZ / 1640.0f;
}
```

（5）读取三轴陀螺仪的 X、Y 和 Z 轴的坐标值。代码如下：

```
void read_mpu9250Gyro(float *x, float *y, float *z)
{
    char BUF[6];
    short gyroX = 0, gyroY = 0, gyroZ = 0;
```

```
BUF[0]=mpu9250_readReg(GYRO_ADDRESS, GYRO_XOUT_L);
BUF[1]=mpu9250_readReg(GYRO_ADDRESS, GYRO_XOUT_H);
gyroX = (BUF[1]<<8)|BUF[0];
*x = gyroX / 16.4;

BUF[2]=mpu9250_readReg(GYRO_ADDRESS, GYRO_YOUT_L);
BUF[3]=mpu9250_readReg(GYRO_ADDRESS, GYRO_YOUT_H);
gyroY =(BUF[3]<<8)|BUF[2];
*y = gyroY / 16.4;

BUF[4]=mpu9250_readReg(GYRO_ADDRESS, GYRO_ZOUT_L);
BUF[5]=mpu9250_readReg(GYRO_ADDRESS, GYRO_ZOUT_H);
gyroZ = (BUF[5]<<8)|BUF[4];
*z = gyroZ / 16.4;
}
```

（6）读取三轴磁力传感器的 X、Y 和 Z 轴的坐标值。代码如下：

```
void read_mpu9250Mag(float *x, float *y, float *z)
{
    char BUF[6];
    short magX = 0, magY = 0, magZ = 0;
    mpu9250_writeReg(MAG_ADDRESS, 0x0A, 0x01);
    delay_ms(200);
    BUF[0]=mpu9250_readReg (MAG_ADDRESS, MAG_XOUT_L);
    BUF[1]=mpu9250_readReg (MAG_ADDRESS, MAG_XOUT_H);
    magX = (BUF[1]<<8)|BUF[0];

    BUF[2]=mpu9250_readReg(MAG_ADDRESS, MAG_YOUT_L);
    BUF[3]=mpu9250_readReg(MAG_ADDRESS, MAG_YOUT_H);
    magY = (BUF[3]<<8)|BUF[2];

    BUF[4]=mpu9250_readReg(MAG_ADDRESS, MAG_ZOUT_L);
    BUF[5]=mpu9250_readReg(MAG_ADDRESS, MAG_ZOUT_H);
    magZ = (BUF[5]<<8)|BUF[4];

    *x = magX;
    *y = magY;
    *z = magZ;
}
```

（7）计步算法。代码如下：

```
void mpu9250_step(float x, float y, float z)
{
    static float acc_input[64*2];
    static unsigned short acc_len = 0;
    float a = sqrt(x*x + y*y + z*z);
```

```
        acc_input[acc_len * 2] = a;
        acc_input[acc_len*2+1] = 0;
        acc_len++;
        if(acc_len == 64)
            acc_len = 0;
        if(acc_len == 0)
            mpu9250Struct.stepCount += stepcounting(acc_input);
}
```

（8）久坐算法。代码如下：

```
void mpu9250_sedentary(float x, float y, float z)
{
        static unsigned char lastStatus = 0;
        static unsigned int time = 0, count = 0;
        if(lastStatus == 1 && mpu9250Struct.sedentaryStatus == 0)
        {
            count = 0;
            time = 0;
        }
        float value = sqrt(x*x + y*y + z*z);
        if(value < 5)
        {
            count = 0;
            time = 0;
            mpu9250Struct.sedentaryStatus = 0;
        }
        else
            count++;
        if(count >= mpu9250Struct.sedentaryInterval)
        {
            count = 0;
            time++;
        }
        if(time >= mpu9250Struct.sedentaryTime)
        {
            mpu9250Struct.sedentaryStatus = 1;
        }
        lastStatus = mpu9250Struct.sedentaryStatus;
}
```

（9）睡眠算法。代码如下：

```
void mpu9250_sleep(float x, float y, float z)
{
        static float acc_input[64*2];
        static unsigned short acc_len = 0;
        float a = sqrt(x*x + y*y + z*z);                    //开平方根
```

```
acc_input[acc_len*2] = a;
acc_input[acc_len*2+1] = 0;
acc_len ++;
if (acc_len == 64)
acc_len = 0;
if(acc_len == 0)
sleepalg(acc_input);
}
```

（10）翻转算法。代码如下：

```
void mpu9250_turn(float GyroX, float AccelY, float AccelZ)
{
    static unsigned char count = 0, turnFlag = 0;
    if(mpu9250Struct.turnStatus == 0)
    {
        if(turnFlag)
        {
            count++;
            if(count >= 6)
            {
                count = 0;
                turnFlag = 0;
            }
        }
        if(GyroX > 200 && turnFlag == 0)
        {
            turnFlag = 1;
        }
        else if(AccelY > 8 && AccelZ < 1 && turnFlag)
        {
            mpu9250Struct.turnStatus = 1;
            turnFlag = 0;
        }
    }
}
```

（11）调用算法。代码如下：

```
int run_mpu9250_arithmetic(void)
{
    if(mpu9250Struct.stepEnable || mpu9250Struct.sedentaryEnable || mpu9250Struct.sleepEnable || mpu9250Struct.turnEnable)
    {
        float accelX, accelY, accelZ;
        unsigned char runStatus = 0;
        read_mpu9250Accel(&accelX, &accelY, &accelZ);
        if(mpu9250Struct.stepEnable)
```

```
                {
                    mpu9250_step(accelX, accelY, accelZ);
                    runStatus |= 0x01;
                }
                if(mpu9250Struct.sedentaryEnable)
                {
                    mpu9250_sedentary(accelX, accelY, accelZ);
                    runStatus |= 0x02;
                }
                if(mpu9250Struct.sleepEnable)
                {
                    mpu9250_sleep(accelX, accelY, accelZ);
                    runStatus |= 0x04;
                }
                if(mpu9250Struct.turnEnable)
                {
                    float gyroX, gyroY, gyroZ;
                    read_mpu9250Gyro(&gyroX, &gyroY, &gyroZ);
                    mpu9250_turn(gyroX, accelY, accelZ);
                    runStatus |= 0x08;
                }
                return runStatus;
        }
        else
        return -1;
}
```

（12）调用算法接口。代码如下：

```
sleep sleepStruct = {0, 0, 0};
static unsigned int sleepalg_cnt = 0;                    //睡眠计时
static uint32_t sec = 0;                                 //秒
static uint32_t sleep_start = 0;                         //睡眠开始
static uint32_t sleep_deep_start = 0;                    //深度睡眠开始
static long total_step_cnt = 0;                          //总步数记数
//频率分辨率  0.390625Hz 范围为 0～12.5 Hz
#define STEP_N          64                               //采样个数
#define STEP_Fs         10                               //采样频率
#define STEP_F_P        (((float)STEP_Fs)/STEP_N)
/********************************************************************************
* 函数名称：void sleep_enter()
* 函数功能：进入睡眠
********************************************************************************/
void sleep_enter()
{
    sleepStruct.sleep_time = 0;                          //记录开始睡眠时间
    sleepStruct.sleep_deep = 0;                          //记录深度随眠时长，单位为 s
    sleepStruct.turnover_cnt = 0;                        //记录翻身次数
```

```
        sleepalg_cnt = 0;                                          //睡眠计时
        sleep_start = 0;                                           //睡眠开始
        sleep_deep_start = 0;                                      //深度睡眠开始
        sec = 0;                                                   //秒
        mpu9250Config mpu9250Struct;
        mpu9250Struct = get_mpu9250Info();
        mpu9250Struct.sleepEnable = 1;
        set_mpu9250Config(mpu9250Struct);
}
/*******************************************************************************
* 函数名称：void sleep_leave()
* 函数功能：睡眠结束
*******************************************************************************/
void sleep_leave()
{
        mpu9250Config mpu9250Struct;
        mpu9250Struct = get_mpu9250Info();
        mpu9250Struct.sleepEnable = 0;
        set_mpu9250Config(mpu9250Struct);
}
/*******************************************************************************
* 函数名称：void sleepalg(float32_t* test_f32)
* 函数功能：睡眠程序
*******************************************************************************/
void sleepalg(float32_t* test_f32)
{
        uint32_t ifftFlag = 0;                                     //傅里叶逆变换标志位
        uint32_t doBitReverse = 1;                                 //翻转位
        float32_t testOutput[SLEEP_N/2];                           //定义输出数组
        uint32_t i;
        arm_cfft_f32(&arm_cfft_sR_f32_len64, test_f32, ifftFlag, doBitReverse);   //傅里叶变换
        arm_cmplx_mag_f32(test_f32, testOutput, SLEEP_N/2);
        int sa = 0;
        float ma = 0;
        int mi = 0;
        for (i=0; i<SLEEP_N/2; i++) {
                float a = testOutput[i];
                if (i == 0) a = testOutput[i]/(SLEEP_N);
                else a = testOutput[i]/(SLEEP_N/2);
                if (i != 0) {
                        if (a < 0.2) sa += 1;
                        if (a > ma) {
                                ma = a;
                                mi = i;
                        }
                }
        }
}
```

```
        if (sa >= SLEEP_N/2 - 5)        sleepalg_cnt += 1;
        else sleepalg_cnt = 0;
        sec += 6;                                        //6.4 秒调用 1 次
        if (sleep_start == 0 && sleepalg_cnt > 1*60/6) {   //持续 1 min，进入睡眠状态
            sleep_start = sec;
        }
        if (sleep_deep_start == 0 && sleepalg_cnt > 15*60/6) {   //持续 15 min，进入深度睡眠
            sleep_deep_start = sec;
        }
        if (sleep_start != 0) {                          //睡眠开始
            sleepStruct.sleep_time += (sec - sleep_start);
            sleep_start = sec;
        }
        if (sleep_deep_start != 0) {                     //深度睡眠开始
            if (sleepalg_cnt > 10*3) {
                sleepStruct.sleep_deep += (sec - sleep_deep_start);
                sleep_deep_start = sec;
            } else sleep_deep_start = 0;
        }
        if (sleepalg_cnt == 0) {                         //睡眠计时
        }
        if (sleepStruct.sleep_time!=0 && sleepalg_cnt == 0 && mi >= 1 && ma >= 0.6f) {
            sleepStruct.turnover_cnt += 1;               //翻身计数
        }
}
sleep get_sleepStruct(void)
{
    return sleepStruct;
}
int stepGet(void)
{
    return total_step_cnt;
}
/*******************************************************************************
* 函数名称：int stepcounting(float32_t* test_f32)
* 函数功能：步数计算函数
*******************************************************************************/
int stepcounting(float32_t* test_f32)
{
    uint32_t ifftFlag = 0;                               //傅里叶逆变换标志位
    uint32_t doBitReverse = 1;                           //翻转标志位
    float32_t testOutput[STEP_N/2];                      //输出数组
    uint32_t i;
    arm_cfft_f32(&arm_cfft_sR_f32_len64, test_f32, ifftFlag, doBitReverse);   //傅里叶变换
    arm_cmplx_mag_f32(test_f32, testOutput, STEP_N/2);
    float max = 0;
    uint32_t mi = 0;
```

```
for (i=0; i<STEP_N/2; i++) {
    float a = testOutput[i];
    if (i == 0) a = testOutput[i]/(STEP_N);
    else a = testOutput[i]/(STEP_N/2);
    if (i != 0 && a > max && i*STEP_F_P <= 5.4f) {
        mi = i;
        max = a;
    }
}
if (max > 1.5) {
    int sc = 0;
    sc = (int)(mi * STEP_F_P * (1.0/STEP_Fs)*STEP_N);
    if (sc >= 3 && sc < 30) {
        return sc;
    }
}
return 0;
}
```

2．振动模块的驱动开发

1）硬件连接

运动手环的振动模块采用 1027 型扁平马达，其硬件连接如图 4.13 所示，1027 型扁平马达的 **M_PWM** 引脚连接到微处理器（STM32F407）的 PB0 引脚，当微处理器的 PB0 引脚输出低电平时，MOS 管截止，1027 型扁平马达不工作；当微处理器的 PB0 引脚输出高电平时，MOS 管导通，1027 型扁平马达工作。

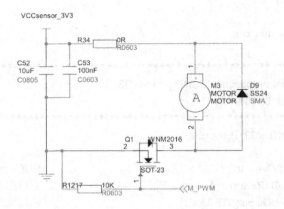

图 4.13　1027 型扁平马达的硬件连接振动模块原理图

2）驱动函数分析

1027 型扁平马达的驱动函数如表 4.6 所示。

表 4.6　振动模块驱动函数

函 数 名 称	函 数 说 明
void shake_init(void)	功能：初始化 1027 型扁平马达
void shake_control(unsigned char cmd)	功能：1027 型扁平马达的开关控制。参数：cmd 表示控制指令，1 表示打开，0 表示关闭

（1）初始化 1027 型扁平马达。代码如下：

```
void shake_init(void)
{
    GPIO_InitTypeDef GPIO_InitStruct;
    RCC_AHB1PeriphClockCmd(SHAKE_RCC, ENABLE);

    GPIO_InitStruct.GPIO_Pin = SHAKE_PIN;
    GPIO_InitStruct.GPIO_Mode = GPIO_Mode_OUT;
    GPIO_InitStruct.GPIO_OType = GPIO_OType_PP;
    GPIO_InitStruct.GPIO_PuPd = GPIO_PuPd_NOPULL;
    GPIO_InitStruct.GPIO_Speed = GPIO_Low_Speed;

    GPIO_Init(SHAKE_GPIO, &GPIO_InitStruct);
    shake_control(0x00);
}
```

（2）1027 型扁平马达的开关控制。代码如下：

```
void shake_control(unsigned char cmd)
{
    if(cmd)
    GPIO_SetBits(SHAKE_GPIO, SHAKE_PIN);
    else
    GPIO_ResetBits(SHAKE_GPIO, SHAKE_PIN);
}
```

3．光电心率传感器的驱动开发

1）硬件连接

运动手环的光电心率传感器采用 MAX30102A 型光电心率传感器，其硬件连接如图 4.14 所示，该传感器通过 I2C 与微处理器（STM32F407）进行通信，其 SCL 引脚连接到微处理器的 PB9 引脚，SDL 引脚连接到微处理器的 PB8 引脚，HEARTINT 引脚连接到微处理器的 PD12 引脚。

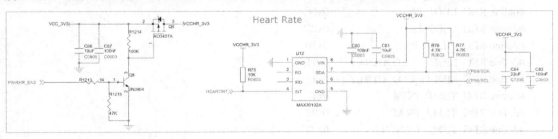

图 4.14　光电心率传感器原理图

2）驱动函数分析

MAX30102A 型光电心率传感器是通过 I2C 总线驱动的，其驱动函数如表 4.7 所示。

表 4.7　MAX30102A 型光电心率传感器的驱动函数

函 数 名 称	函 数 说 明
bool maxim_max30102_write_reg(uint8_t uch_addr, uint8_t uch_data)	功能：通过 I2C 总线向 MAX30102A 型光电心率传感器的寄存器写入数据。参数：uch_addr 表示寄存器地址，uch_data 表示写入的数据
bool maxim_max30102_read_reg(uint8_t uch_addr, uint8_t *puch_data)	功能：通过 I2C 总线从 MAX30102A 型光电心率传感器的寄存器读取数据。参数：uch_addr 表示寄存器地址，*puch_data 表示读取的数据。返回值：读取状态，true 表示成功，false 表示失败
bool maxim_max30102_init(void)	功能：初始化 MAX30102A 型光电心率传感器
bool maxim_max30102_read_fifo(uint32_t *pun_red_led, uint32_t *pun_ir_led)	功能：通过 I2C 总线从 MAX30102A 型光电心率传感器的寄存器读取一组数据。参数：* pun_red_led 表示存储红色 LED 读取数据的指针，* pun_ir_led 表示存储 IR LED 读取数据的指针。返回值：1 表示读取成功，0 表示读取失败
bool maxim_max30102_reset()	功能：重置 MAX30102A 型光电心率传感器

（1）相关宏定义如下：

```
#define I2C_WR        0           //写控制位
#define I2C_RD        1           //读控制位

#define I2C_WRITE_ADDR       0xAE
#define I2C_READ_ADDR        0xAF

//寄存器地址
#define REG_INTR_STATUS_1        0x00
#define REG_INTR_STATUS_2        0x01
#define REG_INTR_ENABLE_1        0x02
#define REG_INTR_ENABLE_2        0x03
#define REG_FIFO_WR_PTR          0x04
#define REG_OVF_COUNTER          0x05
#define REG_FIFO_RD_PTR          0x06
#define REG_FIFO_DATA            0x07
#define REG_FIFO_CONFIG          0x08
#define REG_MODE_CONFIG          0x09
#define REG_SPO2_CONFIG          0x0A
#define REG_LED1_PA              0x0C
#define REG_LED2_PA              0x0D
#define REG_PILOT_PA             0x10
#define REG_MULTI_LED_CTRL1      0x11
#define REG_MULTI_LED_CTRL2      0x12
#define REG_TEMP_INTR            0x1F
#define REG_TEMP_FRAC            0x20
#define REG_TEMP_CONFIG          0x21
#define REG_PROX_INT_THRESH      0x30
#define REG_REV_ID               0xFE
```

```
#define REG_PART_ID                    0xFF
```

（2）通过 I2C 总线向 MAX30102A 型光电心率传感器的寄存器写入数据。代码如下：

```
bool maxim_max30102_write_reg(uint8_t uch_addr, uint8_t uch_data)
{
    //第 1 步：发起 I2C 总线开始信号
    I2C_Start();
    //第 2 步：发起控制字节，高 7 位是地址，bit0 是读写控制位，0 表示写，1 表示读
    I2C_WriteByte(max30102_WR_address | I2C_WR);           //此处是写指令
    //第 3 步：发送 ACK
    if (I2C_WaitAck() != 0)
    {
        goto cmd_fail;          //EEPROM 器件无应答
    }
    //第 4 步：发送字节地址
    I2C_WriteByte(uch_addr);
    if (I2C_WaitAck() != 0)
    {
        goto cmd_fail;          //EEPROM 器件无应答
    }
    //第 5 步：开始写入数据
    I2C_WriteByte(uch_data);
    //第 6 步：发送 ACK
    if (I2C_WaitAck() != 0)
    {
        goto cmd_fail;          //EEPROM 器件无应答
    }
    //发送 I2C 总线停止信号
    I2C_Stop();
    return true;                //执行成功
cmd_fail:                       //命令执行失败后，切记发送停止信号，避免影响 I2C 总线上其他设备
    I2C_Stop();                 //发送 I2C 总线停止信号
    return false;
}
```

（3）通过 I2C 总线从 MAX30102A 型光电心率传感器的寄存器读取数据。

```
bool maxim_max30102_read_reg(uint8_t uch_addr, uint8_t *puch_data)
{
    //第 1 步：发起 I2C 总线开始信号
    I2C_Start();
    //第 2 步：发起控制字节，高 7 位是地址，bit0 是读写控制位，0 表示写，1 表示读
    I2C_WriteByte(max30102_WR_address | I2C_WR);           //此处是写指令
    //第 3 步：发送 ACK
    if (I2C_WaitAck() != 0)
    {
        goto cmd_fail;                                     //EEPROM 器件无应答
```

```
    }
    //第 4 步：发送字节地址
    I2C_WriteByte((uint8_t)uch_addr);
    if (I2C_WaitAck() != 0)
    {
        goto cmd_fail;                          //EEPROM 器件无应答
    }
    //第 6 步：重新启动 I2C 总线，下面开始读取数据
    I2C_Start();
    //第 7 步：发起控制字节，高 7 位是地址，bit0 是读写控制位，0 表示写，1 表示读
    I2C_WriteByte(max30102_WR_address | I2C_RD);  //此处是读指令
    //第 8 步：发送 ACK
    if (I2C_WaitAck() != 0)
    {
        goto cmd_fail;                          //EEPROM 器件无应答
    }
    //第 9 步：读取数据
    {
        *puch_data = I2C_ReadByte();            //读取 1 个字节的数据

        I2C_NoAck();            //最后 1 个字节数据读取完成后，CPU 产生 NACK 信号（SDA = 1）
    }
    //发送 I2C 总线停止信号
    I2C_Stop();
    return true;                //执行成功，返回 data 值
cmd_fail:                       //命令执行失败后，切记发送停止信号，避免影响 I2C 总线上其他设备
    I2C_Stop();                 //发送 I2C 总线停止信号

    return false;
}
```

（3）初始化 MAX30102A 型光电心率传感器

```
bool maxim_max30102_init(void)
{
    if(!maxim_max30102_write_reg(REG_INTR_ENABLE_1, 0xc0))
        return false;
    if(!maxim_max30102_write_reg(REG_INTR_ENABLE_2, 0x00))
        return false;
    if(!maxim_max30102_write_reg(REG_FIFO_WR_PTR, 0x00))
        return false;
    if(!maxim_max30102_write_reg(REG_OVF_COUNTER, 0x00))
        return false;
    if(!maxim_max30102_write_reg(REG_FIFO_RD_PTR, 0x00))
        return false;
    if(!maxim_max30102_write_reg(REG_FIFO_CONFIG, 0x6f))
        return false;
    if(!maxim_max30102_write_reg(REG_MODE_CONFIG, 0x03))
```

```
        return false;
    if(!maxim_max30102_write_reg(REG_SPO2_CONFIG, 0x2F))
        return false;
    if(!maxim_max30102_write_reg(REG_LED1_PA, 0x17))
        return false;
    if(!maxim_max30102_write_reg(REG_LED2_PA, 0x17))
        return false;
    if(!maxim_max30102_write_reg(REG_PILOT_PA, 0x7f))
        return false;
    return true;
}
```

（4）通过 I2C 总线从 MAX30102A 型光电心率传感器的寄存器读取一组实例。

```
bool maxim_max30102_read_fifo(uint32_t *pun_red_led, uint32_t *pun_ir_led)
{
    uint32_t un_temp;
    uint8_t uch_temp;
    *pun_ir_led = 0;
    *pun_red_led = 0;
    maxim_max30102_read_reg(REG_INTR_STATUS_1, &uch_temp);
    maxim_max30102_read_reg(REG_INTR_STATUS_2, &uch_temp);
    //第 1 步：发起 I2C 总线开始信号
    I2C_Start();
    //第 2 步：发起控制字节，高 7 位是地址，bit0 是读写控制位，0 表示写，1 表示读
    I2C_WriteByte(max30102_WR_address | I2C_WR);         //此处是写指令
    //第 3 步：发送 ACK
    if (I2C_WaitAck() != 0)
    {
        goto cmd_fail;                                   //EEPROM 器件无应答
    }
    //第 4 步：发送字节地址
    I2C_WriteByte((uint8_t)REG_FIFO_DATA);
    if (I2C_WaitAck() != 0)
    {
        goto cmd_fail;                                   //EEPROM 器件无应答
    }
    //第 6 步：重新启动 I2C 总线，下面开始读取数据
    I2C_Start();
    //第 7 步：发起控制字节，高 7 位是地址，bit0 是读写控制位，0 表示写，1 表示读
    I2C_WriteByte(max30102_WR_address | I2C_RD);         //此处是读指令
    //第 8 步：发送 ACK
    if (I2C_WaitAck() != 0)
    {
        goto cmd_fail;                                   //EEPROM 器件无应答
    }
    un_temp = I2C_ReadByte();
    I2C_Ack();
```

```
        un_temp <<= 16;
        *pun_red_led += un_temp;
        un_temp = I2C_ReadByte();
        I2C_Ack();
        un_temp <<= 8;
        *pun_red_led += un_temp;
        un_temp = I2C_ReadByte();
        I2C_Ack();
        *pun_red_led += un_temp;

        un_temp = I2C_ReadByte();
        I2C_Ack();
        un_temp <<= 16;
        *pun_ir_led += un_temp;
        un_temp = I2C_ReadByte();
        I2C_Ack();
        un_temp <<= 8;
        *pun_ir_led += un_temp;
        un_temp = I2C_ReadByte();
        I2C_Ack();
        *pun_ir_led += un_temp;
        *pun_red_led &= 0x03FFFF;                        //Mask MSB [23:18]
        *pun_ir_led &= 0x03FFFF;                         //Mask MSB [23:18]

        //发送 I2C 总线停止信号
        I2C_Stop();
        return true;
    cmd_fail:                  //命令执行失败后，切记发送停止信号，避免影响 I2C 总线上其他设备
        I2C_Stop();            //发送 I2C 总线停止信号
        return false;
}
```

（5）重置 MAX30102A 型光电心率传感器。

```
bool maxim_max30102_reset()
{
    if(!maxim_max30102_write_reg(REG_MODE_CONFIG, 0x40))
    return false;
    else
    return true;
}
```

4.2.3　HAL 层驱动程序运行测试

1. 九轴传感器的驱动测试

将本书配套资源中"Sport-HAL"目录下"Sport"的文件夹复制到"contiki-3.0\zonesion\

ZMagic"中。打开工程文件，编译代码后将生成的文件下载到运动手环板卡上，在 handle.c 文件中找到 PROCESS_THREAD(handle, ev, data)进程函数，在该函数中设置断点，如图 4.15 所示，将变量 showStatus 添加到 Watch 1 窗口，通过按 K2 按键可将程序跳转到断点处，此时可进入 motion 指向的进程。

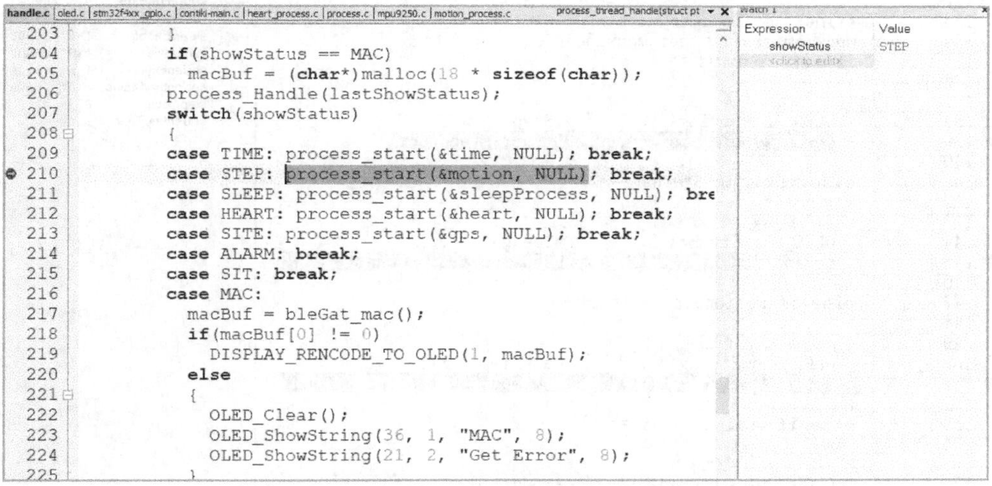

图 4.15　在 PROCESS_THREAD(handle, ev, data)进程函数中设置断点

进入 motion 指向的进程函数 PROCESS_THREAD(motion, ev, data)后设置断点（共设置了 4 个断点），如图 4.16 所示，将变量 motionStatus 添加到 Watch 1 窗口，通过按 K3 按键可将程序跳转到第 1 个断点处，此时可查看到当前步数为 88。

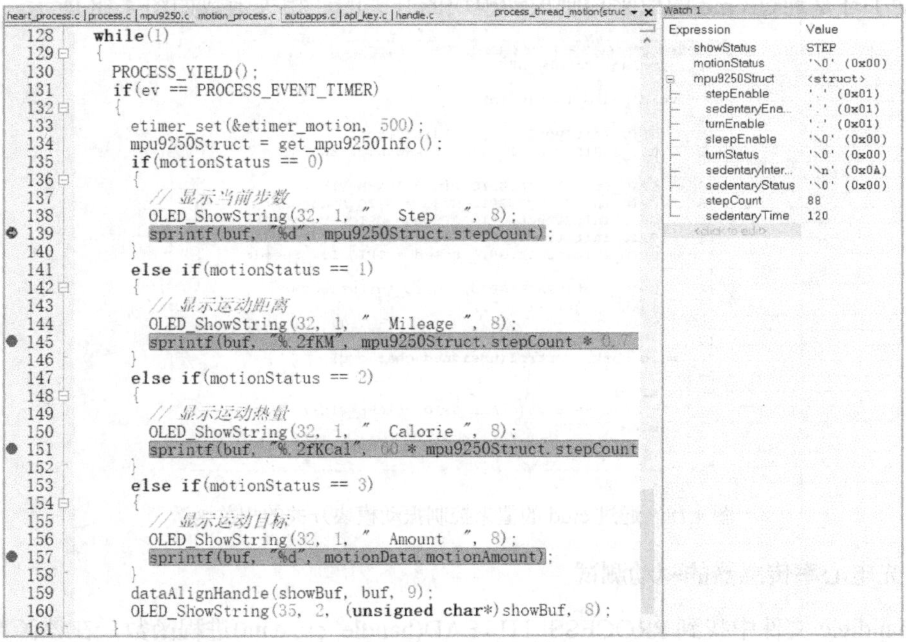

图 4.16　在 PROCESS_THREAD(motion, ev, data)进程函数中设置断点

继续按 K3 按键，当程序跳转到第 2 个断点处时，可计算出运动距离，如图 4.17 所示。

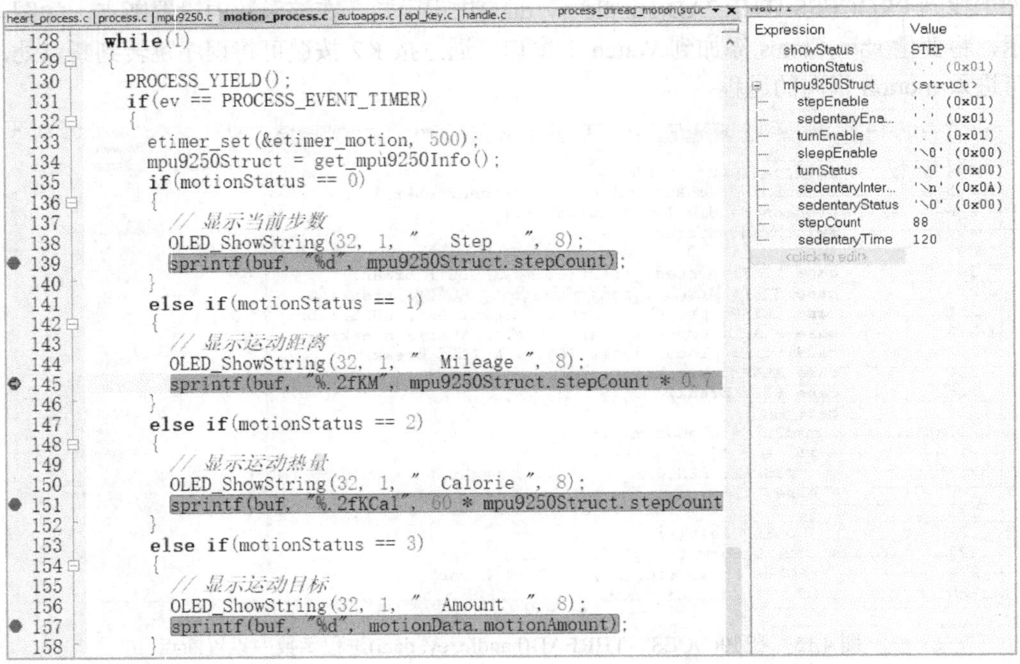

```
while(1)
{
  PROCESS_YIELD();
  if(ev == PROCESS_EVENT_TIMER)
  {
    etimer_set(&etimer_motion, 500);
    mpu9250Struct = get_mpu9250Info();
    if(motionStatus == 0)
    {
      // 显示当前步数
      OLED_ShowString(32, 1, "    Step    ", 8);
      sprintf(buf, "%d", mpu9250Struct.stepCount);
    }
    else if(motionStatus == 1)
    {
      // 显示运动距离
      OLED_ShowString(32, 1, "  Mileage  ", 8);
      sprintf(buf, "%.2fKM", mpu9250Struct.stepCount * 0.7
    }
    else if(motionStatus == 2)
    {
      // 显示运动热量
      OLED_ShowString(32, 1, "  Calorie  ", 8);
      sprintf(buf, "%.2fKCal", 60 * mpu9250Struct.stepCount
    }
    else if(motionStatus == 3)
    {
      // 显示运动目标
      OLED_ShowString(32, 1, "  Amount  ", 8);
      sprintf(buf, "%d", motionData.motionAmount);
    }
```

Expression	Value
showStatus	STEP
motionStatus	'.' (0x01)
mpu9250Struct	<struct>
stepEnable	'.' (0x01)
sedentaryEna...	'.' (0x01)
turnEnable	'.' (0x01)
sleepEnable	'\0' (0x00)
turnStatus	'\0' (0x00)
sedentaryInter...	'\n' (0x0A)
sedentaryStatus	'\0' (0x00)
stepCount	88
sedentaryTime	120

图 4.17　在第 2 个断点处计算运动距离

2．振动模块的驱动测试

运动手环是通过 cmd 的值来控制振动模块的开关的，相关函数如图 4.18 所示。

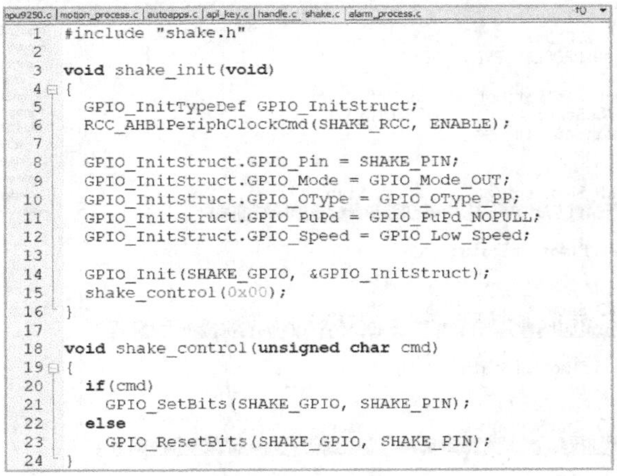

```
#include "shake.h"

void shake_init(void)
{
  GPIO_InitTypeDef GPIO_InitStruct;
  RCC_AHB1PeriphClockCmd(SHAKE_RCC, ENABLE);

  GPIO_InitStruct.GPIO_Pin = SHAKE_PIN;
  GPIO_InitStruct.GPIO_Mode = GPIO_Mode_OUT;
  GPIO_InitStruct.GPIO_OType = GPIO_OType_PP;
  GPIO_InitStruct.GPIO_PuPd = GPIO_PuPd_NOPULL;
  GPIO_InitStruct.GPIO_Speed = GPIO_Low_Speed;

  GPIO_Init(SHAKE_GPIO, &GPIO_InitStruct);
  shake_control(0x00);
}

void shake_control(unsigned char cmd)
{
  if(cmd)
    GPIO_SetBits(SHAKE_GPIO, SHAKE_PIN);
  else
    GPIO_ResetBits(SHAKE_GPIO, SHAKE_PIN);
}
```

图 4.18　通过 cmd 的值来控制振动模块开关的相关函数

3．光电心率传感器的驱动测试

在 handle.c 文件中找到 PROCESS_THREAD(handle, ev, data)进程函数，在该函数中设置断点，如图 4.19 所示，将变量 showStatus 添加到 Watch 1 窗口，通过按 K2 按键可将程序跳转到断点处，此时可进入 heart 指向的进程。

```
switch(showStatus)
{
case TIME: process_start(&time, NULL); break;
case STEP: process_start(&motion, NULL); break;
case SLEEP: process_start(&sleepProcess, NULL); break;
case HEART: process_start(&heart, NULL); break;
case SITE: process_start(&gps, NULL); break;
case ALARM: break;
case SIT: break;
case MAC:
  macBuf = bleGat_mac();
  if(macBuf[0] != 0)
    DISPLAY_RENCODE_TO_OLED(1, macBuf);
  else
  {
    OLED_Clear();
    OLED_ShowString(36, 1, "MAC", 8);
    OLED_ShowString(21, 2, "Get Error", 8);
  }
  break;
```

图 4.19　在 PROCESS_THREAD(handle, ev, data)进程函数中设置断点

进入 heart 指向的进程函数 PROCESS_THREAD(heart, ev, data)后设置断点，如图 4.20 所示，当程序运行到断点处时可调用 HR_prepare()函数。

```
PROCESS_THREAD(heart, ev, data)
{
  uint8_t uch_dummy;
  PROCESS_BEGIN();
  heart_SetEn(1);
  set_mpu9250_enableStatus(get_mpu9250_enableStatus() & ~0x02);
  heartPrepare = 0;
  maxim_max30102_reset();
  maxim_max30102_read_reg(REG_INTR_STATUS_1, &uch_dummy); //Reads/clears the in
  maxim_max30102_init();
  if(get_showStatus() == HEART)
    OLED_drawBmp(0, 1, HEART-2);
  etimer_set(&etimer_heart, 100);
  while(1)
  {
    PROCESS_YIELD();
    if(ev == PROCESS_EVENT_TIMER)
    {
      etimer_set(&etimer_heart, 5);
      if(heartPrepare == 0)
        HR_prepare();
      else
        HR_poll();
      if(hrAvg/100 != 0)
        oled_showTimeNum(42, 1, hrAvg/100);
      else
        oled_showTimeNum(42, 1, 11);
      if(hrAvg/10%10 != 0 || hrAvg/100 != 0)
        oled_showTimeNum(52, 1, hrAvg/10%10);
      else
        oled_showTimeNum(52, 1, 11);
      oled_showTimeNum(62, 1, hrAvg%10);
    }
```

图 4.20　在 PROCESS_THREAD(heart, ev, data)进程函数中设置断点（用于获取原始数据）

在 HR_prepare()函数中设置断点，如图 4.21 所示，将数组 aun_ir_buffer[]和 aun_red_buffer[]添加到 Watch 1 窗口，当程序运行到断点处时，将手指放在光电心率传感器上，此时可获取传感器采集到的原始数据（心率值）。

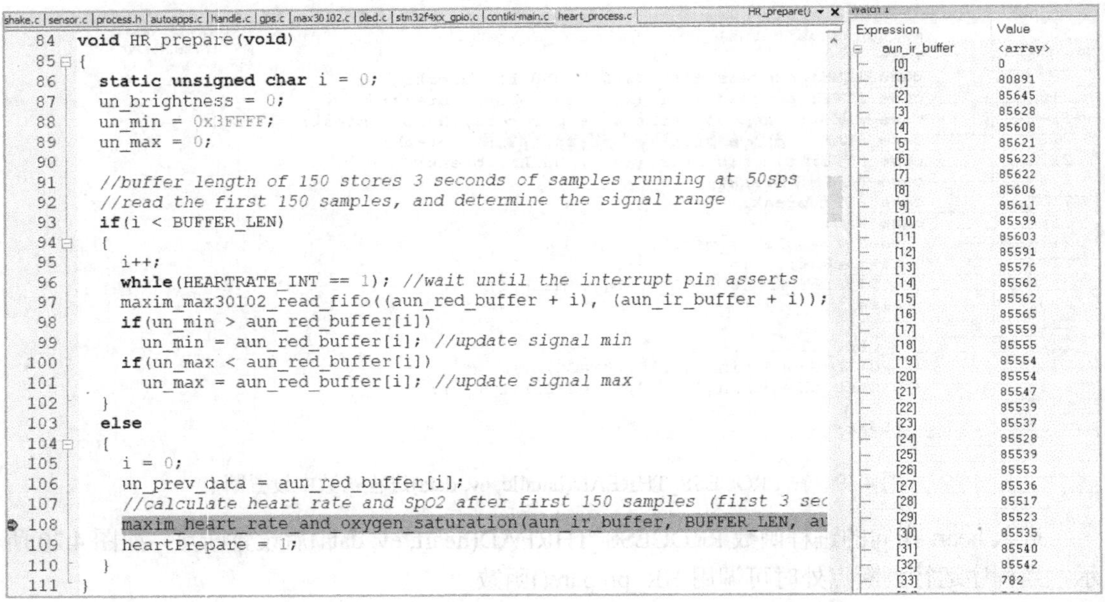

图 4.21　在 HR_prepare()函数中设置断点

进入 heart 指向的进程函数 PROCESS_THREAD(heart, ev, data)后设置断点，如图 4.22 所示，当程序运行到断点处时可进入 HR_poll()函数，以便对采集的原始数据进行处理。

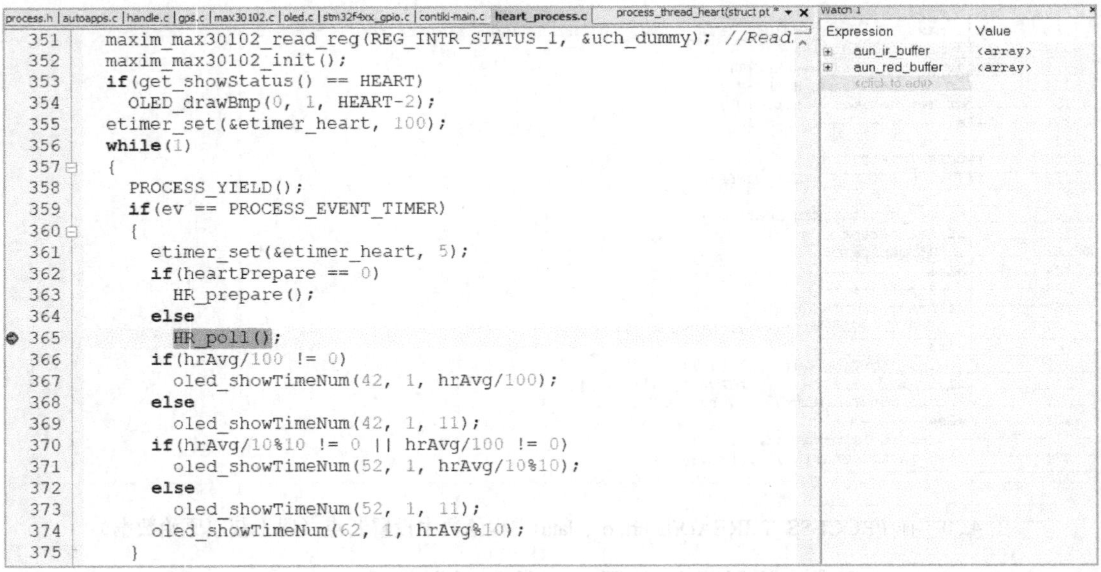

图 4.22　在 PROCESS_THREAD(heart, ev, data)进程函数中设置断点（用于处理原始数据）

在 HR_poll()函数设置断点，如图 4.23 所示（设置了 4 个断点，限于图的大小，仅显示了前 3 个断点），添加变量 hrAvg 到 Watch 1 窗口。

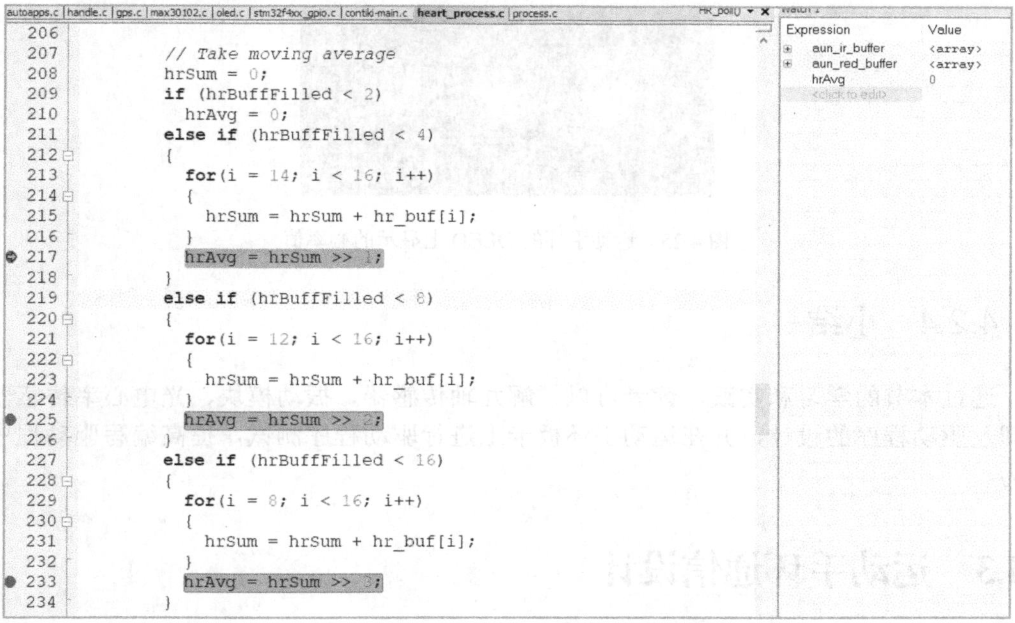

图 4.23　数据处理

当程序运行到第 1 个断点处时，将手指放在光电心率传感器上，此时可以读取到变量 hrAvg 的值（心率值），如图 4.24 所示。

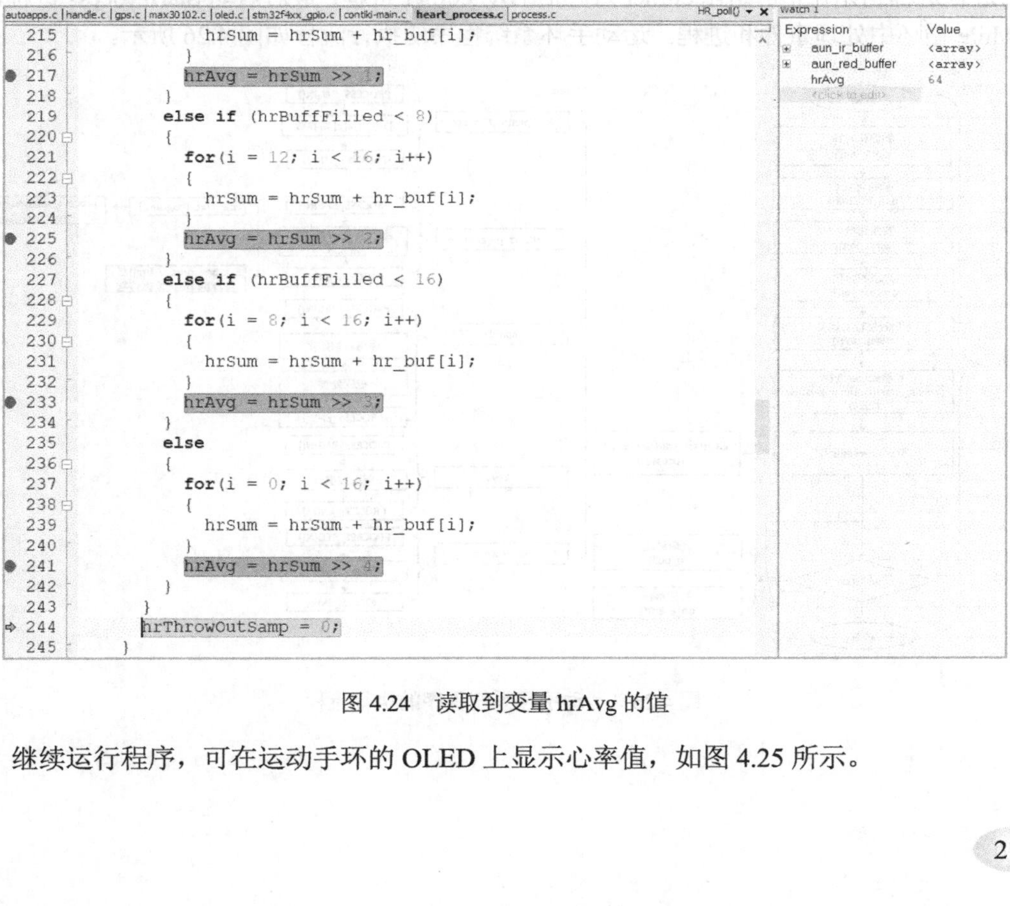

图 4.24　读取到变量 hrAvg 的值

继续运行程序，可在运动手环的 OLED 上显示心率值，如图 4.25 所示。

图 4.25　运动手环的 OLED 上显示的心率值

4.2.4　小结

通过本节的学习和实践，读者可以了解九轴传感器、振动模块、光电心率传感器的原理及驱动程序的设计，并在运动手环板卡上进行驱动程序测试，提高编写驱动程序的能力。

4.3　运动手环通信设计

4.3.1　框架总体分析

运动手环系统程序是从 main 函数开始执行的，首先进行时钟、ADC、串口的初始化；然后进行进程初始化，初始化 ctimer 进程后启动 etimer 进程；最后启动 StartProcess 进程，进入 while 循环中处理事件和进程。运动手环系统程序的执行流程如图 4.26 所示。

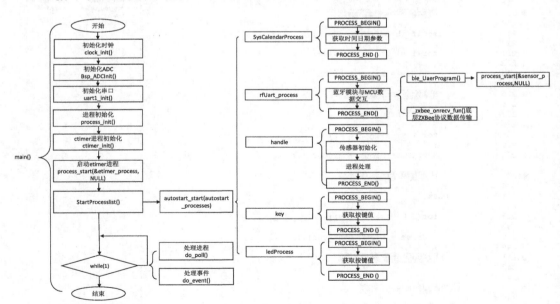

图 4.26　运动手环系统程序的执行流程

4.3.2 数据通信协议设计

运动手环具有记录步数、绘制运动轨迹、检测睡眠质量、监测实时心率、查询历史数据等功能，这些功能的实现必然会有数据在运动手环、智云平台（智云服务器）和运动手环应用 App 之间流动。要实现数据的流动，就必须按照一定的协议（数据通信协议）来发送和接收这些数据。运动手环的数据通信协议如表 4.8 所示。

表 4.8 运动手环的数据通信协议

参　　数	含　　义	权　限	说　　明
A0	GPS 坐标	R	字符串，格式为"{A0=纬度&经度}"
A1	翻身次数	R	用户进入睡眠后的翻身次数
A2	心率	R	用户的心率
A3	步数	R	整型数据，表示记录的步数
A4	睡眠时间	R	用户的睡眠时间
A7	电池电量	R	浮点型数据，表示电池的剩余电量，用百分比表示
D0(OD0/CD0)	主动上报使能	R/W	D0 的 bit0~bit4 和 bit7 分别表示 A0~A4 和 A7 是否可以主动上报，0 表示不允许主动上报，1 表示允许主动上报
D1(OD1/CD1)	开关控制	R/W	bit0 表示振动开关，0 表示关，1 表示开；bit1 和 bit2 表示三色灯状态，01 表示运动状态，10 表示睡眠状态，00 和 11 熄灭；bit3 表示心率开关，0 表示关闭，1 表示打开
V0	主动上报时间间隔	R/W	表示 A0~A4 和 A7 主动上报的时间间隔，单位为 s
V1	时间日期	R/W	格式为"{V1=2020/06/15/1/14/25}"，其含义是年/月/日/星期/时/分，0 表示星期日
V2	闹钟	R/W	格式为"{V2=1/1/128/13/25}"，其含义是闹钟序号/开关/提醒星期/时/分，其中开关为 1 表示打开闹钟，开关为 0 表示关闭闹钟；提醒星期使用位操作，bit0~bit6 分别对应星期日~星期六，1 表示该天打开闹钟，0 表示该天关闭闹钟
V3	运动目标	R/W	每日运动量目标
V4	时间段	R/W	格式为"{V4=22/00&08/00&09/00&10/00}"，表示晚上 22:00-8:00 为睡眠时间，上午 09:00-10:00 为运动时间
V5	模式设置	R/W	格式为"{V5=0}"，0 表示自动模式，1 表示普通模式，2 表示运动模式，3 表示睡眠模式
V7	自定义数据	R/W	格式为"{V7=type/length/indexMax/index/data}"，其含义是数据类型/数据包长度/数据分包大小/数据分包时的序号/数据，主要用于语音和图片数据的传输

参数 V1~V3 分别表示时间日期、闹钟和运动目标，运动手环应用 App 可以通过云平台（智云服务器）来获取运动手环中的时间日期、闹钟和运动目标，在运动手环应用 App 中也可以设置运动手环的时间日期、闹钟和运动目标；V4 表示运动手环中设置的运动模式和睡眠模式的时间段，"{V4=22/00&08/00&09/00&10/00}"表示晚上 22.00~次日 8:00 为睡眠时间，9:00~10:00 为运动时间；V5 表示模式设置，可通过发送"{V5=0}"设置为自动模式，0 表示自动模式，1 表示普通模式，2 表示运动模式，3 表示睡眠模式；V7 为自定义数据，用于

传输语音图片数据。

参数 A0 表示 GPS 坐标，A1 表示翻身次数，A2 表示心率值，A3 表示步数，A4 表示睡眠时间，A7 表示电池电量。

4.3.3 智云框架

运动手环是基于物联网四层架构来开发的，其中应用层的开发采用智云框架进行，相关函数放在 sensor.c 文件中实现。智云框架的函数如表 4.9 所示。

表 4.9 智云框架的函数

函 数 名 称	函 数 说 明
sensorInit()	初始化传感器
sensor_poll ()	轮询传感器，并主动上报传感器采集的数据
sensor_check()	周期性检查函数，可设定轮询时间
z_process_command_call ()	处理上层应用发送的指令

传感器数据的远程采集功能是在无线传感器网络的基础上来实现的，在构建无线传感器网络后，智云框架首先会对无线节点携带的传感器进行初始化；然后对系统任务进行初始化，每次执行系统任务都会读取一次传感器采集的数据；接着将传感器采集的数据添加到数据通信协议中，并数据通过无线传感器网络发送到协调器；最后有应用程序通过云平台（智云服务器）来调用这些数据。为了保证传感器采集到的数据的实时性，还需要根据实际的应用来设置数据上报的时间间隔，如每分钟上报一次传感器采集的数据。智云框架的执行流程如图 4.27 所示。

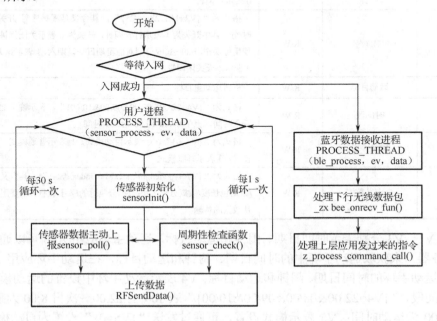

图 4.27 智云框架的执行流程

智云框架执行的相关代码如下：

```
/*****************************************************************************
* 函数名称：z_process_command_call()
* 函数功能：处理上层应用发过来的指令
* 函数参数：ptag 表示指令标识，如 D0、D1、A0 等；pval 表示指令值，如 "？" 表示读取；obuf 表
*           示指令处理结果存放地址
* 返 回 值：>0 表示指令处理结果返回的数据长度，0 表示没有返回数据，<0 表示不支持指令
*****************************************************************************/
int z_process_command_call(char* ptag, char* pval, char* obuf)
{
    int ret = -1;
    if (memcmp(ptag, "D0", 2) == 0)
    {
        if (pval[0] == '?')
        {
            ret = sprintf(obuf, "D0=%d", D0);
        }
    }
    if (memcmp(ptag, "CD0", 3) == 0)
    {
        int v = atoi(pval);
        if (v > 0)
        {
            D0 &= ~v;
        }
    }
    if (memcmp(ptag, "OD0", 3) == 0)
    {
        int v = atoi(pval);
        if (v > 0)
        {
            D0 |= v;
        }
    }
    if (memcmp(ptag, "D1", 2) == 0)
    {
        if (pval[0] == '?')
        {
            ret = sprintf(obuf, "D1=%d", D1);
        }
    }
    if (memcmp(ptag, "CD1", 3) == 0)                        //若检测到 CD1 指令
    {
        int v = atoi(pval);                                //获取 CD1 数据
        D1 &= ~v;                                          //更新 D1 数据
        sensor_control(D1);
```

```
    }
    if (memcmp(ptag, "OD1", 3) == 0)                           //若检测到 OD1 指令
    {
        int v = atoi(pval);                                    //获取 OD1 数据
        D1 |= v;                                               //更新 D1 数据
        sensor_control(D1);
    }
    if (memcmp(ptag, "V0", 2) == 0)
    {
        if (pval[0] == '?')
        {
            ret = sprintf(obuf, "V0=%d", V0);
        } else {
            V0 = atoi(pval);
        }
    }
    if (memcmp(ptag, "V1", 2) == 0)
    {
        Calendar_t calendar;
        if (pval[0] == '?')
        {
            calendar = Calendar_Get();
            ret = sprintf(obuf, "V1=%04d/%02d/%02d/%d/%02d/%02d", calendar.year, calendar.month,
                        calendar.day, calendar.week, calendar.hour, calendar.minute);
        } else {
            char *time = pval;
            for(unsigned char i=1; i<=6; i++)
            {
                switch(i)
                {
                    case 1: calendar.year = atoi(time); break;
                    case 2: calendar.month = atoi(time+1); break;
                    case 3: calendar.day = atoi(time+1); break;
                    case 4: calendar.week = atoi(time+1); break;
                    case 5: calendar.hour = atoi(time+1); break;
                    case 6: calendar.minute = atoi(time+1); break;
                }
                time = strstr(time+1, "/");
            }
            Calendar_Set(calendar);
        }
    }
    if (memcmp(ptag, "V2", 2) == 0)
    {
        struct alarmTypedef alarmStruct;
        if(pval[0] == '?')
        {
```

```
                    sprintf(obuf, "V2=");
                    for(unsigned char i=1; i<=ALARM_NUM; i++)
                    {
                        alarmStruct = get_alarmConfig(i);
                        if(i > 1)
                        strcat(obuf, "/");
                        ret = sprintf(obuf+strlen(obuf), "%d/%d/%d/%02d/%02d", i, alarmStruct.status,
                        alarmStruct.week, alarmStruct.time[0], alarmStruct.time[1]);
                    }
                    ret = strlen(obuf);
                } else {
                    char *alarm = pval;
                    unsigned char count = 0;
                    for(unsigned char i=1; i<=ALARM_NUM; i++)
                    {
                        for(unsigned char j=1; j<=5; j++)
                        {
                            switch(j)
                            {
                            case 1:
                                if(i > 1)
                                count = atoi(alarm+1);
                                else
                                count = atoi(alarm); break;
                            case 2: alarmStruct.status = atoi(alarm+1); break;
                            case 3: alarmStruct.week = atoi(alarm+1); break;
                            case 4: alarmStruct.time[0] = atoi(alarm+1); break;
                            case 5: alarmStruct.time[1] = atoi(alarm+1); break;
                            }
                            alarm = strstr(alarm+1, "/");
                        }
                        set_alarmConfig(count, alarmStruct);
                    }
                }
            }
        }
        if (memcmp(ptag, "V3", 2) == 0)
        {
            if (pval[0] == '?')
            {
                ret = sprintf(obuf, "V3=%d", get_motionAmount());
            }
            else
            {
                set_motionAmount(atoi(pval));
            }
        }
        if (memcmp(ptag, "V4", 2) == 0)
```

```
        {
            sleepTime sleepTimeStruct;
            motionTime motionTimeStruct;
            if (pval[0] == '?')
            {
                sleepTimeStruct = get_sleepTime();
                motionTimeStruct = get_motionTime();
                ret = sprintf(obuf, "V4=%02d/%02d&%02d/%02d&%02d/%02d&%02d/%02d", motionTimeStruct.startHour,
                        motionTimeStruct.startMin, motionTimeStruct.endHour, motionTimeStruct.endMin,
                        sleepTimeStruct.startTimeHour, sleepTimeStruct.startTimeMin, sleepTimeStruct.endTimeHour,
                        sleepTimeStruct.endTimeMin);
            } else {
                char *p = pval;
                for(unsigned char i=1; i<=8; i++)
                {
                    switch(i)
                    {
                        case 1: motionTimeStruct.startHour = atoi(p); break;
                        case 2: motionTimeStruct.startMin = atoi(p+1); break;
                        case 3: motionTimeStruct.endHour = atoi(p+1); break;
                        case 4: motionTimeStruct.endMin = atoi(p+1); break;
                        case 5: sleepTimeStruct.startTimeHour = atoi(p+1); break;
                        case 6: sleepTimeStruct.startTimeMin = atoi(p+1); break;
                        case 7: sleepTimeStruct.endTimeHour = atoi(p+1); break;
                        case 8: sleepTimeStruct.endTimeMin = atoi(p+1); break;
                    }
                    if(i%2 == 0)
                        p = strstr(p+1, "&");
                    else
                        p = strstr(p+1, "/");
                }
                set_motionTime(motionTimeStruct);
                set_sleepTime(sleepTimeStruct);
            }
        }
        if (memcmp(ptag, "V5", 2) == 0)
        {
            if (pval[0] == '?')
            {
                unsigned char mode = 0;
                if(get_autoMode() == 1)
                    mode = 0;
                else
                    mode = get_currentMode();
                ret = sprintf(obuf, "V5=%d", mode);
```

```
        } else {
            unsigned char mode = atoi(pval);
            set_currentMode(mode);
            if(mode == 0)
                set_autoMode(1);
            else
            {
                set_autoMode(0);
                if(mode == 1)
                set_rgbMode(0);
                else if(mode == 2)
                set_rgbMode(2);
                else
                set_rgbMode(1);
            }
        }
    }
    if (memcmp(ptag, "A0", 2) == 0)
    {
        if (pval[0] == '?')
        {
            ret = sprintf(obuf, "A0=%s", A0);
        }
    }
    if (memcmp(ptag, "A1", 2) == 0)
    {
        if (pval[0] == '?')
        {
            ret = sprintf(obuf, "A1=%d", A1);
        }
    }
        if (memcmp(ptag, "A2", 2) == 0)
        {
            if (pval[0] == '?')
            {
                ret = sprintf(obuf, "A2=%d", A2);
            }
        }
        if (memcmp(ptag, "A3", 2) == 0)
        {
            if (pval[0] == '?')
            {
                ret = sprintf(obuf, "A3=%d", A3);
            }
        }
        if (memcmp(ptag, "A4", 2) == 0)
        {
```

```
            if (pval[0] == '?')
            {
                ret = sprintf(obuf, "A4=%d", A4);
            }
        }
        if (memcmp(ptag, "A7", 2) == 0)
        {
            if (pval[0] == '?')
            {
                ret = sprintf(obuf, "A7=%.1f", A7);
            }
        }
        return ret;
}
```

4.3.4　应用端通信函数测试

图 4.28　运动手环 OLED 上显示的 MAC 地址

（1）将编译后生成的文件下载到运动手环板卡。将本书配套资源中"Sport-HAL"下的"Sport"文件夹复制到"contiki-3.0\zonesion\ZMagic"中。打开工程文件后编译代码，将编译生成的文件下载到运动手环板卡。为运动手环上电后按两次 K4 按键，这时 OLED 上会显示蓝牙的 MAC 地址，如图 4.28 所示。

（2）配置 TruthBlue2_8 软件。通过 USB 连接 Android 端和 PC，安装本书配套资源中的 TruthBlue2_8.apk，打开 Android 端的蓝牙后运行 TruthBlue2_8 软件，该软件会进入自动搜索界面，如图 4.29 所示。

图 4.29　TruthBlue2_8 软件的自动搜索界面

（3）连接蓝牙设备。在 TruthBlue2_8 软件的自动搜索界面中选择要连接的蓝牙设备，可进入属性界面，单击"unknow"选项，可出现"ZXBee"选项，如图 4.30 所示。

图 4.30　TruthBlue2_8 软件属性界面中的"ZXBee"选项

（4）数据的发送和接收。在 TruthBlue2_8 软件属性界面中单击"ZXBee"选项，可进入数据读写界面。在 sensor.c 文件中找到 sensor_poll()函数，在该函数中设置断点，如图 4.31 所示，程序会在 30 s 后跳转到断点处，此时就可以主动上报数据了。在 TruthBlue2_8 软件中接收到的数据如图 4.32 所示。

```
158          {
159              sprintf(buf, "%s", A0);
160              ZXBeeAdd("A0", buf);
161          }
162          if(D0 & 0x02)
163          {
164              sprintf(buf, "%d", A1);
165              ZXBeeAdd("A1", buf);
166          }
167          if(D0 & 0x04)
168          {
169              sprintf(buf, "%d", A2);
170              ZXBeeAdd("A2", buf);
171          }
172          if(D0 & 0x08)
173          {
174              sprintf(buf, "%d", A3);
175              ZXBeeAdd("A3", buf);
176          }
177          if(D0 & 0x10)
178          {
179              sprintf(buf, "%d", A4);
180              ZXBeeAdd("A4", buf);
181          }
182          if(D0 & 0x80)
183          {
184              sprintf(buf, "%.1f", A7);
185              ZXBeeAdd("A7", buf);
186          }
187          p = ZXBeeEnd();
188          if (p != NULL)
189          {
190              RFSendData(p);
191          }
192      }
193    }
194  }
```

图 4.31　在 sensor_poll()函数中设置断点

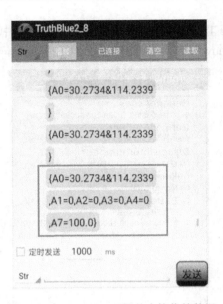

图 4.32　TruthBlue2_8 软件中接收的数据

在 sensor.c 文件中找到 z_process_command_call()函数，在该函数中设置断点，如图 4.33 所示，在 TruthBlue2_8 软件中发送 "{V1=?}" 后，当程序运行到断点处时可以查询当前的时间日期。继续运行程序，可在 TruthBlue2_8 软件中显示查询到的 V1 值。TruthBlue2_8 软件会显示查询到的数据，如图 4.34 所示。

```
handle.c | gps.c | max30102.c | oled.c | stm32f4xx_gpio.c | heart_process.c | process.c | mpu9250.c | motion_process.c | sensor_process.c | sensor.c | contki-main.c    z_process_command_call(char *,
278      if (memcmp(ptag, "OD1", 3) == 0)                                      //若检测到OD1指令
279   {
280        int v = atoi(pval);                                                 //获取OD1数据
281        D1 |= v;                                                            //更新D1数据
282        sensor_control(D1);
283      }
284      if (memcmp(ptag, "V0", 2) == 0)
285   {
286        if (pval[0] == '?')
287   {
288          ret = sprintf(obuf, "V0=%d", V0);
289        }
290        else
291   {
292          V0 = atoi(pval);
293        }
294      }
295      if (memcmp(ptag, "V1", 2) == 0)
296   {
297        Calendar_t calendar;
298        if (pval[0] == '?')
299   {
300          calendar = Calendar_Get();
301          ret = sprintf(obuf, "V1=%04d/%02d/%02d/%d/%02d/%02d", calendar.year, calendar.month,
302                    calendar.day, calendar.week, calendar.hour, calendar.minute);
303        }
304        else
305   {
306          char *time = pval;
307          for(unsigned char i=1; i<=6; i++)
308   {
309            switch(i)
310   {
311            case 1: calendar.year = atoi(time); break;
312            case 2: calendar.month = atoi(time+1); break;
313            case 3: calendar.day = atoi(time+1); break;
314            case 4: calendar.week = atoi(time+1); break;
315            case 5: calendar.hour = atoi(time+1); break;
```

图 4.33　在 z_process_command_call()函数中设置断点

图 4.34 TruthBlue2_8 软件中显示查询到的数据

4.3.5 小结

通过本节的学习和实践，读者可以了解运动手环系统程序的整体框架，学习数据通信协议的设计，理解智云框架的执行流程，并完成应用端通信函数的测试。

4.4 运动手环应用 App 设计

4.4.1 WebApp 框架设计

1. WebApp 介绍

WebApp 介绍请参考 2.4.1 节。

2. WebApp 技术实现

运动手环 WebApp 的实现与智能台灯类似，详见 2.4.1 节。

3. 运动手环应用 App 界面逻辑分析与设计

在开发运动手环应用 App 之前，需要先为应用 App 的界面设计一套界面逻辑，然后按照设计的界面逻辑编写代码。

运动手环应用 App 的界面设计采用两级菜单的形式，一级菜单属于一级导航，二级菜单属于二级导航。一级导航分布在运动手环应用 App 界面的上部，每个一级导航都有若干二级导航，二级导航是对第一级导航的细化，主要实现界面的功能。运动手环应用 App 的界面框架如图 4.35 所示。

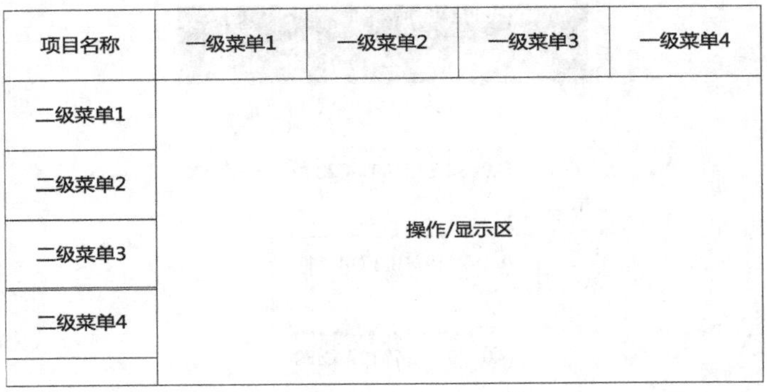

项目名称	一级菜单1	一级菜单2	一级菜单3	一级菜单4
二级菜单1				
二级菜单2		操作/显示区		
二级菜单3				
二级菜单4				

图 4.35　运动手环应用 App 的界面框架

在图 4.35 中，一级菜单 1 为功能界面（属于一级导航），下设运动监控、活动轨迹、睡眠监控、心率监控四个子界面（属于二级导航）；一级菜单 2 为设置界面（属于一级导航），下设时间日期、闹钟设置、模式选择、蓝牙绑定四三个子界面（属于二级导航）；一级菜单 3 为其他界面（属于一级导航），下设产品介绍、版本更新两个子界面；一级菜单 4 未使用。

（1）功能界面的框架。

① 运动监控子界面的框架如图 4.36 所示。

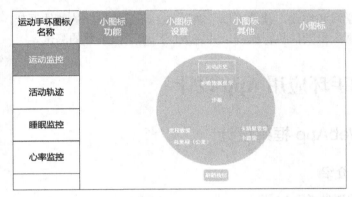

图 4.36　运动监控子界面的框架

② 活动轨迹子界面的框架如图 4.37 所示。

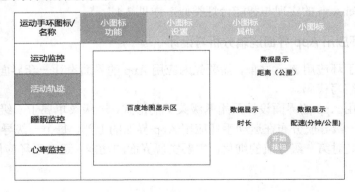

图 4.37　活动轨迹子界面的框架

③ 睡眠监控子界面的框架如图 4.38 所示。

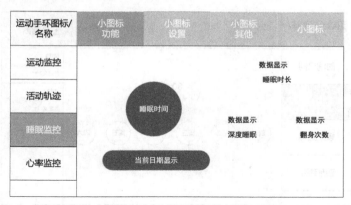

图 4.38　睡眠监控子界面的框架

④ 心率监控子界面的框架如图 4.39 所示。

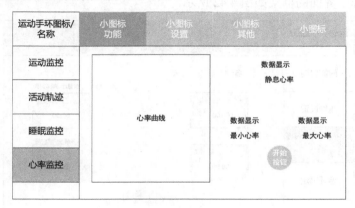

图 4.39　心率监控子界面的框架

（2）设置界面的框架。

① 时间日期子界面的框架如图 4.40 所示。

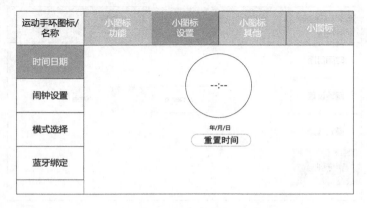

图 4.40　时间日期子界面的框架

② 闹钟设置子界面的框架如图 4.41 所示。

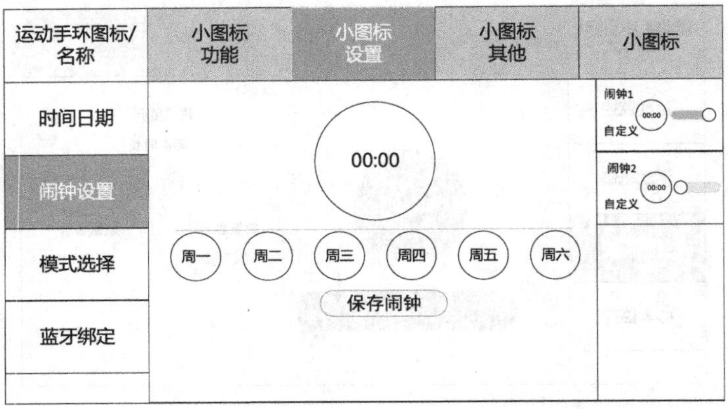

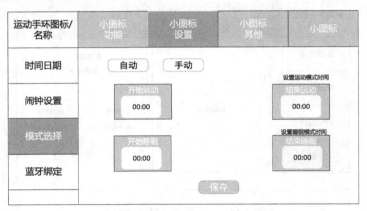

图 4.41　闹钟设置子界面的框架

③ 模式选择子界面的框架如图 4.42 所示。

图 4.42　模式选择子界面的框架

④ 蓝牙绑定子界面的框架如图 4.43 所示。

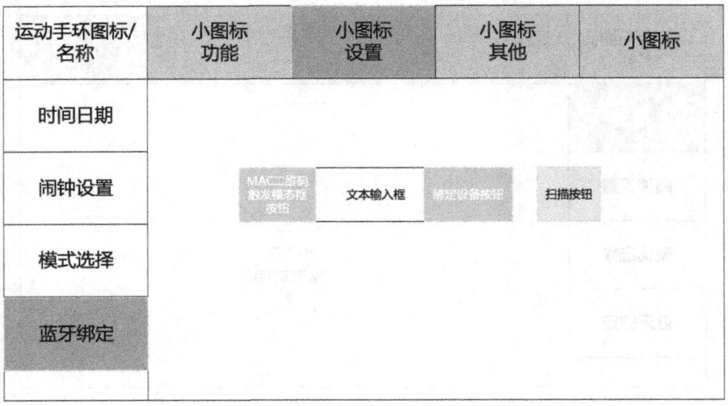

图 4.43　蓝牙绑定子界面的框架

4.4.2　运动手环应用 App 的功能设计

运动手环应用 App 的功能主要包括运动监控、活动轨迹、睡眠监控、心率监控、模式选择，以及时间日期与闹钟设置等。

1. 运动监控功能的设计

运动监控子界面可实时显示运动手环佩戴者的运动数据，包括步数、总里程和卡路里，这些运动数据在数据通信协议中对应的参数是 A3，总里程与卡路里是通过计算得到并显示在运动监控子界面上的。运动监控子界面（属于二级导航）位于功能界面（属于一级导航）下，如图 4.44 所示。

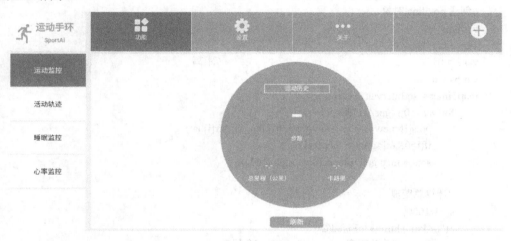

图 4.44　运动监控子界面

运动监控子界面的显示代码如下：

```
//数据处理 tag 和 val
function process_tag(tag, val) {
    property_set(tag, val);
    ……
    if (tag == "A3") {                                     //步数（可用于计算总里程、卡路里）
        $("#step").html(val);
        $('#step_mile').text((val*0.7*0.001).toFixed(2));      //总里程
        $('#step_calorie').text((60*val*0.7*0.001*1.036).toFixed(2));//卡路里
    }
    ……
}
```

2. 活动轨迹功能的设计

活动轨迹子界面可实时显示运动手环佩戴者的运动情况，包括地点定位、里程、时长和配速等数据，这些数据在数据通信协议中对应的参数是 V5，配速是通过计算到并显示在活动轨迹子界面上的。活动轨迹子界面（属于二级导航）位于功能界面（属于一级导航）下。

（1）调用百度地图 API，开启百度地图后，可在地图上实现定位，请参考 3.4.3 节中关于智能腕表的地图定位功能。

（2）通过 GPS 定位可获取里程数据，通过里程可计算配速，从而绘制运动轨迹。代码如下：

```
function getPolyline(){
    var sy = new BMap.Symbol(BMap_Symbol_SHAPE_BACKWARD_OPEN_ARROW, {
        scale: 0.6,                              //图标缩放大小
        strokeColor:'#fff',                      //设置矢量图标的线填充颜色
        strokeWeight: '2',                       //设置线宽
    });
    var icons = new BMap.IconSequence(sy, '10', '30');
    //创建 polyline 对象
    var pois =[]
    var centerFlag = 0;
    var s = 0;                                   //距离
    var ps = 0;
    mapTimer = setInterval(function(){
        for(var i=0;i<gpsArr.length;i++){
            pois[i]=new BMap.Point(gpsArr[i].lng,gpsArr[i].lat)
            if(i>0&&i<gpsArr.length-1)
            s =s + map.getDistance(pois[i],pois[i-1]);
        }
        //计算总距离
        s = s/1000;
        $(".rt-km").html(s.toFixed(2))
        console.log("总共距离： "+s.toFixed(2)+"公里");
        //计算配速
        ps = n/60/s;
        $(".rt-speed").html(ps.toFixed(4))
        if(pois.length!=0&&centerFlag=="0"){     //当有坐标点时，把中心移到第一个坐标点
            map.setCenter(pois[0])
            centerFlag=1;
        }
        if(pois.length!=0&&pois.length%3==0){
            polyline =new BMap.Polyline(pois, {
                enableEditing: false,            //是否启用线编辑，默认为 false
                enableClicking: true,            //是否响应单击事件，默认为 true
                icons:[icons],
                strokeWeight:'8',                //折线的宽度，以像素为单位
                strokeOpacity: 0.8,              //折线的透明度，取值范围为 0～1
                strokeColor:"#18a45b"            //折线颜色
            });
            map.addOverlay(polyline);            //增加折线
        }
    },1000)
```

```
if(pois.length!=0&&pois.length%3==0){
    polyline =new BMap.Polyline(pois, {
        enableEditing: false,              //是否启用线编辑，默认为 false
        enableClicking: true,              //是否响应单击事件，默认为 true
        icons:[icons],
        strokeWeight:'8',                  //折线的宽度，以像素为单位
        strokeOpacity: 0.8,                //折线的透明度，取值范围为 0～1
        strokeColor:"#18a45b"              //折线颜色
    });
    map.addOverlay(polyline);              //增加折线
    }
}
```

（3）在运动轨迹子界面中单击"开始"按钮可以开始进行运动计时，在开始计时后，"开始"按钮会编委"暂停"按钮，单击"暂停"按钮可暂停计时。代码如下：

```
var Click = {                                  //包含获取历史数据
    brand_change: function (event) {
        if (event.data.brand_stop_v) {
            //发送命令进入运动模式
            if (dev_connect){
                window.droid.LeSendMessage("{V5=2}");
            }else if(connectFlag){
                rtc.sendMessage(localData.Mac,"{V5=2}");
            }else{
                message_show("设备未连接！")
                return;
            }
            $(this).css("background", "#029980").html("<strong>||</strong><br/>暂停");
            event.data.brand_stop_v = false;
            //开始运动计时（启动定时器）
            $('.rt-time').text("00:00:00");
            n = 0;
            clearInterval(timer);
            timer = setInterval(function () {
                n++;
                var h = parseInt(n / 3600);
                var m = parseInt(n / 60 % 60);         //分
                var s = parseInt(n % 60);              //秒
                var shi = toDub(h) + ":" + toDub(m) + ":" + toDub(s);
                $('.rt-time').text(shi);
            }, 1000);
            map.clearOverlays();                       //清除所有覆盖物
            gpsArr=[];
            getPolyline();
        } else {
            //清除定时器
```

```
                    clearInterval(mapTimer)
                    //发送命令进入自动模式
                    if (dev_connect){
                        window.droid.LeSendMessage("{V5=0}");
                    }else if(connectFlag){
                        rtc.sendMessage(localData.Mac,"{V5=0}");
                    }else{
                        message_show("设备未连接！")
                        return;
                    }
                    $(this).css("background", "#1ABC9C").html("<strong>▷</strong><br/>开始");
                    event.data.brand_stop_v = true;
                    clearInterval(timer);
                }
            },
            ……..
    }
```

3．睡眠监控功能的设计

睡眠监控子界面可实时监控运动手环佩戴者的睡眠情况，包括睡眠时长、深度睡眠、翻身次数，以及日期等数据，这些数据在数据通信协议中对应的参数是 A1 和 A4。睡眠监控子界面（属于二级导航）在功能界面（属于一级导航）下，如图 4.45 所示。

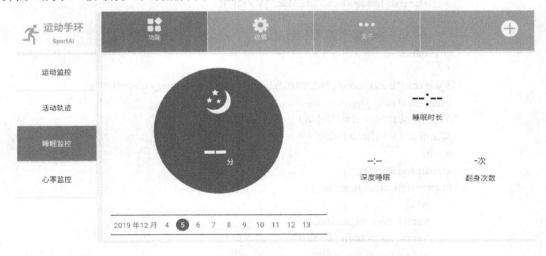

图 4.45 睡眠监控子界面

（1）获取睡眠时长。代码如下：

```
if (tag == "A4") {                                    //睡眠时长、深度睡眠、翻身次数
    $('#sleep_time').html(val);                        //睡眠时间
    $('#sleep_deep_time').html((val/4).toFixed(2));    //深度睡眠时间
    $("#sleep_q").html(97);
}
```

（2）获取翻身次数。代码如下：

```
if (tag == "A1") {//翻身次数
    $('#tunover_cnt').html(val)
}
```

（3）获取当前日期。代码如下：

```
//在睡眠监控子界面中获取当前日历
getdate2: function () {
    var d = new Date();
    var year, month, day;
    year = d.getFullYear();
    month = d.getMonth() + 1;
    (d.getDate() < 10) ? day = ("0" + d.getDate()) : day = d.getDate();
    console.log(year + "年" + month + "月" + day + "日");
    $("#year").text(year).next("#month").text(month);
    for (var i = 0; i < 10; i++) {                    //ul 最多显示 10 个
        var day_a = day - 1 + i;
        if (day_a > getDaysInMonth(year, month)) {
            day_a = day_a - getDaysInMonth(year, month);
        }
        $("#day_ul li:eq(" + i + ")").text(day_a);
    }
    console.log("本月最大天数：" + getDaysInMonth(year, month));
    function getDaysInMonth(year, month) {
        month = parseInt(month, 10) + 1;
        var temp = new Date(year, month, 0);
        return temp.getDate();
    }
}
```

4．心率监控功能的设计

心率监控子界面可实时监控运动手环佩戴者的心率情况，包括静息心率、最小心率和最大心率数据，并在该子界面中绘制心率曲线。这些数据在数据通信协议中对应的参数是 A1 和 A4。心率监控子界面（属于二级导航）位于功能界面（属于一级导航）下，如图 4.46 所示。

（1）获取心率值，通过对比得到最小心率值和最大心率值。代码如下：

```
if (tag == "A2") {                //心率值
    heart = val;
    $('.map-xl').text(heart);
    if(minHeart == 0){
        maxHeart = heart;
        minHeart = heart;
        $('.max-xl').text(heart);
        $('.min-xl').text(heart);
    }else{
```

```
                    if(heart<minHeart){
                        minHeart = heart;
                        $('.min-xl').text(heart);
                    }
                    if(heart>maxHeart){
                        maxHeart = heart;
                        $('.max-xl').text(heart);
                    }
                }
                if(dev_connect){
                    window.droid.LeSendMessage("xl==================="+heart);
                }
            }
```

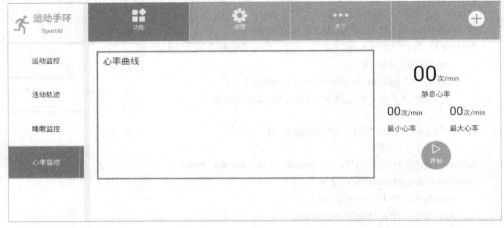

图 4.46　心率监控子界面

（2）心率曲线的显示。心率曲线是通过 get_in_heart()函数来实现的，获取每秒的心率值，通过曲线的形式进行显示。代码如下：

```
function get_in_heart(){
    getHeartFlag = 1;
    data = [];
    charts = new G2.Chart({
        id: "xl",
        width:$(document).width() * 0.6,
        height:   $(document).height() * 0.63,
    });

    charts.source(data, {
        time: { alias: "时间", type: "time", mask: "MM:ss", tickCount: 10, nice: false },
        heart: { alias: "心率", min: 0, max: 150 },
        type: { type: "cat" }
    });
    charts .line() .position("time*heart").color("type", ["#ff7f0e", "#2ca02c"]).shape("smooth") .size(2);
```

```
        charts .point() .position("time*heart").color("type", ["red", "#2ca02c"]).shape("smooth");
        //定时器，计点
        tmp = setInterval(rtheart,1000)
}


//每秒获取传的心率值
function rtheart(){
        var now = new Date();
        var time = now.getTime();
        var xl1 = heart;
        if (data.length >= 20) {
            data.shift();
        }
        data.push({ time: time, heart: xl1, type: "心率" });
        charts.changeData(data);
}
```

（3）心率监控子界面按钮的设置。代码如下：

```
$("#begin_xl").on("click", function(){
    if ($(this).text().match('开始')) {
        //点开始，发送信息，打开心率
        if (dev_connect){
            window.droid.LeSendMessage("{OD1=8,D1=?}");
            console.log("{OD1=8,D1=?}")
        }else if(connectFlag){
            rtc.sendMessage(localData.Mac,"{OD1=8,D1=?}");
            console.log("{OD1=8,D1=?}")
        }else{
            message_show("设备未连接！")
            return;
        }
        $(this).css("background", "#029980").html("<strong>||</strong><br/>暂停");
        //心率定时器继续
        if(tmp){ return tmp;
    } else{
        tmp = setInterval(rtheart,1000) }
    } else {
        //发送信息，关闭心率定时器
        if (dev_connect){
            window.droid.LeSendMessage("{CD1=8,D1=?}");
        }else if(connectFlag){
            rtc.sendMessage(localData.Mac,"{CD1=8,D1=?}");
            console.log("{CD1=8,D1=?}")
        }else{
            message_show("设备未连接！")
            return;
        }
```

```
              $(this).css("background", "#1ABC9C").html("<strong>></strong><br/>开始");
              //心率定时器暂停
              if(tmp){ tmp = clearInterval(tmp); }
      }
});
```

5. 模式选择功能的设计

在模式选择子界面中切换自动模式和手动模式,在数据通信协议中对应的参数是 V4 和 V5,V4 表示时间段,V5 表示两种模式。在自动模式下,可以设置开始运动和结束运动的时间,以及开始睡眠和结束睡眠的时间;在手动模式下,可以手动切换普通模式、运动模式及睡眠模式。

模式选择子界面(属于二级导航)位于设置界面(属于一级导航)下,模式选择子界面包括自动和手动两个子界面,分别如图 4.47 和图 4.48 所示。

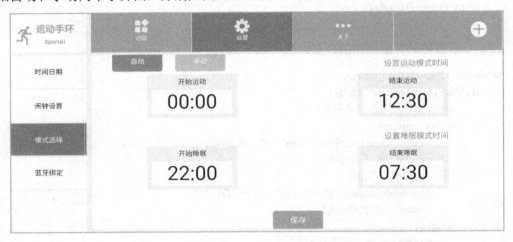

图 4.47 自动子界面

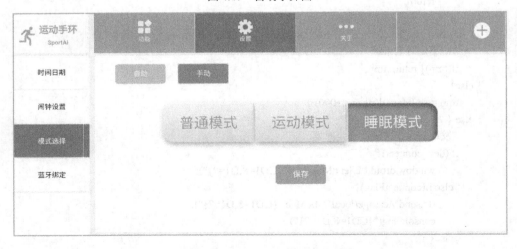

图 4.48 手动子界面

(1)自动模式的实现。在自主模式下,首先设置开始运动和结束运动的时间,以及开始睡眠和结束睡眠的时间，然后将设置的时间打包后保存在指定的变量中，最后打包后的数据发送到运动手环的底层硬件上。自动模式不需要用户的干预，运动手环可以自动检测到佩戴者（用户）有无运动。代码如下：

```
//自动模式状态的保存
$("#mode_auto_confirm").on("click", function () {
    var t1 = $("#tm_sport_begin").html().replace(":", "/");
    var t2 = $("#tm_sport_end").html().replace(":", "/");
    var t3 = $("#tm_sleep_begin").html().replace(":", "/");
    var t4 = $("#tm_sleep_end").html().replace(":", "/");

    var v1 = t1.replace("/", "");
    var v2 = t2.replace("/", "");
    var v3 = t3.replace("/", "");
    var v4 = t4.replace("/", "");
    if(v4<v1||v2<v3){                      //时间不重叠
    }else{                                 //时间重叠
        message_show("时间重叠，请重新设置");
        return;
    }
    var v =   t1 +"&" + t2 +"&" + t3 +"&" + t4;
    var cmd = "{V4=" + v + ",V5=0}";
    console.log(cmd)
    //保存自动模式
    if (!dev_connect) {
        message_show("蓝牙未连接");
    }else{
        if (window.droid) {
            message_show("正在保存模式设置……");
            window.droid.LeSendMessage(cmd);
        }
    }
    if(connectFlag){
        message_show("正在保存模式设置……");
        rtc.sendMessage(localData.Mac, cmd);
    }
});
```

2）手动模式的实现。手动模式下有普通模式、运动模式及睡眠模式三种。代码如下：

```
//普通模式、运动模式及睡眠模式
$("#usual_mode").on("click", Click.mode_change_usual);
$("#sport_mode").on("click", Click.mode_change_sport);
$("#sleep_mode").on("click", Click.mode_change_sleep);
```

在手动模式下，单击"保存"按钮可将选择的三种模式之一发送到运动手环的底层硬件。代码如下：

```
$("#mode_hand_confirm").on("click", function () {
    if (!dev_connect) {
        message_show("设备未连接");
    }
    var cmd = "{V5=0}";
    for(var x in $('#mode1 button')){
        if($('#mode1 button:eq('+x+')').hasClass('mode2')){
            x=parseInt(x)+1;
            cmd = "{V5="+x+"}";
        }
    }
    console.log(cmd)
    if (dev_connect) {
        message_show("正在保存模式设置……");
        window.droid.LeSendMessage(cmd);
    }
    if(connectFlag){
        message_show("正在保存模式设置……");
        rtc.sendMessage(localData.Mac, cmd);
    }
});
```

6. 时间日期和闹钟设置功能的设计

时间日期和闹钟设置功能已经在 2.4.2 节介绍过了，这里不再赘述。

4.4.3 运动手环应用 App 的功能测试

1. 时间日期设置功能的测试

打开运动手环应用 App，在设置界面下的时间日期子界面中，单击"重置时间"按钮，如图 4.49 所示。此时运动手环 OLED 上显示的时间为运动手环应用 App 设置的时间，如图 4.50 所示。

图 4.49　在运动手环应用 App 中重置时间

图 4.50　在运动手环 OLED 上显示运动手环应用 App 设置的时间

2. 闹钟设置功能的测试

在设置界面下的闹钟设置子界面中，设置星期和时间后在子界面的右上角打开闹钟，单击"保存"按钮，如图 4.51 所示。

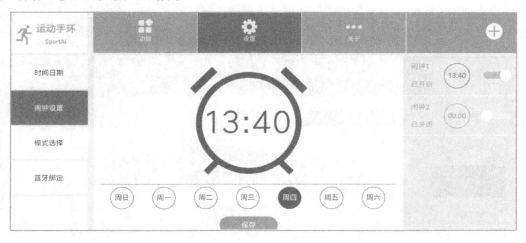

图 4.51　在运动手环应用 App 中设置闹钟

当设置的闹钟时间到达时，运动手环的 OLED 上会显示闹钟时间，并伴有振动，如图 4.52 所示。

图 4.52　运动手环的 OLED 上显示的闹钟时间并伴有振动

3. 模式选择功能的测试

在设置界面下的模式选择子界面中选择自动模式，设置开始运动和结束运动的时间，以及开始睡眠和结束睡眠的时间后单击"保存"按钮，就可以保存自动模式的设置了，如图 4.53 所示。

在手动模式下，可以选择普通模式、运动模式或睡眠模式。这里选择选择运动模式后单击"保存"按钮，如图 4.54 所示。此时，运动手环板卡上 RGB 灯以红绿蓝三种颜色闪烁，并在 OLED 上显示运动图标，如图 4.55 所示。

图 4.53　在运动手环应用 App 中保存自动模式的设置

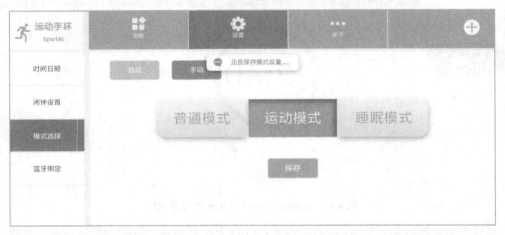

图 4.54　在运动手环应用 App 手动模式下选择运动模式

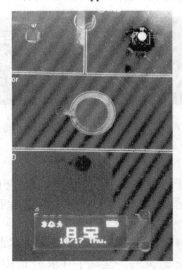

图 4.55　运动手环板卡的运动模式

在手动模式下选择睡眠模式后单击"保存"按钮，如图 4.56 所示。此时运动手环板卡上 RGB 灯显示绿色，并在 OLED 上显示睡眠的图标，如图 4.57 所示。

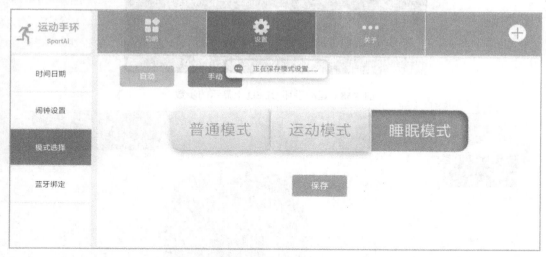

图 4.56　在运动手环应用 App 手动模式下选择睡眠模式

图 4.57　运动手环板卡的睡眠模式

4．运动监控功能的测试

将运动手环设置为运动模式，然后摇动运手环板卡，按两次 K2 按键，OLED 上显示步数，如图 4.58 所示。

此时在运动手环应用 App 功能界面的运动监控子界面中，单击"刷新"按钮后会显示步数、总里程和卡路里等信息，如图 4.59 所示。

图 4.58　运动手环 OLED 上显示的步数

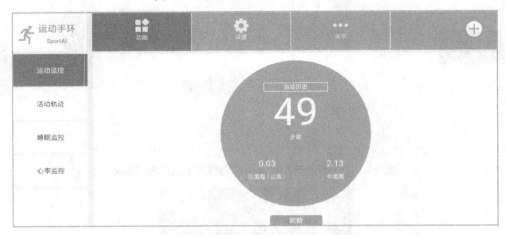

图 4.59　运动监控子界面中同步显示运动的数据

5．活动轨迹功能的测试

移动运动手环后，在运动手环应用 App 功能界面的活动轨迹子界面中会同步显示数据。

6．睡眠监控功能的测试

打开运动手环应用 App 功能界面的睡眠监控子界面，将运动手环设置为睡眠模式后晃动运动手环后，在睡眠监控子界面中可以显示睡眠的状态，如图 4.60 所示。

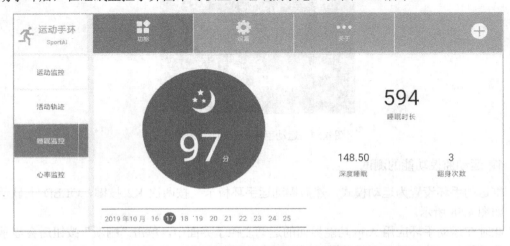

图 4.60　在睡眠监控子界面中显示睡眠的状态

7.心率监控功能的测试

打开运动手环应用 App 功能界面的心率监控子界面，将手指按压在运动手环板卡的光电心率传感器上，心率监控子界面会显示心率的状态，如图 4.61 所示。

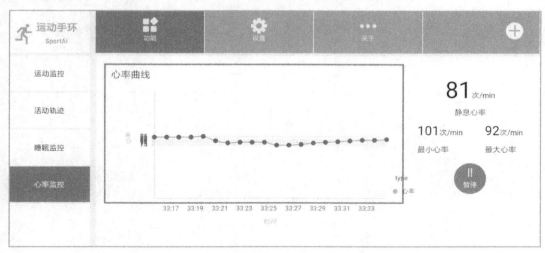

图 4.61　在心率监控子界面中显示心率睡眠的状态

4.4.4　小结

通过本节的学习和实践，读者可以掌握 WebApp 框架设计和运动手环应用 App 功能设计的方法，完成运动手环应用 App 的功能测试，通过测试可验证运动手环应用 App 的功能是否能实现。

第**5**章

创意水杯设计与开发

创意水杯具有水温测定与提示、水质检测、饮水提醒和社区互动等功能。例如，水温测定与显示功能可以避免用户被烫伤的危险，水温显示创意水杯的屏幕上，用户可以随时知晓水温；水质检测功能可以检测出饮用水的 PPM 值并将数据准确地显示在创意水杯的屏幕上；饮水提醒功能可以通过"滴滴"的铃声和绿色的饮水图标来科学地提醒用户饮水，使用户养成科学的饮水习惯；社交互动可以通过创意水杯应用 App 将趣味表情或饮水提醒发送到好友的创意水杯。创意水杯如图 5.1 所示。

图 5.1　创意水杯

本章介绍创意水杯的设计与开发，主要内容如下：

（1）创意水杯需求分析与设计：完成了系统需求分析，结合总体架构设计、硬件选型和应用程序分析完成了创意水杯的方案设计。

（2）创意水杯 HAL 层硬件驱动设计与开发：分析了语音合成芯片、OLED 显示模块和无线充电模块的工作原理，结合 Contiki 操作系统完成了硬件驱动 HAL 层驱动设计，并进行了硬件的驱动测试。

（3）创意水杯通信设计：分析了程序总体框架，设计了数据通信协议和智云框架，并进行了应用端通信函数的测试。

（4）创意水杯应用 App 的设计：分析了 WebApp 框架设计，进行了界面的逻辑分析与设计，完成了创意水杯应用 App 的功能设计，包括环境采集、灯光控制、RGB 设置和时间日期及闹钟设置，并进行了创意水杯应用 App 的功能测试。

5.1　创意水杯需求分析与设计

5.1.1　创意水杯需求分析

1. 系统功能概述

通过对市场上创意水杯的功能进行调研，可总结出创意水杯的功能，如表 5.1 所示。

表 5.1　创意水杯功能调研分析

功 能 名 称	功 能 描 述
异物报警	当创意水杯中落入可溶解性异物时，创意水杯会即时发出预警
水质检测	检测水质 PPM（一升水中含有多少杂质）值，并将 PPM 值实时显示在创意水杯上
彩屏互动	创意水杯具有显示屏，饮水的各项数据会实时显示在显示屏上，用户可通过创意水杯应用 App 进行互动体验，如发送动态或静态的表情到其他人的创意水杯上，其他人的饮水情况并相互提醒饮水
饮水提醒	创意水杯可根据用户个人身体状况，科学地计算用户每天所需的饮水量，人性化地提醒用户饮水
吃药提醒	创意水杯的杯盖上一个用于存储药品的区域，可提醒用户定时吃药

2．功能需求分析设计

本章介绍的创意水杯是基于智能产品原型机设计的，由创意水杯板卡和创意水杯应用 App 组成，主要的功能有饮水管理、水温控制、服药提醒、时间日期设置、闹钟设置等，创意水杯的功能设计如表 5.2 所示。

表 5.2　创意水杯的功能设计

功 能 名 称	功 能 描 述
饮水管理	可设置用户当天的饮水目标，并显示用户当前的饮水量
水温控制	设置当前水温的上、下限，可实时显示和控制水温
服药提醒	用户可自行设置服药提醒功能，支持指定时间、指定剂量的服药提醒（最多添加 5 组服药提醒），并通过语音播报出来
时间日期设置	创意水杯既可读取硬件日历时钟芯片上的时钟信息，也可将网络时间同步到硬件
闹钟设置	支持闹钟设置

5.1.2　创意水杯的方案设计

1．总体架构设计

创意水杯也是基于物联网四层架构模型进行设计的，详见 2.1.2 节，其总体架构如图 5.2 所示。

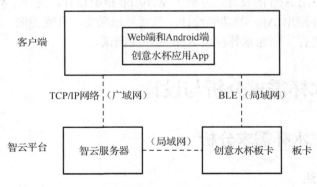

图 5.2　创意水杯的总体架构

2．硬件选型分析

1）处理器选型分析

创意水杯的处理器选型和智能台灯相同，请参考 2.1.2 节。

2）通信模块选型分析

创意水杯的通信模块选型和智能台灯相同，请参考 2.1.2 节。

3）传感器选型分析

（1）语音合成芯片。语音合成经历了机械式语音合成、电子式语音合成和基于计算机的语音合成三个发展阶段。由于侧重点不同，基于计算机的语音合成的分类也不一样，但大部分的分类则是将语音合成方法按照设计的主要思想分为规则驱动方法和数据驱动方法。规则驱动方法主要是根据人类发音的物理过程来设置一系列规则来模拟语音，数据驱动方法则是在语音库中数据的基础上利用统计方法（如建模）来实现语音合成的方法。数据驱动方法更多地依赖于语音库的质量、规模和最小单元等。

语音合成的具体分类如图 5.3 所示，各种方法也不是完全独立的，近年来学者们取长补短地将它们集成在一起。

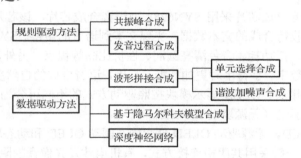

图 5.3　语音合成方法分类

① 共振峰合成。共振峰是指声道的共振频率，共振峰合成是指用共振峰来加权叠加生成语音。从滤波器的原理看来，语音是一个声源的激励加时变滤波的过程，如图 5.4 所示。脉冲发生器模拟产生浊音的声带振动激励；清音是由声带中气息的湍流噪声造成的，可用噪声发生器来模拟。所有的语音都可以利用两类声源并通过频率响应不同的滤波器处理后获得，可用一个多通道的时变滤波器来模拟，使得其输出具有目标语音的频谱特性。经过放大器（口唇辐射）输出，就可以获得合成语音。由于合成时可以控制变化，所以也常用来生成有特色的语音。

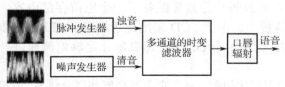

图 5.4　语音的产生模型

② 发音过程合成。发音过程合成是直接模拟人的发音这一物理过程，通过设置一系列规

则来操控模型发声。由于得到真实发音的物理过程难度大，这一方法也难以实现。规则驱动方法的另一不足在于对超音段的控制不足，自然度受损，以至有人们难以接受的机器声音。它的优点在于，一旦建立一套较为准确的规则，就可使系统有很大的可塑性和灵活性。

③ 波形拼接合成。波形拼接合成通过连接小的、事先录好的语音单元，如单音素、双音素、三音素等，并经过韵律修饰来拼接整合成完整的语音。

（a）单元选择合成。单元选择合成是一种波形拼接合成方法，它在录好的库中存储了每个拼接单元的大量不同韵律实例，避免了传统波形拼接合成中的韵律修饰，也就解决了传统波形拼接合成中语音单元边界不连续的问题。

（b）谐波加噪声合成。为了解决单元选择合成中的误拼情况，不少学者和技术人员提出了谐波加噪声合成，该方法将语音信号看成各种分量谐波和噪声的加权和，对信号的这种分解使得合成的信号更加自然。

④ 基于隐马尔科夫模型合成。波形拼接合成需要的语音非常占用资源，而且要求设计精细，所有的拼接单元全都来自库，训练模型的时间很长。

⑤ 深度神经网络。深度神经网络属于多层神经网络，二者在结构上大致相似，不同的是深度神经网络在做有监督学习时先做非监督学习，然后将非监督学习得到的权值当成有监督学习的初值进行训练。

创意水杯中的语音合成芯片采用 SYN6288 型语音合成芯片，该芯片通过 UART 和微处理器进行通信，可接收待合成的文本数据，实现文本到语音的转换。SYN6288 型语音合成芯片具有硬件接口简单、低功耗、音色清亮圆润、性价比高等优点。另外，SYN6288 型语音合成芯片在识别文本、数字、字符串时更加智能、准确，语音合成的自然度更好、可懂度更高。

（2）OLED 显示模块。OLED 显示模块按照驱动方式的不同可分为主动式驱动（有源驱动）OLED 和被动式驱动（无源驱动）OLED。

① 无源驱动 OLED。无源驱动 OLED 分为静态驱动 OLED 和动态驱动 OLED。

静态驱动 OLED 一般采用共阴极连接方式，有机电致发光像素的阴极连在一起引出，阳极分立引出。若要静态驱动 OLED 发光，只要让恒流源的电压与阴极的电压之差大于驱动电压（正向导通）即可；若要静态驱动 OLED 不发光，将阳极接在一个负电压上（反向截止）就不会发光。静态驱动 OLED 一般用于段式显示屏的驱动。

动态驱动 OLED 的两个电极做成了矩阵结构，水平一组显示像素的电极是共用的，纵向一组显示像素的电极是共用的。如果动态驱动 OLED 的像素可分为 N 行和 M 列，行和列分别对应发光像素的阴极和阳极。在实际驱动时，要逐行点亮像素或者逐列点亮像素，一般采用逐行扫描的方式。

② 有源驱动 OLED。有源驱动 OLED 的每个像素都配备了具有开关功能的低温多晶硅薄膜晶体管（TFT），而且每个像素都配备了一个电荷存储电容，外围驱动电路和显示阵列集成在同一玻璃基板上。由于 LCD 采用电压驱动，OLED 却依赖电流驱动，因此与 LCD 相同的 TFT 结构，无法用于 OLED，需要能让足够电流通过导通阻抗较小的小型驱动 TFT。

有源驱动 OLED 无占空比问题，易于实现高亮度和高分辨率，由于有源驱动 OLED 可以对红色像素和蓝色像素独立地进行灰度调节，更有利于 OLED 实现彩色化。

有源驱动 OLED 和无源驱动 OLED 的比较如表 5.3 所示。

表 5.3　有源驱动 OLED 和无源驱动 OLED 的比较

无源驱动 OLED	有源驱动 OLED
瞬间高密度发光（动态驱动、有选择性）	连续发光（稳态驱动）
附加 IC 芯片	TFT 驱动电路设计，内部集成薄膜型驱动 IC
阶调控制容易	在 TFT 基板上形成有机 EL 像素
低成本、高电压驱动	低电压驱动、低耗电能、高成本
设计变更容易、制程简单	制程复杂
简单式矩阵驱动+OLED	LTPS TFT+OLED

创意水杯的 OLED 显示模块采用中景园电子的 0.96 英寸 OLED，如图 5.5 所示，其引脚如表 5.4 所示。

图 5.5　中景园电子的 0.96 英寸 OLED

表 5.4　中景园电子的 0.96 英寸 OLED 的引脚

引脚编号	引脚名称	引脚编号	引脚名称	引脚编号	引脚名称
1	N.C.（GND）	11	BS1	21	N.C.
2	C2P	12	N.C.	22	N.C.
3	C2N	13	CS#	23	N.C.
4	C1P	14	RES#	24	N.C.
5	C1N	15	D/C#	25	N.C.
6	VBAT	16	N.C.	26	IREF
7	N.C.	17	N.C.	27	VCOMH
8	VSS	18	D0	28	VCC
9	VDD	19	D1	29	VLSS
10	BS0	20	D2	30	N.C.（GND）

中景园电子的 0.96 英寸 OLED 支持四线 SPI 总线接口、三线 SPI 总线接口、I2C 总线接口，以及 6800、8080 并口，后两种接口占用数据线比较多，不太常用。中景园电子的 0.96

英寸 OLED 的通信接口是通过 BS0、BS1、BS2 三个引脚来配置的，如表 5.5 所示。

表 5.5　中景园电子的 0.96 英寸 OLED 的通信接口配置方式

通 信 方 式	BS0	BS1	BS2
I2C 总线接口	0	1	0
三线 SPI 总线接口	1	0	0
四线 SPI 总线接口	0	0	0
6800 并口	0	0	1
8080 并口	0	1	1

（3）无线充电模块。创意水杯的无线充电模块采用 XKT-412 型无线充电模块，该模块是高频大功率集成电路，体积小、输出功率强大，可工作在较高频率范围内，可大大减少发送线圈的体积和尺寸，增强发射功率，降低线圈成本。XKT-412 型无线充电模块采用宽电压自适应技术，电路极为简单，具有精度高、稳定性好等特点，专门用于无线感应智能充电、供电管理系统中。

XKT-412 型无线充电模块负责处理创意水杯系统中的无线电能传输，其应用电路如图 5.6 所示。

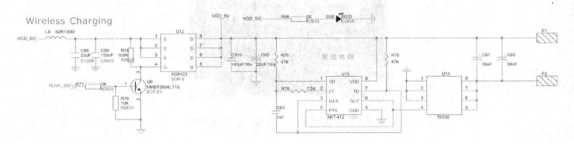

图 5.6　XKT-412 型无线充电模块的应用电路

XKT-412 型无线充电模块的引脚如表 5.6 所示。

表 5.6　XKT-412 型无线充电模块的引脚

引 脚 编 号	引 脚 名 称	功 能 描 述	引 脚 编 号	引 脚 名 称	功 能 描 述
1	VD	电压检测	5	CND	地
2	FT	频率微调	6	OUT	输出
3	MFC	多功能调节	7	TD	功率驱动
4	PTS	功率加强	8	VDD	电源正极

4）硬件方案

创意水杯硬件主要有主控芯片（微处理器）、语音合成芯片、OLED 显示模块、时钟芯片、存储芯片、温湿度传感器、无线充电模块、RGB 灯、LED 和按键等，创意水杯硬件列表如表 5.7 所示。

表 5.7　创意水杯硬件列表

硬　件	硬件型号（选型）
主控芯片	STM32F407
语音合成芯片	SYN6288
OLED 显示模块	中景园电子 0.96 英寸 OLED
时钟芯片	PCF8563
存储芯片	W25Q64
温湿度传感器	HTU21D
无线充电模块	XKT-412
RGB 灯	3528RGB
LED	LED0402
按键	AN 型按键

创意水杯的硬件设计结构如图 5.7 所示。

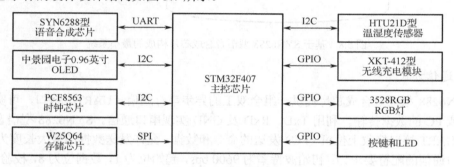

图 5.7　创意水杯硬件设计结构图

3. 应用程序设计分析

创意水杯的应用程序设计分析包括创意水杯应用 App 的开发框架分析、界面风格分析和交互设计分析，其方法和智能台灯类似，详见 2.1.2 节。

5.1.3　小结

通过本节的学习和实践，读者可以掌握创意水杯的需求分析和方案设计，对创意水杯的前期方案设计有足够的认知。

5.2　创意水杯 HAL 层硬件驱动设计与开发

5.2.1　硬件原理

本节主要介绍创意水杯中的语音合成芯片、OLED 显示模块、无线充电模块的原理。

1. 语音合成芯片的原理

创意水杯中的语音合成芯片采用 SYN6288 型语音合成芯片。

1）SYN6288 型语音合成芯片的功能与通信方式

基于 SYN6288 型语音合成芯片构成的最小系统（见图 5.8）主要包括：控制器、SYN6288 型语音合成芯片、功率放大器和喇叭。控制器和 SYN6288 型语音合成芯片之间通过 UART 接口连接，控制器可以向 SYN6288 型语音合成芯片发送控制命令和文本，SYN6288 型语音合成芯片将接收到的文本合转化为语音信号输出，语音信号经过功率放大器放大后连接到喇叭进行播放。

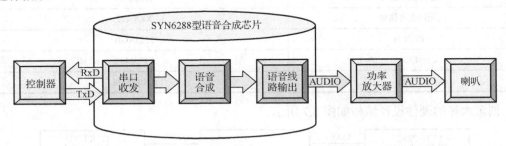

图 5.8　基于 SYN6288 型语音合成芯片构成的最小系统

2）通信方式

SYN6288 型语音合成芯片提供一组全双工的异步串行通信（UART）接口，可实现与微处理器或 PC 的数据传输，利用 TxD、RxD 及 GND 实现串口通信。SYN6288 型语音合成芯片通过 UART 接口接收上位机（PC）发送的命令和数据，允许发送数据的最大长度为 206 B。

串口通信的配置要求为：初始波特率为 9600 bps，起始位为 1，数据位为 8，校验位为无，停止位为 1，无流控制。

表 5.8　串口通信的配置要求

起始位	D0	D1	D2	D3	D4	D5	D6	D7	停止位

（1）SYN6288 型语音合成芯片的数据通信协议。SYN6288 型语音合成芯片支持"帧头 FD+数据区长度+数据区"格式，如表 5.9 所示（最大为 206 B）。

表 5.9　SYN6288 型语音合成芯片的数据通信协议

帧结构	帧头（1 B）	数据区长度（2 B）	数据区（≤203 B）			
			命令字（1 B）	命令参数（1 B）	待发送文本（≤200 B）	异或校验（1 B）
数据	0xFD	0xXX 0xXX	0xXX	0xXX	0xXX	0xXX
说明	定义为十六进制 0xFD	高字节在前低字节在后	长度必须和前面的数据区长度一致			

注意：数据区（包含命令字、命令参数、待发送文本、异或校验）的实际长度必须与帧头后定义的数据区长度严格一致，否则会接收失败。

SYN6288 型语音合成芯片支持的控制指令如表 5.10 所示。

表 5.10 SYN6288 型语音合成芯片支持的控制指令

数据区 （≤203 B）							
命令字（1 B）		命令参数（1 B）				待发送文本（≤200 B）	异或校验（1 B）
取值	对应功能	字节高 5 位	对应功能	字节低 3 位	对应功能		
0x01	语音合成播放命令	0、1、…、15	（1）0 表示不加背景音乐；（2）其他值表示所选背景音乐的编号	0	设置文本为 GB2312 编码格式	待合成文本的二进制内容	对之前所有字节（包括帧头、数据区字节）进行异或校验得出的字节
				1	设置文本为 GBK 编码格式		
				2	设置文本为 BIG5 编码格式		
				3	设置文本为 UNICODE 编码格式		
0x31	设置通信波特率命令（初始波特率为 9600 bps）	0	无功能	0	设置通信波特率为 9600 bps	无文本	
				1	设置通信波特率为 19200 bps		
				2	设置通信波特率为 38400 bps		
0x02	停止合成命令	无参数					
0x03	暂停合成命令						
0x04	恢复合成命令						
0x21	芯片状态查询命令						
0x88	芯片进入睡眠模式命令						

（2）SYN6288 型语音合成芯片的控制命令。

① 语音合成播放命令，如表 5.11 所示。

表 5.11 语音合成播放命令

帧结构	帧头	数据区长度	数 据 区			
			命令字	命令参数	待发送文本	异或校验
数据	0xFD	0x00 0x0B	0x01	0x00	"宇音天下"：0xD3 0xEE 0xD2 0xF4 0xCC 0xEC 0xCF 0xC2	0xC1
数据帧	0xFD 0x00 0x0B 0x01 0x00 0xD3 0xEE 0xD2 0xF4 0xCC 0xEC 0xCF 0xC2 0xC1					
说明	播放文本编码格式为"GB2312"的文本"宇音天下"，不带背景音乐					

② 波特率设置命令，如表 5.12 所示。

表 5.12 波特率设置命令

帧结构	帧头	数据区长度	数 据 区			
			命令字	命令参数	待发送文本	异或校验
数据	0xFD	0x00 0x03	0x31	0x00		0xCF
数据帧	0xFD 0x00 0x03 0x31 0x00 0xCF					
说明	设置波特率为：9600bps					

③ 停止合成命令，如表 5.13 所示。

表 5.13　停止合成命令

帧结构	帧头	数据区长度	数据区			
			命令字	命令参数	待发送文本	异或校验
数据	0xFD	0x00　0x02	0x02			0xFD
数据帧	0xFD　0x00　0x02　0x02　0xFD					
说明	停止合成命令					

④ 暂停合成命令，如表 5.14 所示。

表 5.14　暂停合成命令

帧结构	帧头	数据区长度	数据区			
			命令字	命令参数	待发送文本	异或校验
数据	0xFD	0x00　0x02	0x03			0xFC
数据帧	0xFD 0x00 0x02 0x03 0xFC					
说明	暂停合成命令					

⑤ 恢复合成命令，如表 5.15 所示。

表 5.15　恢复合成命令

帧结构	帧头	数据区长度	数据区			
			命令字	命令参数	待发送文本	异或校验
数据	0xFD	0x00　0x02	0x04			0xFB
数据帧	0xFD 0x00 0x02 0x04 0xFB					
说明	恢复合成命令					

⑥ 芯片状态查询命令，如表 5.16 所示。

表 5.16　芯片状态查询命令

帧结构	帧头	数据区长度	数据区			
			命令字	命令参数	待发送文本	异或校验
数据	0xFD	0x00　0x02	0x21			0xDE
数据帧	0xFD　0x00　0x02　0x21　0xDE					
说明	通过该命令来判断芯片是否正常工作，并获取相应的返回参数，返回 0x4E 表明芯片仍在合成播音中，返回 0x4F 表明芯片处于空闲状态					

2. OLED 显示模块的原理

1）OLED 显示模块的基本结构

OLED 显示模块的基本结构如图 5.9 所示。基板是整个器件的基础，所有功能层都需要蒸镀到 OLED 显示模块的基板上，通常采用玻璃作为基板。OLED 显示模块的阳极与驱动电压的正极相连，阳极中的空穴在驱动电压的驱动下向 OLED 显示模块的发光层移动，阳极需要在 OLED 显示模块工作时具有一定的透光性，使得 OLED 显示模块内部发出的光能够被外界观察到，阳极最常使用的材料是氧化铟锡（ITO）。

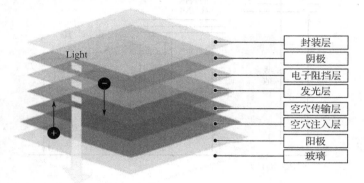

| 封装层 |
| 阴极 |
| 电子阻挡层 |
| 发光层 |
| 空穴传输层 |
| 空穴注入层 |
| 阳极 |
| 玻璃 |

图 5.9　OLED 显示模块的基本结构

空穴注入层可以使来自阳极的空穴顺利地注入空穴传输层；空穴传输层负责将空穴传输到发光层；电子阻挡层会把来自阴极的电子阻挡在 OLED 显示模块的发光层界面处，从而增大 OLED 显示模块发光层界面处的电子浓度。

OLED 显示模块的结构可分为单层结构、双层结构、三层结构和多层结构。单层结构只包含基板、阳极、阴极和发光层。由于 OLED 显示模块中的材料对电子和空穴有不同的传输能力，单层结构会使得电子和空穴在发光层界面处的浓度差别很大，会导致 OLED 显示模块的发光效率较低。

双层结构的发光层可以使电子和空穴先通过并结合成激子，然后通过激子退激的机制来发光。

三层结构一般包含有阴极、电子阻挡层、发光层、空穴传输层、阳极和基板，具有更高的电子和空穴传输能力，发光效率也更高。

多层结构除了具有三层结构所具有的功能层，还加入了更多的功能层，使 OLED 显示模块的发光效率更高，但由于 OLED 显示模块的厚度增加，需要更高的驱动电压才能使其正常工作。

2）OLED 显示模块的发光原理

OLED 显示模块是一种在外加驱动电压下可主动发光的器件，无须背光源。OLED 显示模块中的电子和空穴在驱动电压的驱动下，从模块的两极向中间的发光层移动，到达发光层后，在库仑力的作用下，电子和空穴进行再结合形成激子，激子的产生会活化发光层的有机材料，进而使得有机分子最外层的电子突破最高占有分子轨道（HOMO）能级和最低未占有分子轨道（LUMO）能级之间的能级势垒，从稳定的基态跃迁到极不稳定的激发态，处于激发态的电子极不稳定，会通过内转换回到 LUMO 能级。

如果电子从 LUMO 能级直接跃迁到稳定的基态，则 OLED 显示模块会发出荧光；如果电子先从 LUMO 能级跃迁到激发态，然后从激发态跃迁到稳定的基态，则 OLED 显示模块会发出磷光。

OLED 显示模块的发光原理如图 5.10 所示。

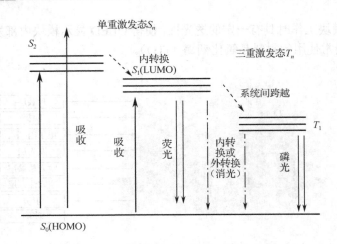

图 5.10　OLED 显示模块的发光原理

OLED 显示模块的发光过程可分为：电子和空穴的注入、电子和空穴的传输、电子和空穴的再结合、激子的退激发光四个步骤。

SSD1306 是一款用于驱动 OLED 显示模块的芯片，可以驱动有机聚合发光二极管点阵图形显示系统，由 128 列和 64 行组成，该芯片是专门为共阴极 OLED 显示模块设计的。SSD1306 芯片中嵌入了对比度控制器、显示 RAM 和晶振，可减少外部器件的使用，降低功耗；有 256 级亮度控制；数据和命令的发送可以使用 6800、8080 并口、I2C 总线接口或 SPI 总线接口，本章介绍的创意水杯使用 I2C 总线接口。

3．无线充电模块的原理

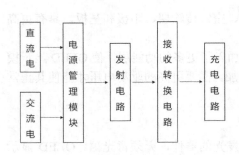

图 5.11　无线充电模块的结构框图

无线充电模块基于电磁感应的原理，通过线圈进行能量耦合，从而实现能量的传递。无线充电模块的结构框图如图 5.11 所示。

创意水杯中的无线充电模块使用的 XKT-412 型无线充电模块，该模块的发射和接收有效距离是 1～20 mm，其特点如下：

（1）XKT-412 型无线充电模块的发射线圈和接收线圈的尺寸为：外径为 40 mm、内径为 30 mm、厚度为 1.8 mm。

（2）连接方式：XKT-412 型无线充电模块的引脚 1 连接电源负极，引脚 2 连接电源正极，引脚 3 和引脚 4 连接外置发射线圈。

（3）发射线圈的工作电压为 5～12 V，发射线圈工作电流随接收负载电流的大小自动增减。

（4）接收线圈的最大输出电流为 500 mA。

（5）在小电流工作时，可通过适当增加接收线圈的匝数来增加接收线圈的有效距离。

5.2.2 HAL 层驱动开发分析

1. 语音合成芯片的驱动开发

1）硬件连接

创意水杯中的语音合成芯片采用 SYN6288 型语音合成芯片，其硬件连接如图 5.12 所示。

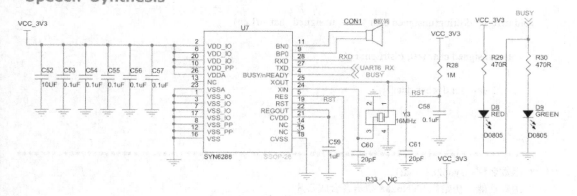

图 5.12 SYN6288 语音合成芯片的硬件连接

2）驱动函数分析

SYN6288 型语音合成芯片是通过 UART 来驱动的，其驱动函数如表所示。

表 5.17 SYN6288 型语音合成芯片的驱动函数

函 数 名 称	函 数 说 明
void uart_send_char(unsigned char ch)	功能：通过 UART 来发送数据。参数：ch 表示要发送的数据，以字节为单位发送
void uart_sendString(unsigned char *data, unsigned char strLen)	功能：通过 UART 来发送字符串。参数：*data 表示要发送的字符串，保存在数据缓冲区中；strLen 表示要发送字符串的长度
void syn6288_init()	功能：初始化 SYN6288 型语音合成芯片
int syn6288_busy(void)	功能：判断 SYN6288 型语音合成芯片是否处于忙状态
void syn6288_play(char *s)	功能：语音合成函数。参数：*s 表示需要合成的语音
char *hex2unicode(char *str)	功能：将 Unicode 格式的字符串转换成 BIN 格式的字符串。参数：*str 表示 Unicode 格式的字符串。返回值：BIN 格式的数组
void syn6288_play_unicode(char *s, int len)	功能：合成 Unicode 格式的语音。参数：*s 表示 BIN 格式的数据，len 表示数据长度
void syn6288_playMusic(unsigned char musicNum, char *str)	功能：在合成的语音中包含背景音乐。参数：musicNum 表示背景音乐（编号为 0~15）；*str 表示合成的字符串
void syn6288_playHint(unsigned char hintNum)	功能：播放提示音。参数：hintNum 表示提示音（编号为 0~25）

SYN6288 型语音合成芯片部分驱动函数的代码如下：

```
/************************************************************************
* 函数名称：uart_send_char()
* 函数功能：SYN6288 型语音合成芯片（以字节为单位发送）
* 函数参数：ch 表示要发送的数据
************************************************************************/
void uart_send_char(unsigned char ch)
{
    uart6_putc(ch);
}

void uart_sendString(unsigned char *data, unsigned char strLen)
{
    for(unsigned char i=0; i<strLen; i++)
    {
        uart_send_char(data[i]);
    }
}


/************************************************************************
* 函数名称：syn6288_init()
* 函数功能：初始化 SYN6288 型语音合成芯片
************************************************************************/
void syn6288_init()
{
    GPIO_InitTypeDef      GPIO_InitStructure;
    uart6_init(9600);
    RCC_AHB1PeriphClockCmd(SYN6288_LCK, ENABLE);
    GPIO_InitStructure.GPIO_Pin = SYN6288_PIN;
    GPIO_InitStructure.GPIO_Speed = GPIO_Speed_2MHz;
    GPIO_InitStructure.GPIO_Mode = GPIO_Mode_IN;
    GPIO_InitStructure.GPIO_PuPd = GPIO_PuPd_NOPULL;
    GPIO_InitStructure.GPIO_OType = GPIO_OType_PP;
    GPIO_Init(SYN6288_GPIO, &GPIO_InitStructure);
}

//检测 SYN6288 型语音合成芯片是否处于忙状态
int syn6288_busy(void)
{
    if(GPIO_ReadInputDataBit(SYN6288_GPIO, SYN6288_PIN))      //忙检测引脚
        return 1;                                            //没有检测到信号，返回 1
    else          return 0;                                  //检测到信号，返回 0
}


/************************************************************************
* 函数名称：syn6288_play()
* 函数功能：合成 Unicode 格式的语音
************************************************************************/
```

```
void syn6288_play(char *s)
{
    int i;
    int len = strlen(s);
    unsigned char c = 0;
    unsigned char head[] = {0xFD,0x00,0x00,0x01,0x00};              //数据包头
    head[1] = (len + 3) >> 8;
    head[2] = (len + 3) & 0xff;
    for (i=0; i<5; i++){
        uart_send_char(head[i]);
        c ^= head[i];
    }
    for (i=0; i<len; i++){
        uart_send_char(s[i]);
        c ^= s[i];
    }
    uart_send_char(c);
}


/*************************************************************************
* 函数名称：hex2unicode()
* 函数功能：将 Unicode 格式的字符串转换成 BIN 格式的字符串
*************************************************************************/
char *hex2unicode(char *str)
{
    static char uni[64];
    int n = strlen(str)/2;
    if (n > 64) n = 64;

    for (int i=0; i<n; i++) {
        unsigned int x = 0;
        for (int j=0; j<2; j++) {
            char c = str[2*i+j];
            char o;
            if (c>='0' && c<='9') o = c - '0';
            else if (c>='A' && c<='F') o = 10+(c-'A');
            else if (c>='a' && c<='f') o = 10+(c-'a');
            else o = 0;
            x = (x<<4) | (o&0x0f);
        }
        uni[i] = x;
    }
    uni[n] = 0;
    return uni;
}

/*************************************************************************
```

```
* syn6288_play_unicode()
* 函数功能：合成 Unicode 格式的语音
**************************************************************************/
void syn6288_play_unicode(char *s, int len)
{
    int i;
    char c = 0;
    unsigned char head[] = {0xFD,0x00,0x00,0x01,0x03};              //数据包头
    head[1] = (len + 3) >> 8;
    head[2] = (len + 3) & 0xff;
    for (i=0; i<5; i++){
        uart_send_char(head[i]);
        c ^= head[i];
    }
    for (i=0; i<len; i++){
        uart_send_char(s[i]);
        c ^= s[i];
    }
    uart_send_char(c);
}


/**************************************************************************
* 函数名称：syn6288_stop()
* 函数功能：停止合成
**************************************************************************/
void syn6288_stop(void)
{
    unsigned char orderBuf[5] = {0xFD, 0x00, 0x02, 0x02, 0xFD};
    uart_sendString(orderBuf, 5);
}


/**************************************************************************
* 函数名称：syn6288_suspend()
* 函数功能：暂停合成
**************************************************************************/
void syn6288_suspend(void)
{
    unsigned char orderBuf[5] = {0xFD, 0x00, 0x02, 0x03, 0xFC};
    uart_sendString(orderBuf, 5);
}


/**************************************************************************
* 函数名称：syn6288_suspend()
* 函数功能：恢复合成
**************************************************************************/
void syn6288_continue(void)
{
```

```c
    unsigned char orderBuf[5] = {0xFD, 0x00, 0x02, 0x04, 0xFD};
    uart_sendString(orderBuf, 5);
}

/*************************************************************************
* 函数名称：syn6288_playMusic()
* 函数功能：在合成语音中包含背景音乐
* 函数参数：musicNum 表示背景音乐（编号为 0～15）
*************************************************************************/
void syn6288_playMusic(unsigned char musicNum, char *str)
{
    unsigned char xorChar = 0;
    int len = strlen(str);
    if(musicNum >= 15)
    musicNum = 15;
    musicNum <<= 3;
    char orderBuf[] = {0xFD, 0x00, 0x00, 0x01, musicNum};
    orderBuf[1] = (len + 3) >> 8;
    orderBuf[2] = (len + 3) & 0xFF;
    for(unsigned char i=0; i<5; i++){
        uart_send_char(orderBuf[i]);
        xorChar ^= orderBuf[i];
    }
    for(unsigned char i=0; i<len; i++)
    {
        uart_send_char(str[i]);
        xorChar ^= str[i];
    }
    uart_send_char(xorChar);
}


/*************************************************************************
* 函数名称：syn6288_playHint()
* 函数功能：播放提示音
* 函数参数：hintNum 表示提示音（编号为 0～25）
*************************************************************************/
void syn6288_playHint(unsigned char hintNum)
{
    unsigned char xorChar = 0;
    unsigned char orderBuf[5] = {0xFD, 0x00, 0x0D, 0x01, 0x01};
    if(hintNum >= 25)
    hintNum = 25;
    unsigned char strBuf[10] = {0x5B, 0x78, 0x31, 0x5D, 0x73, 0x6F, 0x75, 0x6e, 0x64, hintNum+0x60};
    for(unsigned char i=0; i<5; i++)
    {
```

```
            uart_send_char(orderBuf[i]);
            xorChar ^= orderBuf[i];
        }
        for(unsigned char i=0; i<10; i++)
        {
            uart_send_char(strBuf[i]);
            xorChar ^= strBuf[i];
        }
        uart_send_char(xorChar);
    }


/*************************************************************************
* 函数名称：syn6288_setVolume()
* 函数功能：音量调节
* 函数参数：vValue 表示合成语音的音量；mValue 表示背景音乐的音量
**************************************************************************/
void syn6288_setVolume(unsigned char vValue, unsigned char mValue)
{
    unsigned char xorChar = 0;
    unsigned char orderBuf[5] = {0xFD, 0x00, 0x0D, 0x01, 0x01};
    if(vValue >= 16)
    vValue = 16;
    if(mValue >= 16)
    mValue = 16;
    unsigned char configBuf[10] = {0x5B, 0x76, vValue/10+0x30, vValue%10+0x30,
                             0x5D, 0x5B, 0x6D, mValue/10+0x30, mValue%10+0x30, 0x5D};
    for(unsigned char i=0; i<5; i++)
    {
        uart_send_char(orderBuf[i]);
        xorChar ^= orderBuf[i];
    }
    for(unsigned char i=0; i<10; i++)
    {
        uart_send_char(configBuf[i]);
        xorChar ^= configBuf[i];
    }
    uart_send_char(xorChar);
}
```

2．OLED 显示模块的驱动开发

1）硬件连接

创意水杯的 OLED 显示模块采用 I2C 总线进行通信，其硬件连接如图 5.13 所示。

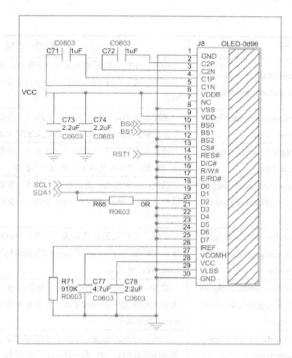

图 5.13　OLED 显示模块的硬件连接

2）驱动函数分析

OLED 显示模块是通过 I2C 总线驱动的，其驱动函数如表 5.18 所示。

表 5.18　OLED 显示模块的驱动函数

函 数 名 称	函 数 说 明
void　OLED_Init(void)	功能：初始化 OLED 显示模块
void OLED_Write_command(unsigned char IIC_Command)	功能：写命令函数。参数：IIC_Command 表示要写入的命令
void OLED_IIC_write(unsigned char IIC_Data)	功能：写数据函数。参数：IIC_Data 表示要写入的数据
void OLED_Set_Pos(unsigned char x, unsigned char y)	功能：坐标设置。参数：x 表示横坐标值；y 表示纵坐标值
void OLED_Clear(void)	功能：清屏函数
void OLED_Refresh_Gram(unsigned char startPage, unsigned char endPage)	功能：更新 OLED 显示模块。参数：startPage 表示起始页；endPage 表示结束页
void OLED_DrawPoint(unsigned char x,unsigned char y,unsigned char t)	功能：画点函数。参数：x 表示横坐标值；y 表示纵坐标值；t 表示要填充的值
void OLED_DisFill(unsigned char x1,unsigned char y1,unsigned char x2,unsigned char y2,unsigned char dot)	功能：在指定的区域内画点。参数：x1 表示起始横坐标值；y1 表示起始纵坐标值；x2 表示结束横坐标值；y2 表示结束纵坐标值；dot 要填充的值
void OLED_DisClear(int hstart,int hend,int lstart,int lend)	功能：清空指定的区域。参数：hstart 表示起始横坐标值；hend 表示起始纵坐标值；lstart 表示结束横坐标值；lend 表示结束纵坐标值
void OLED_ShowChar(unsigned char x,unsigned char y,unsigned char chr,unsigned char Char_Size)	功能：在指定的位置显示一个字符。参数：x 表示横坐标值；y 表示纵坐标值；chr 表示要显示的字符；Char_Size 表示字符长度

函 数 名 称	函 数 说 明
void OLED_ShowString(unsigned char x,unsigned char y,unsigned char *chr,unsigned char Char_Size)	功能：在指定的区域显示一个字符串。参数：x 表示横坐标值；y 表示纵坐标值；*chr 表示要显示的字符串的指针；Char_Size 表示字符串的长度
void OLED_ShowCHinese(unsigned char x,unsigned char y,unsigned char num)	功能：在指定的位置显示一个汉字。参数：x 表示横坐标值；y 表示纵坐标值；num 表示汉字在自定义字库中的编号（oledfont.h）
void OLED_ShowFont16(unsigned char x,unsigned char y,unsigned char *data)	功能：在指定的位置显示一串汉字。参数：x 表示横坐标值；y 表示纵坐标值；*data 表示要显示的一串汉字
void OLED_ShowChineseLib(unsigned char x,unsigned char y,char* text,unsigned char textSize,unsigned int showLen)	功能：在指定的位置显示汉字字库。参数：x 表示横坐标值；y 表示纵坐标值；* text 表示字符串；textSize 表示字号；showLen 表示字符串的长度
void OLED_drawLine(unsigned char startX, unsigned char startY, unsigned char endX, unsigned char endY, unsigned char status)	功能：在指定的位置画线。参数：startX 表示起始横坐标值；startY 表示起始纵坐标值；endX 表示结束横坐标值；endY 表示结束纵坐标值；status 表示填充值
void OLED_drawRect(unsigned char startX, unsigned char startY, unsigned char endX, unsigned char endY, unsigned char status)	功能：在指定的位置画矩形。参数：startX 表示起始横坐标值；startY 表示起始纵坐标值；endX 表示结束横坐标值；endY 表示结束纵坐标值；status 表示填充值
void oled_showTimeNum(unsigned char x, unsigned char y, unsigned char num)	功能：在指定的位置显示单个时间数字。参数：x 表示横坐标值；y 表示纵坐标值；num 表示要显示的时间数字在组数中位置
void oled_showNum(unsigned char x, unsigned char y, unsigned char num)	功能：在指定的位置显示单个数字。参数：x 表示横坐标值；y 表示纵坐标值；num 表示要显示数字在组数中位置
void OLED_drawBmp(unsigned char x, unsigned char y, unsigned char num)	功能：在指定的位置显示图片。参数：x 表示横坐标值；y 表示纵坐标值；num 表示要显示图片在组数中位置

OLED 显示模块部分驱动函数的代码如下：

```
#define      ADDR_W         0x78                                    //主机写地址
#define      ADDR_R         0x79                                    //主机读地址
#define      Max_Column     128
#define      Max_Row        8
unsigned char OLED_GRAM[Max_Column][Max_Row];

/******************************************************************************
* 函数名称：OLED_Init()
* 函数功能：初始化 OLED 显示模块
******************************************************************************/
void OLED_Init(void){
    oled_iic_init();
    OLED_Write_command(0xAE);
    OLED_Write_command(0x00);
    OLED_Write_command(0x10);
    OLED_Write_command(0x40);
    OLED_Write_command(0xb0);
    OLED_Write_command(0x81);
    OLED_Write_command(0xFF);
    OLED_Write_command(0xA1);
```

```
        OLED_Write_command(0xA6);
        OLED_Write_command(0xA8);
        OLED_Write_command(0x3F);
        OLED_Write_command(0xC8);
        OLED_Write_command(0xD3);
        OLED_Write_command(0x00);
        OLED_Write_command(0xD5);
        OLED_Write_command(0x80);
        OLED_Write_command(0xD8);
        OLED_Write_command(0x05);
        OLED_Write_command(0xD9);
        OLED_Write_command(0xF1);
        OLED_Write_command(0xDA);
        OLED_Write_command(0x12);
        OLED_Write_command(0xDB);
        OLED_Write_command(0x30);
        OLED_Write_command(0x8d);
        OLED_Write_command(0x14);
        OLED_Write_command(0xAF);
}

/*******************************************************************************
* 函数名称：OLED_Write_command()
* 函数功能：写命令函数
* 函数参数：IIC_Command 表示要写入的命令
*******************************************************************************/
void OLED_Write_command(unsigned char IIC_Command)
{
        oled_iic_start();                       //启动总线
        oled_iic_write_byte(ADDR_W);            //地址设置
        oled_iic_write_byte(0x00);              //命令输入
        oled_iic_write_byte(IIC_Command);       //等待数据传输完成
        oled_iic_stop();
}

/*******************************************************************************
* 函数名称：OLED_IIC_write()
* 函数功能：写数据函数
* 函数参数：IIC_Data 表示要写入的数据
*******************************************************************************/
void OLED_IIC_write(unsigned char IIC_Data)
{
        oled_iic_start();                       //启动总线
        oled_iic_write_byte(ADDR_W);            //地址设置
        oled_iic_write_byte(0x40);              //命令输入
        oled_iic_write_byte(IIC_Data);          //等待数据传输完成
        oled_iic_stop();
```

```
}
/***************************************************************************
 * 函数名称：OLED_fillpicture()
 * 函数功能：OLED_fillpicture
 ***************************************************************************/
void OLED_fillpicture(unsigned char fill_Data){
    unsigned char m,n;
    for(m=0;m<Max_Row;m++){
        OLED_Write_command(0xb0+m);
        OLED_Write_command(0x00);
        OLED_Write_command(0x10);
        for(n=0;n<Max_Column;n++){
            OLED_IIC_write(fill_Data);
        }
    }
}
/***************************************************************************
 * 函数名称：OLED_Set_Pos()
 * 函数功能：坐标设置
 ***************************************************************************/
void OLED_Set_Pos(unsigned char x, unsigned char y) {
    OLED_Write_command(0xb0+y);
    OLED_Write_command(((x&0xf0)>>4)|0x10);
    OLED_Write_command((x&0x0f));
}
/***************************************************************************
 * 函数名称：OLED_Display_On()
 * 函数功能：开启 OLED 显示
 ***************************************************************************/
void OLED_Display_On(void){
    OLED_Write_command(0x8D);
    OLED_Write_command(0x14);
    OLED_Write_command(0xAF);
}
/***************************************************************************
 * 函数名称：OLED_Display_Off()
 * 函数功能：关闭 OLED 显示
 ***************************************************************************/
void OLED_Display_Off(void){
    OLED_Write_command(0x8D);
    OLED_Write_command(0x10);
    OLED_Write_command(0xAE);
}
/***************************************************************************
 * 函数名称：OLED_Clear()
 * 函数功能：清屏函数，清屏后整个屏幕是黑色的，和没点亮一样
```

```
*********************************************************************/
void OLED_Clear(void)      {
    unsigned char i,n;
    for(i=0;i<Max_Row;i++)      {
        OLED_Write_command (0xb0+i);                    //设置页地址（0～7）
        OLED_Write_command (0x00);                      //设置显示位置—列低地址
        OLED_Write_command (0x10);                      //设置显示位置—列高地址
        for(n=0;n<Max_Column;n++)
        OLED_IIC_write(0);
    }
}


//更新 OLED 显示模块
void OLED_Refresh_Gram(unsigned char startPage, unsigned char endPage)
{
    unsigned char i=0,n=0;
    for(i=startPage; i<endPage; i++)
    {
        OLED_Write_command (0xb0+i);                    //设置页地址（0～7）
        OLED_Write_command (0x00);                      //设置显示位置—列低地址
        OLED_Write_command (0x10);                      //设置显示位置—列高地址
        for(n=0;n<Max_Column;n++)
        OLED_IIC_write(OLED_GRAM[n][i]);
    }
}
//画点：x 的范围为 0～127；y 的范围为 0～63；t 为 1 时表示填充，为 0 时表示清空
void OLED_DrawPoint(unsigned char x,unsigned char y,unsigned char t)
{
    unsigned char pos,bx,temp=0;
    if(x>(Max_Column-1)||y>(Max_Row*8-1))return;        //超出了范围
    pos=y/8;
    bx=y%8;
    temp=1<<bx;
    if(t)OLED_GRAM[x][pos]|=temp;
    else OLED_GRAM[x][pos]&=~temp;
}
void OLED_DisFill(unsigned char x1,unsigned char y1,unsigned char x2,unsigned char y2,unsigned char dot)
{
    unsigned char x,y;
    for(x=x1;x<=x2;x++)
    {
        for(y=y1;y<=y2;y++)OLED_DrawPoint(x,y,dot);
    }
}
/*********************************************************************
* 函数名称：OLED_DisClear()
* 函数功能：清空指定的区域
```

```
*********************************************************************************/
void OLED_DisClear(int hstart,int hend,int lstart,int lend){
    unsigned char i,n;
    for(i=hstart;i<=hend;i++) {
        OLED_Write_command (0xb0+i);                      //设置页地址（0～7）
        OLED_Write_command (0x00);                        //设置显示位置—列低地址
        OLED_Write_command (0x10);                        //设置显示位置—列高地址
        for(n=lstart;n<=lend;n++) {
            OLED_IIC_write(0);
        }

    }
}
/*********************************************************************************
* 函数名称：OLED_ShowChar()
* 函数功能：在指定的位置显示一个字符
* 函数参数：x 表示横坐标值（范围为 0～127）；y 表示纵坐标值（范围为 0～63）；chr 表示要显示的
           字符；Char_Size 表示字符长度
*********************************************************************************/
void OLED_ShowChar(unsigned char x,unsigned char y,unsigned char chr,unsigned char Char_Size){
    unsigned char c=0,i=0;
    c=chr-' ';                                            //得到偏移后的值
    if(x>Max_Column-1){x=0;y=y+2;}
    if(Char_Size ==16){
        OLED_Set_Pos(x,y);
        for(i=0;i<8;i++)
            OLED_IIC_write(F8X16[c*16+i]);
        OLED_Set_Pos(x,y+1);
        for(i=0;i<8;i++)
            OLED_IIC_write(F8X16[c*16+i+8]);
    }
    else if(Char_Size ==12){
        OLED_Set_Pos(x,y);
        for(i=0;i<6;i++)
            OLED_IIC_write(F6X12[c*12+i]);
        OLED_Set_Pos(x,y+1);
        for(i=0;i<6;i++)
            OLED_IIC_write(F6X12[c*12+i+6]);
    }
    else {
        OLED_Set_Pos(x,y);
        for(i=0;i<6;i++)
            OLED_IIC_write(F6x8[c][i]);
    }
}
```

```
/*******************************************************************************
* 函数名称：OLED_ShowString()
* 函数功能：在指定的区域显示一个字符串
* 函数参数：x 表示横坐标值（范围为 0～127）；y 表示纵坐标值（范围为 0～63）；
             *chr 表示要显示的字符串的指针；Char_Size 表示字符串的长度
*******************************************************************************/
void OLED_ShowString(unsigned char x,unsigned char y,unsigned char *chr,unsigned char Char_Size){
    unsigned char j=0;
    while (chr[j]!='\0'){
        OLED_ShowChar(x,y,chr[j],Char_Size);
        if(Char_Size == 8)
        x += 6;
        else
        x += 8;
        if(x>120){
            x=0;
            if(Char_Size == 8)
            y++;
            else
            y += 2;
        }
        j++;
    }
}
/*******************************************************************************
* 函数名称：OLED_ShowCHinese()
* 函数功能：在指定的位置显示一个汉字
* 函数参数：x 表示横坐标值（范围为 0～127）；y 表示纵坐标值（范围为 0～63）；
             num 表示汉字在自定义字库中的编号（oledfont.h）
*******************************************************************************/
void OLED_ShowCHinese(unsigned char x,unsigned char y,unsigned char num){
    unsigned char t;
    OLED_Set_Pos(x,y);
    for(t=0;t<16;t++){
        OLED_IIC_write(Hzk[2*num][t]);
    }
    OLED_Set_Pos(x,y+1);
    for(t=0;t<16;t++){
        OLED_IIC_write(Hzk[2*num+1][t]);
    }
}

/*******************************************************************************
* 函数名称：OLED_ShowFont16
* 函数功能：在指定的位置显示一串汉字（16*16）
* 函数参数：x 表示横坐标值；y 表示纵坐标值；*data 表示要显示的一串汉字
*******************************************************************************/
```

```
void OLED_ShowFont16(unsigned char x,unsigned char y,unsigned char *data)
{
    unsigned int i,j,b=1,index;
    unsigned char tmp_char;
    for(b=0; b<1; b++)
    {
        index=(94*(data[b*2] - 0xa1)+(data[b*2+1] - 0xa1));              //计算区位
        for(i=0; i<16; i++)
        {
            for(j=0; j<8; j++)
            {
                tmp_char=gbk_st16[index*32+i*2];
                if ( (tmp_char << j) & 0x80)
                OLED_DrawPoint(x+j,y+i,1);
            }
            for(j=0; j<8; j++)
            {
                tmp_char=gbk_st16[index*32+i*2+1];
                if ((tmp_char << j) & 0x80)
                OLED_DrawPoint(x+j+8,y+i,1);
            }
        }
    }
}


/**********************************************************************************
* 函数名称：OLED_ShowFontString16
* 函数功能：在指定的位置显示汉字字库
* 函数参数：参数：x 表示横坐标值；y 表示纵坐标值；* text 表示字符串；textSize 表示字号；
            showLen 表示字符串的长度
**********************************************************************************/
void OLED_ShowChineseLib(unsigned char x,unsigned char y,char* text,unsigned char textSize,unsigned int
showLen)
{
    u8* temp=(u8*)text;
    u16 x1=x;

    while(x1<(x+showLen))
    {
        if(*temp!='\0')
        {
            if (*temp & 0x80)
            {
                OLED_ShowFont16(x1,y,temp);
                temp+=2;
                x1+=textSize;
            }
```

```
                    else
                    {
                        OLED_ShowChar(x1,y, *temp, 8);
                        temp ++;
                        x1 += (textSize/2);
                    }
                }
                else
                {
                    OLED_ShowChar(x1,y,' ',8);
                    x1 += 8;
                }
            }
        }
    }
    void OLED_Fill(void) {
        unsigned char i,n;
        for(i=0;i<Max_Row;i++)      {
            OLED_Write_command (0xb0+i);                    //设置页地址（0～7）
            OLED_Write_command (0x00);                      //设置显示位置—列低地址
            OLED_Write_command (0x10);                      //设置显示位置—列高地址
            for(n=0;n<Max_Column;n++)
            OLED_IIC_write(0xff);
        }
    }
```

//在指定位置画线

```
    void OLED_drawLine(unsigned char startX, unsigned char startY, unsigned char endX, unsigned char endY,
unsigned char status)
    {
        unsigned short x, y;
        if((startX == endX) && (startY == endY))
        OLED_DrawPoint(startX, startY, status);
        else if(abs(endY - startY) > abs(endX - startX))
        {
            if(startY > endY)
            {
                startY ^= endY;
                endY ^= startY;
                startY ^= endY;
                startX ^= endX;
                endX ^= startX;
                startX ^= endX;
            }
            for(y=startY; y<endY; y++)
            {
                x = (unsigned short)(y-startY)*(endX-startX)/(endY-startY)+startX;
                OLED_DrawPoint(x, y, status);
```

```
        }
    } else {
        if(startX>endX)
        {
            startY ^= endY;
            endY ^= startY;
            startY ^= endY;
            startX ^= endX;
            endX ^= startX;
            startX ^= endX;
        }
        for(x=startX;x<=endX;x++)
        {
            y = (unsigned short)(x-startX)*(endY-startY)/(endX-startX)+startY;
            OLED_DrawPoint(x, y, status);
        }
    }
}


//在指定位置画圆
void OLED_drawCircle(unsigned char CircleX, unsigned char CircleY, unsigned char CircleR)
{
    float PI = 3.14;
    unsigned short x = 0, y = 0;
    for(unsigned short i=0; i<360; i++)
    {
        x = (unsigned char)(CircleR * sin((2*i)*(PI/360)) + CircleX);    //计算应该打点的位置
        y = (unsigned char)(CircleR * cos((2*i)*(PI/360)) + CircleY);
        OLED_DrawPoint(x ,y ,1);                                         //打点
    }
}


//在指定位置画矩形
void OLED_drawRect(unsigned char startX, unsigned char startY, unsigned char endX, unsigned char endY,
unsigned char status)
{
    OLED_drawLine(startX,startY,endX,startY,status);
    OLED_drawLine(startX,startY,startX,endY,status);
    OLED_drawLine(startX,endY,endX,endY,status);
    OLED_drawLine(endX,startY,endX,endY,status);
}
//在指定位置单个时间数字
void oled_showTimeNum(unsigned char x, unsigned char y, unsigned char num)
{
    OLED_Set_Pos(x,y);
    for(unsigned char i=0; i<8; i++)
    OLED_IIC_write(TimeNum[2*num][i]);
```

```
        OLED_Set_Pos(x,y+1);
        for(unsigned char i=0; i<8; i++)
        OLED_IIC_write(TimeNum[2*num+1][i]);
}


//在指定位置显示单个数字
void oled_showNum(unsigned char x, unsigned char y, unsigned char num)
{
        OLED_Set_Pos(x,y);
        for(unsigned char i=0; i<20; i++)
        OLED_IIC_write(Num[4*num][i]);
        OLED_Set_Pos(x,y+1);
        for(unsigned char i=0; i<20; i++)
        OLED_IIC_write(Num[4*num+1][i]);
        OLED_Set_Pos(x,y+2);
        for(unsigned char i=0; i<20; i++)
        OLED_IIC_write(Num[4*num+2][i]);
        OLED_Set_Pos(x,y+3);
        for(unsigned char i=0; i<20; i++)
        OLED_IIC_write(Num[4*num+3][i]);
}
/********************************************************************************
* 函数名称：OLED_SlideCHinese()
* 函数功能：滑屏显示多个汉字
* 函数参数：x 表示横坐标值（范围为 0~127）；y 表示纵坐标值（范围为 0~63）；startNum 表示开始
编号；
              endNum 表示结尾编号（汉字在自定义字库中的编号）；showNum 表示要显示汉字的个数；
              slideSize 表示每次滑动像素大小；firstFlag 表示是否清除上次显示记录
********************************************************************************/
void OLED_SlideCHinese(unsigned char x,unsigned char y,unsigned char startNum, unsigned char endNum,
                       unsigned char showNum, unsigned char slideSize, char firstFlag)
{
        static unsigned int slideCount = 0;
        if(firstFlag == 1)
        slideCount = 0;
        slideCount += slideSize;
        if(slideCount > (endNum-startNum-showNum+1)*16)
        slideCount = 0;
        unsigned char a = slideCount/16;
        unsigned char b = startNum+a;
        unsigned char c = slideCount%16;
        for(unsigned char i=0; i<showNum+1; i++)
        {
            if(i == 0)
            {
                OLED_Set_Pos(x+(i*16), y);
                for(unsigned char t=0; t<16-c; t++){
```

```
                        OLED_IIC_write(Hzk[2*b][t+c]);
                }
                OLED_Set_Pos(x+(i*16), y+1);
                for(unsigned char t=0; t<16-c; t++){
                        OLED_IIC_write(Hzk[2*b+1][t+c]);
                }
        }
        else
        {
                OLED_Set_Pos(x+(i*16)-c, y);
                for(unsigned char t=0;t<16;t++){
                        OLED_IIC_write(Hzk[2*(i+startNum+a)][t]);
                }
                OLED_Set_Pos(x+(i*16)-c, y+1);
                for(unsigned char t=0;t<16;t++){
                        OLED_IIC_write(Hzk[2*(i+startNum+a)+1][t]);
                }
        }
    }
}

//在指定位置显示图片
void OLED_drawBmp(unsigned char x, unsigned char y, unsigned char num)
{
    for(unsigned char i=0; i<4; i++)
    {
        OLED_Set_Pos(x,y+i);
        for(unsigned char j=0; j<32; j++)
            OLED_IIC_write(Bmp[4*num+i][j]);
    }
}
```

3．无线充电模块的驱动开发

1）硬件连接

创意水杯中的无线充电模块采用 XKT-412 型无线充电模块，其硬件连接如图 5.14 所示。XKT-412 型无线充电模块分为发射电路与接收电路，发射电路通过 TEMP_SW 引脚连接到微处理器（STM32F407）的 PD13 引脚，通过微处理器输出低电平来关闭无线充电模块，通过微处理器输出高电平来开启无线充电模块；接收电路通过将接收线圈能量转化为 5 V 的电压，供发热片使用。本章介绍的创意水杯使用 XKT-412 型无线充电模块来为发热片提供电压，从而实现创意水杯的加热功能。

2）驱动函数分析

XKT-412 型无线充电模块是通过 GPIO 来驱动的，其驱动函数如表 5.19 所示。

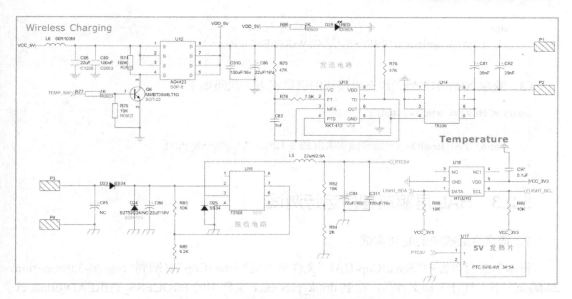

图 5.14 XKT-412 型无线充电模块的硬件连接

表 5.19 XKT-412 型无线充电模块的驱动函数

函 数 名 称	函 数 说 明
void wireless_init(void)	功能：初始化 XKT-412 型无线充电模块的引脚
void wireless_control(unsigned char cmd)	功能：控制 XKT-412 型无线充电模块的开启和关闭。参数：cmd 表示开始或关闭的命令
unsigned char get_wireless(void)	功能：获取 XKT-412 型无线充电模块的引脚状态。返回值：XKT-412 型无线充电模块的引脚状态

（1）初始化 XKT-412 型无线充电模块的引脚。代码如下：

```
void wireless_init(void)
{
    GPIO_InitTypeDef GPIO_InitStruct;
    RCC_AHB1PeriphClockCmd(WIRELESS_RCC, ENABLE);
    GPIO_InitStruct.GPIO_Pin = WIRELESS_PIN;
    GPIO_InitStruct.GPIO_Mode = GPIO_Mode_OUT;
    GPIO_InitStruct.GPIO_OType = GPIO_OType_PP;
    GPIO_InitStruct.GPIO_PuPd = GPIO_PuPd_UP;
    GPIO_InitStruct.GPIO_Speed = GPIO_Low_Speed;
    GPIO_Init(WIRELESS_GPIO, &GPIO_InitStruct);
    wireless_control(0x00);
}
```

（2）控制 XKT-412 型无线充电模块的开启和关闭。代码如下：

```
void wireless_control(unsigned char cmd)
{
    if(cmd & 0x01)
        GPIO_SetBits(WIRELESS_GPIO, WIRELESS_PIN);
```

```
    else
        GPIO_ResetBits(WIRELESS_GPIO, WIRELESS_PIN);
}
```

（3）获取 XKT-412 型无线充电模块的引脚状态。代码如下：

```
unsigned char get_wireless(void)
{
    return GPIO_ReadOutputDataBit(WIRELESS_GPIO, WIRELESS_PIN);
}
```

5.2.3 HAL 层驱动程序运行测试

1. 语音合成模块的驱动测试

将本书配套资源中“SmartCup-HAL”文件夹下的“SmartCup”复制到“contiki-3.0\zonesion\ZMagic”下。打开工程文件后，找到 drink_process.c 文件中的 PROCESS_THREAD(drink, ev, data)函数，将其中的 wireless_control(0x01)函数注释掉，如图 5.15 所示，其原因是进行断点调试时，充电模块会一直处于充电状态，发热严重，可能会损坏板卡。

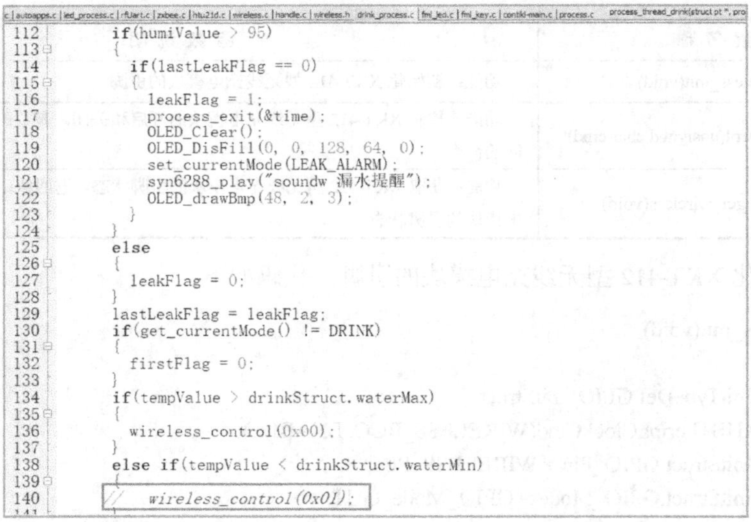

```
        if(humiValue > 95)
        {
          if(lastLeakFlag == 0)
          {
            leakFlag = 1;
            process_exit(&time);
            OLED_Clear();
            OLED_DisFill(0, 0, 128, 64, 0);
            set_currentMode(LEAK_ALARM);
            syn6288_play("soundw 漏水提醒");
            OLED_drawBmp(48, 2, 3);
          }
        }
        else
        {
          leakFlag = 0;
        }
        lastLeakFlag = leakFlag;
        if(get_currentMode() != DRINK)
        {
          firstFlag = 0;
        }
        if(tempValue > drinkStruct.waterMax)
        {
          wireless_control(0x00);
        }
        else if(tempValue < drinkStruct.waterMin)
        {
//        wireless_control(0x01);
```

图 5.15　注释掉 wireless_control(0x01)函数

编译代码后，将生产的文件下载到创意水杯板卡中。进入调试模式后，在 handle.c 文件中找到 PROCESS_THREAD(handle, ev, data)进程函数，在该函数中设置断点，如图 5.16 所示，当程序运行到断点处时，创意水杯系统会播放“欢迎使用创意水杯”，并伴有背景音乐。

进入 syn6288_playMusic()函数并设置断点，如图 5.17 所示，该函数中的 musicNum 为背景音乐的编号，orderBuf[1]和 orderBuf[2]用于计算发送数据的长度。首先通过 uart_send_char()函数逐位发送数据头，并执行异或检验计算；然后通过 uart_send_char()函数逐位发送 str[i]数据，也就是语音字符串数据。

```
103      etimer_set(&etimer_handle, 500);
104      while(1)
105      {
106        PROCESS_YIELD();
107        if(ev == key_event)
108        {
109          key_dataHandle((*(unsigned char*)data));
110        }
111        if(ev == PROCESS_EVENT_TIMER)
112        {
113          if(firstVoice == 0)
114          {
115            syn6288_playMusic(0x03, "        欢迎使用 创意水杯    ");
116            firstVoice = 1;
117          }
118          if(currentMode != TIME && currentMode <= TEMP_RANGE)
119          {
120            closeCount++;
121            if(closeCount >= 20)
122            {
123              currentMode = TIME;
```

图 5.16　在 PROCESS_THREAD(handle, ev, data)进程函数中设置断点

```
199  * 注释;
200  *************************************************************
201  void syn6288_playMusic(unsigned char musicNum, char *str)
202  {
203    unsigned char xorChar = 0;
204    int len = strlen(str);
205    if(musicNum >= 15)
206      musicNum = 15;
207    musicNum <<= 3;
208    char orderBuf[] = {0xFD, 0x00, 0x00, 0x01, musicNum};
209    orderBuf[1] = (len + 3) >> 8;
210    orderBuf[2] = (len + 3) & 0xFF;
211    for(unsigned char i=0; i<5; i++){
212      uart_send_char(orderBuf[i]);
213      xorChar ^= orderBuf[i];
214    }
215    for(unsigned char i=0; i<len; i++)
216    {
217      uart_send_char(str[i]);
218      xorChar ^= str[i];
219    }
220    uart_send_char(xorChar);
221  }
```

图 5.17　在 syn6288_playMusic()函数中设置断点

2. OLED 显示模块的驱动测试

进入 handle 进程，在 process_start(&time, NULL)函数中设置断点，如图 5.18 所示，当程序运行到断点处时，会调用 show_dateTime()函数。

```
89
90   PROCESS_THREAD(handle, ev, data)
91   {
92     PROCESS_BEGIN();
93     OLED_Init();
94     W25QXX_Init();
95     syn6288_init();
96     wireless_init();
97     alarm_event = process_alloc_event();
98     process_start(&BatteryVoltageUpdate, NULL);
99     process_start(&time, NULL);
100    process_start(&alarm, NULL);
101    process_start(&drink, NULL);
102    process_start(&drug, NULL);
103    etimer_set(&etimer_handle, 500);
104    while(1)
105    {
106      PROCESS_YIELD();
107      if(ev == key_event)
108      {
109        key_dataHandle((*(unsigned char*)data));
110      }
```

图 5.18　在 process_start(&time, NULL)函数中设置断点

在 show_dateTime()函数中设置断点，如图 5.19 所示，当程序运行到断点处时，创意水杯系统会显示当前的时间。

```
84  PROCESS_THREAD(time, ev, data)
85 □ {
86      struct alarmTypedef alarmStruct;
87      PROCESS_BEGIN();
88      OLED_Clear();
89      htu21d_init();
90      etimer_set(&etimer_time, 50);
91      while(1)
92 □    {
93        PROCESS_YIELD();
94        if(ev == PROCESS_EVENT_EXIT)
95 □      {
96          OLED_Clear();
97        }
98        if(ev == PROCESS_EVENT_TIMER)
99 □      {
100         show_statusBar(timeLinkFlag);
101         show_dateTime();
102         alarmStruct = get_alarmConfig(0x01);
```

图 5.19 在 show_dateTime()函数中设置断点

show_dateTime()函数是通过调用 oled_showTime()函数来显示时间的。在 oled_showTime()函数中设置断点，如图 5.20 所示，当程序运行到断点处时，在创意水杯的 OLED 上会显示小时的十位数，如图 5.21 所示。

```
68    // 显示时间
69    int oled_showTime(unsigned char colon)
70 □  {
71      Calendar_t calendarStruct;
72      calendarStruct = Calendar_Get();
73      if(calendarStruct.hour > 23 || calendarStruct.minute > 59 || \
74        calendarStruct.day > 31 || calendarStruct.month > 12 || calendarStruct.week > 6)
75 □    {
76        // 秒 分 时 日 周 月 年
77        unsigned char timeBuf[7] = {0x00, 0x00, 0x00, 0x01, 0x06, 0x01, 0x00};
78        set_pcf8563Time(timeBuf);
79        return -1;
80      }
81      else
82 □    {
83        oled_showNum(14, 2, calendarStruct.hour/10);
84        oled_showNum(34, 2, calendarStruct.hour%10);
85        if(colon)
86          oled_showNum(54, 2, 10);
87        else
88          oled_showNum(54, 2, 11);
89        oled_showNum(74, 2, calendarStruct.minute/10);
90        oled_showNum(94, 2, calendarStruct.minute%10);
91        oled_showDate();
92      }
93      return 1;
94    }
```

图 5.20 在 oled_showTime()函数中设置断点

图 5.21 在创意水杯的 OLED 上显示小时的十位数

3. 无线充电模块的驱动测试

在进行无线充电模块的充电测试时，需要取消掉对 wireless_control(0x01)的注释。在 drink_process.c 文件的中 PROCESS_THREAD(drink, ev, data)函数中，将 wireless_control(0x01) 函数取消注释后重新编译代码，将编译生成的文件下载到创意水杯板卡上。在 wireless_control(0x01)函数处设置断点，将变量 tempValue 添加到 Watch 1 窗口，如图 5.22 所示，当程序运行到断点处时，根据测到的温度值与设值的温度上限比较结果，如温度值大于上限值则充电，否则不进行充电。

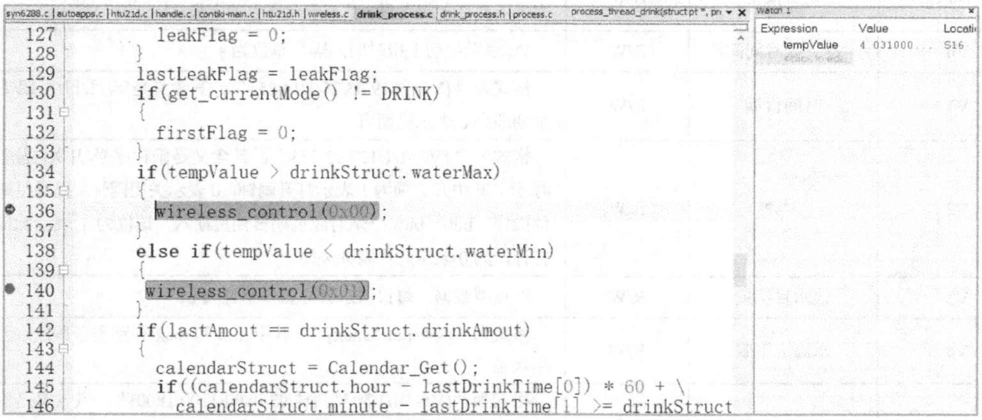

图 5.22　在 wireless_control(0x01)函数处设置断点

5.2.4　小结

通过本节的学习和实践，读者可以了解语音合成芯片、OLED 显示模块、无线充电模块的原理及驱动程序的设计，并在创意水杯板卡上进行驱动程序测试，提高读者编写驱动程序的能力。

5.3　创意水杯通信设计

5.3.1　框架总体分析

创意水杯的框架总体结构和运动手环的总体框架结构类似，详见 4.3.1 节。

5.3.2　数据通信协议设计

创意水杯具有饮水管理、水温控制、服药提醒、时间日期、闹钟设置等功能，这些功能的实现必然会有数据在创意水杯、智云平台（智云服务器）和创意水杯应用 App 之间流动。要实现数据的流动，就必须按照一定的协议（数据通信协议）来发送和接收这些数据。创意水杯的数据通信协议如表 5.20 所示。

表 5.20　创意水杯的数据通信协议

参　数	含　义	读写权限	说　明
A0	饮水量	R	整型数据，表示饮水量，单位为 ml
A1	水温	R	浮点型数据，表示创意水杯中水的温度，单位为℃
A2	漏水检测	R	1 表示创意水杯漏水，0 表示创意水杯不漏水
A7	电池电量	R	浮点型数据，表示电池电量百分比
D0(OD0/CD0)	主动上报使能	R/W	D0 的 bit0～bit2 和 bit7 分别对应 A0～A2 和 A7 是否能主动上报，0 表示不允许主动上报，1 表示允许主动上报
V0	主动上报时间间隔	R/W	V0 表示主动上报时间间隔，单位为 s
V1	时间日期	R/W	格式为"{V1=2019/03/26/1/14/25}"，其含义是年/月/日/星期/时/分，星期项为 0 表示星期日
V2	闹钟	R/W	格式为"{V2=1/1/127/13/25}"，其含义是闹钟序号/开关/提醒星期/时/分，其中开关项为 1 表示打开闹钟，0 表示关闭闹钟；提醒星期使用位操作，bit0～bit6 分别对应星期日到星期六，该位为 1 表示此日闹钟打开，为 0 表示此日闹钟关闭
V3	饮水目标量	R/W	浮点型数据，每日饮水目标量，单位为 ml
V4	水温上下限	R/W	格式为"{V4=min&max}"，其中 min 和 max 分别表示最低水温和最高水温
V5	服药提醒	R/W	格式为"{V5=01/1/阿莫西林/03/0800/1200/1800}"，其含义是服药提醒序号/服药提醒开关/药物名称/服药数量/服药时间 1/服药时间 2/服药时间 3/8 点/12 点/18 点
V7	自定义数据	R/W	格式为"{V7=type/length/indexMax/index/data}"，其含义是数据类型/数据包长度/数据分包大小/数据分包时的序号/数据，用于语音和图片数据的传输

　　参数 V1～V3 分别用来表示时间日期、闹钟和饮水目标量，创意水杯应用 App 能够通过智云服务器读取创意水杯板卡中设置的时间日期、闹钟和目标饮水量，在运动手环应用 App 中也可以设置运动手环的时间日期、闹钟和饮水目标量；V4 表示水温的上下限，当水温低于水温下限时，创意水杯会打开加热开关，当水温高于水温上限时创意水杯会关闭加热开关；V5 表示服药提醒，创意水杯应用 App 可根据需要添加服药提醒；V7 表示自定义数据，用于语音、图片的传输。

　　参数 A0 表示饮水量，本章的饮水为模拟饮水，当按下创意水杯上的 K1 按键时可模拟喝水，A0 的值会增大；A1 表示水温，由创意水杯板卡中的温度传感器采集的水温。

5.3.3　智云框架

　　创意水杯也是基于物联网四层架构来开发的，其中应用层的开发采用智云框架进行，相关函数放在 sensor.c 文件中实现，和运动手环的开发类似。关于智云框架的介绍，请参考 4.3.3 节。

5.3.4　应用端通信函数测试

　　（1）将编译后生成的文件下载到创意水杯板卡。将本书配套资源中"SmartCup-HAL"下的"SmartCup"文件夹复制到"Zmagic\contiki-3.0\zonesion\ZMagic"中。打开工程文件后编译代码，将编译生成的文件下载到创意水杯板卡。为创意水杯上电按下 K4 按键，这时 OLED 上显示蓝牙设备的 MAC 地址，如图 5.23 所示。

图 5.23　创意水杯 OLED 显示的蓝牙设备 MAC 地址

（2）配置 TruthBlue2_8 软件。通过 USB 连接 Android 端和 PC，安装本书配套资源中的 TruthBlue2_8.apk，打开 Android 端的蓝牙设备后运行 TruthBlue2_8 软件，该软件会进入自动搜索界面。当创意水杯板卡处于开机状态时，TruthBlue2_8 软件会搜索到创意水杯板卡上蓝牙设备，如图 5.24 所示，图中，创意水杯板卡上蓝牙设备的 MAC 地址为 D0:B5:C2:D4:1D:02，TruthBlue2_8 的搜索界面中以"Mac"来标识。当进行多组实验时，TruthBlue_8 软件会搜索到很多蓝牙设备，观察创意水杯 OLED 显示的 MAC 地址，和 TruthBlue_8 软件搜索到的蓝牙设备 MAC 地址做比对。

（3）连接蓝牙设备。在 TruthBlue2_8 软件的自动搜索界面中选择要连接的蓝牙设备，可进入属性界面，单击"unknow"选项，可出现"ZXBee"选项，如图 5.25 所示。

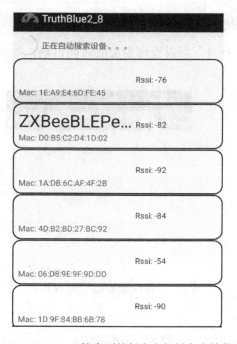

图 5.24　TruthBlue2_8 搜索到的创意水杯板卡上的蓝牙设备

图 5.25　连接蓝牙设备

（4）数据的发送和接收。在 TruthBlue2_8 软件属性界面中单击"ZXBee"选项，可进入数据读写界面。在 sensor.c 文件中找到 sensor_poll()函数，在该函数中设置断点，如图 5.26 所示，程序会在 30 s 后跳转到断点处，此时就可以主动上报数据了。在 TruthBlue2_8 软件中接收到的数据如图 5.27 所示。

```
SysCalendar.c | pcf8563.c | w25qxx.c | alarm_process.c | drug_process.c | drink_process.c | sensor.c | contiki-main.c | process.c | zxbee.c | sensor_process.c | rfUart.c | oled_iic.c

135   ***********************************************************************************/
136   void sensor_poll(unsigned int t)
137 □ {
138     char buf[64] = {0};
139     char *p = buf;
140     if (V0 != 0)
141     {
142       updateA0();
143       updateA1();
144       updateA2();
145       updateA7();
146       if (t % V0 == 0)
147 □     {
148         ZXBeeBegin();
149         if (D0 & 0x01)
150 □       {
151           sprintf(buf, "%d", A0);
152           ZXBeeAdd("A0", buf);
153         }
154         if (D0 & 0x02)
155 □       {
156           sprintf(buf, "%.1f", A1);
157           ZXBeeAdd("A1", buf);
158         }
159         if (D0 & 0x04)
160 □       {
161           sprintf(buf, "%d", A2);
162           ZXBeeAdd("A2", buf);
163         }
164         if (D0 & 0x80)
165 □       {
166           sprintf(buf, "%.1f", A7);
167           ZXBeeAdd("A7", buf);
168         }
169         p = ZXBeeEnd();
170         if (p != NULL)
171 □       {
172 ⊙         RFSendData(p);
173         }
174       }
```

图 5.26 在 sensor_poll() 函数中设置断点

根据创意水杯的数据通信协议，发送"{V1=?}"可以查询当前的时间日期，如图 5.28 所示。

图 5.27 TruthBlue2_8 显示接收数据

图 5.28 发送"{V1=?}"查询当前的时间日期

在 sensor.c 文件中找到 z_process_command_call() 函数，在该函数中设置断点，如图 5.29 所示，当程序运行到断点处时，可查询当前的时间日期。

```
SysCalendar.c | pcf8563.c | w25qxx.c | alarm_process.c | drug_process.c | drink_process.c | sensor.c | contki-main.c | process.c | zxbee.c | sensor_process.c          z_process_command_call(char *, char *, cha
351      if (memcmp(ptag, "A7", 2) == 0)
352      {
353        if (pval[0] == '?')
354        {
355          ret = sprintf(obuf, "A7=%.1f", A7);
356        }
357      }
358      if (memcmp(ptag, "V1", 2) == 0)
359      {
360        Calendar_t calendar;
361        if (pval[0] == '?')
362        {
363          calendar = Calendar_Get();
364          ret = sprintf(obuf, "V1=%04d/%02d/%02d/%d/%02d/%02d", calendar.year, calen
365                        calendar.day, calendar.week, calendar.hour, calendar.minute)
366        }
367        else
368        {
369          char *time = pval;
370          for(unsigned char i=1; i<=6; i++)
371          {
372            switch(i)
373            {
374            case 1: calendar.year = atoi(time); break;
375            case 2: calendar.month = atoi(time+1); break;
376            case 3: calendar.day = atoi(time+1); break;
377            case 4: calendar.week = atoi(time+1); break;
378            case 5: calendar.hour = atoi(time+1); break;
379            case 6: calendar.minute = atoi(time+1); break;
```

图 5.29　在 z_process_command_call()函数中设置断点

根据创意水杯的数据通信协议，发送 "{V3=2500,V3=?}" 可以修改目标饮水量并查询修改是否成功，如图 5.30 所示。

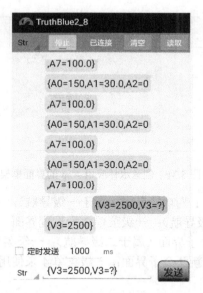

图 5.30　发送 "{V3=2500,V3=?}" 修改目标饮水量并查询修改是否成功

5.3.5　小结

通过本节的学习和实践，读者可以了解创意水杯系统程序的整体框架，学习数据通信协议的设计，理解智云框架的执行流程，并完成应用端通信函数的测试。

5.4 创意水杯应用 App 设计

5.4.1 WebApp 框架设计

1. WebApp 介绍

WebApp 介绍请参考 2.4.1 节。

2. WebApp 技术实现

创意水杯的 WebApp 的实现和智能台灯类似，详见 2.4.1 节。

3. 创意水杯应用 App 界面逻辑分析与设计

在开发创意水杯应用 App 之前，需要先为应用 App 的界面设计一套界面逻辑，然后按照设计的界面逻辑编写代码。

创意水杯应用 App 的界面设计采用两级菜单的形式，一级菜单属于一级导航，二级菜单属于二级导航。一级导航分布在创意水杯应用 App 界面的上部，每个一级导航都有若干二级导航，二级导航是对第一级导航的细化，主要实现界面的功能。创意水杯应用 App 的界面框架如图 5.31 所示。

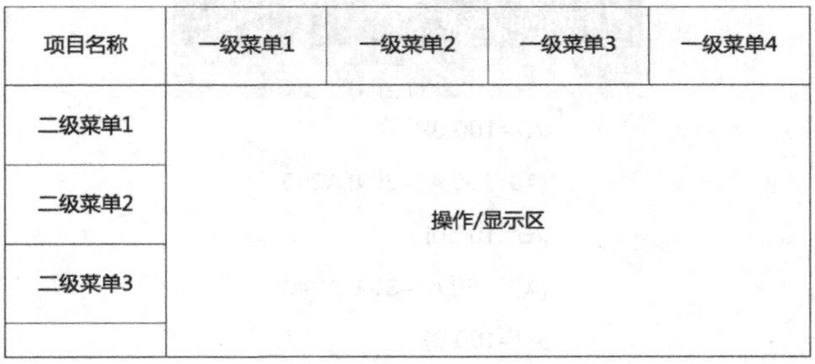

项目名称	一级菜单1	一级菜单2	一级菜单3	一级菜单4
二级菜单1				
二级菜单2		操作/显示区		
二级菜单3				

图 5.31　创意水杯应用 App 的界面框架

在图 5.31 中，一级菜单 1 为功能界面（属于一级导航），下设饮水管理、水温控制、服药提醒三个子界面（属于二级导航）；一级菜单 2 为设置界面（属于一级导航），下设时间设置、闹钟设置、设备绑定三个子界面（属于二级导航）；一级菜单 3 为其他界面（属于一级导航），下设产品介绍、版本更新两个子界面；一级菜单 4 未使用。

（1）功能界面的框架。

① 饮水管理子界面的框架如图 5.32 所示。

② 水温控制子界面的框架如图 5.33 所示。

③ 服药提醒子界面的框架如图 5.34 所示。

（2）设置界面的框架。

① 时间日期子界面的框架如图 5.35 所示。

图 5.32　饮水管理子界面的框架

图 5.33　水温控制子界面的框架

图 5.34　服药提醒子界面的框架

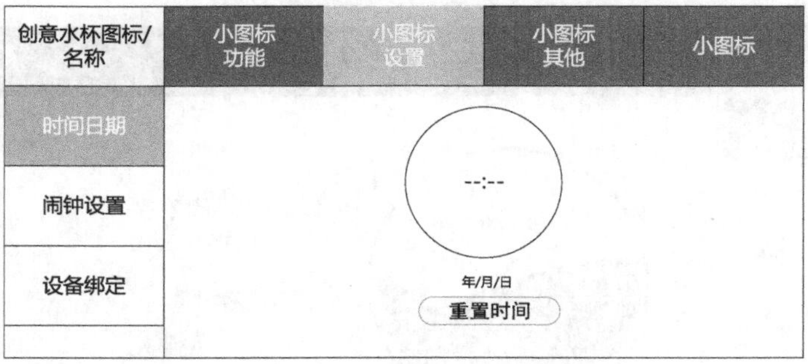

图 5.35　时间日期子界面的框架

② 闹钟设置子界面的框架如图 5.36 所示。

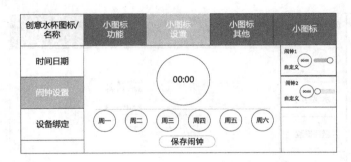

图 5.36　闹钟设置子界面的框架

③ 设备绑定子界面的框架如图 5.37 所示。

图 5.37　设备绑定子界面的框架

5.4.2　创意水杯应用 App 的功能设计

创意水杯应用 App 的功能主要包括饮水管理、水温控制、服药提醒，以及时间日期与闹钟设置等。

1．饮水管理功能的设计

饮水管理子界面主要显示今日目标饮水量和今日当前饮水量，在数据通信协议中对应的参数分别是 A0 和 V3。饮水管理子界面（属于二级导航）位于功能界面（属于一级导航）下，如图 5.38 所示。

图 5.38　饮水管理子界面

（1）在"设置目标饮水量"文本输入框中输入数值后，单击"确认"按钮可判断输入的数值是否合理，并将输入的数值显示在饮水管理子界面中，同时将今日目标饮水量发送到创意水杯中。代码如下：

```
$("#polo-change").on("click", function () {
    var $polo_value = $("#polo-input").val();
    if (!isNaN($polo_value)) {
        if ($polo_value < 10000 && $polo_value > 1000) {
            $(".polo-target-txt").html($polo_value);
            var s = "{V3=" + $polo_value + "}"
            console.log(s)
            if (window.droid && dev_connect) {
                window.droid.LeSendMessage(s);
            } else {
                if (connectFlag) {
                    rtc.sendMessage(localData.Mac, s);
                } else {
                    message_show("设备未连接！");
                }
            }
        } else {
            message_show("饮水量请设置在 1000～10000 之间！");
            $("#polo-input").val("");
        }
    } else {
        message_show("请输入数值！");
        $("#polo-input").val("");
    }
});
```

（2）创意水杯将今日当前饮水量发送至上层应用。代码如下：

```
function process_tag(tag, val) {
    property_set(tag, val);
    if (tag == "A0") {    //今日当前饮水量
        $("#c_drink").html(val);
        $(".polo-current").html(val);
        if (isFirst) {
            if (val - $("#t_drink").text() > -1) {
                message_show("已完成目标饮水量！");
            }
            isFirst = false;
        }
    }
    .......
}
```

（3）上层应用发送饮水语音提醒。代码如下：

```
//语音
function onAsrRecogResult(msg) {
    if (msg.match("饮水") || msg.match("喝水")) {
        if (!dev_connect && !connectFlag) {
            window.droid.speak("对不起！您的传感网络暂时没有连接。");
        } else {
            window.droid.speak("今日目标饮水量" + $("#t_drink").text() + "毫升,今日当前饮水量"
                                                    + $("#c_drink").text()) + "毫升";
        }
    }
    ……..
}
```

2．水温控制功能的设计

水温控制子界面主要显示当前水温，以及设置温度（即水温）上下限，在数据通信协议中对应的参数分别是 A1 和 V4。水温控制子界面（属于二级导航）位于功能界面（属于一级导航）下，如图 5.39 所示。

图 5.39　水温控制子界面

（1）获取当前水温。代码如下：

```
function process_tag(tag, val) {
    property_set(tag, val);
    ……
    if (tag == "A1") {                          //水温 A1
        $("#current-temp").html(val);
        $("#t-c").html(val);
    }
    ……
}
```

（2）设置温度的上下限。代码如下：

```
//设置温度的上下限
$("#tem-change").click(function () {
```

```
        var up = $("#input-up-t").val();
        var down = $("#input-down-t").val();
        if (up && down) {
            if (up < 100 && down > 0) {
                if (up < down || up == down) {
                    message_show("请输入正确的温度数值！");
                } else {
                    $("#t-u").html(up);
                    $("#t-d").html(down);
                    var s = "{V4=" + down + "&" + up + "}";
                    if (window.droid && dev_connect) {
                        window.droid.LeSendMessage(s);
                    } else {
                        if (connectFlag) {
                            ......
                        } else {
                            message_show("设备未连接！");
                        }
                    }
                }
            } else {
                message_show("只能输入数字，范围 0～100");
                $("#input-up-t").val("");
                $("#input-down-t").val("");
            }
        } else {
            message_show("请完整填写温度上下限值")
        }
});
```

（3）上层应用发送饮水语音提醒。代码如下：

```
//语音提醒
function onAsrRecogResult(msg) {
    ......
    if (msg.match("水温") || msg.match("温度")) {
        if (!dev_connect && !connectFlag) {
            window.droid.speak("对不起！您的传感网络暂时没有连接。");
        } else {
            window.droid.speak("当前水温" + $('#t-c').text() + "摄氏度,水温上限" + $("#input-up-t").text() +
                                "摄氏度,水温下限" + $("#input-down-t").text() + "摄氏度");
        }
    }
    ......
}
```

3. 服药提醒功能的设计

服药提醒子界面主要用于设置药物名称、服用剂量、提示时间，在数据通信协议中对应的参数是 V5。服药提醒子界面（属于二级导航）位于功能界面（属于一级导航）下，如图 5.40 所示。

图 5.40　服药提醒界面

（1）服药计划的添加。在服药提醒子界面中输入药物名称、服用剂量和提示时间等信息后，单击"确认添加"按钮，可在服药提醒列表中添加服药计划。代码如下：

```
//添加服药计划
$("#drug-add").on("click", function () {
    var $type = $("#drug-input-type").val();
    var $num = $("#drug-input-pci1").val();

    if (!check_drug_plan($type, $num)) {
        return
    }
    if (add_num < 6 || delNum != "") {
        var tArray = new Array();    //声明二维数组，包括序号、开关、药物名称、服用剂量、提示时间
        if (add_num < 6 && delNum != "") {
            tArray[0] = "0" + (delNum[0] + 1);              //序号
        } else if (delNum != "") {
            tArray[0] = "0" + (delNum[0] + 1);              //序号
        } else if (add_num < 6) {
            tArray[0] = "0" + add_num;                      //序号
            add_num++;
        }
        //tArray[0] = add_num;                              //序号
        tArray[1] = 1;                                      //开关
        tArray[2] = $("#drug-input-type").val();            //药物名称
        tArray[3] = $("#drug-input-pci1").val();            //服用剂量
        tArray[4] = $(".drug-time-select:eq(0)").html();
        tArray[5] = $(".drug-time-select:eq(1)").html();
        tArray[6] = $(".drug-time-select:eq(2)").html();
        console.log(tArray)

        var id = "del-drug-plan-" + add_num;
        var addDrugHtml = '<li>' +'<span class="drug-txt-time">' + tArray[4] + "/" + tArray[5] + "/" +
                        tArray[6] + '</span>' +'<span class="drug-txt-type">' + tArray[2] + '</span>' +
```

```
                                  '<span class="drug-txt-num">' + tArray[3] + '</span>'+
                                  '<a href="#"><i class="iconfont" id="' + id + '" onclick="del_time(this)"
                                  >&#xe603;</i></a>  ' + '</li>';
            $(addDrugHtml).appendTo('#right-boxing-time');          //设置子界面的渲染效果
            if (delNum != "") {
                arr.splice(delNum[0], 1, tArray)
            } else {
                arr.push(tArray);
            }
            tArray[2] = str2unicode(tArray[2])
            var cmd = "{V5=" + tArray.join("/").replace(/:/g, "") + "}"
            console.log(cmd)
            if (dev_connect) {
                window.droid.LeSendMessage(cmd);
            }
            if (connectFlag) {
                rtc.sendMessage(localData.Mac, cmd)
            }
            console.log(arr);                                       //把二维数组转成一维数组
        //清空 input 值
            $(".drug-input").each(function () {
                this.value = "";
            });
            delNum.splice(0, 1)
            console.log(delNum)
            for (var x = 0; x < $("#right-boxing-time li").length; x++) {
                if ($("#right-boxing-time li:eq(" + x + ")").css("display") == "none") {
                    $("#right-boxing-time li:eq(" + x + ")").remove();
                    return
                }
            }
        } else {
            message_show("最多只能添加 5 条")
            $(".drug-input").each(function () {
                this.value = "";
            });
        }
    }
})
```

（2）验证服药。代码如下：

```
//验证服药
function check_drug_plan(obj1, obj2) {
    if (!obj1 || obj1.length == 0) {
        message_show("请输入药物名称!");
        return false;
    } else if (obj1.length > 6) {
        message_show("药物名称不能超过 6 个汉字或 6 个英文字母");
        return false;
    } else if (isNaN(obj2) || obj2 > 9 || obj2 < 0) {
```

```
        message_show("请输入正确的服用剂量，不能超过9！");
        return false;
    } else {
        return true;
    }
}
```

（3）上层应用发送服药语音提醒。代码如下：

```
function onAsrRecogResult(msg) {
    …….
    if (msg.match("服药") || msg.match('药物')) {
        if (!dev_connect && !connectFlag) {
            window.droid.speak("对不起！您的传感网络暂时没有连接。");
        } else {
            window.droid.speak("当前有" + arr.length + "条服药提醒");
        }
    }
    …….
}
```

4. 时间日期与闹钟设置功能的设计

创意水杯的时间日期和闹钟设置功能与智能台灯的时间日期和闹钟设置功能类似，详见 2.4.2 节。

5.4.3 创意水杯应用 App 的功能测试

1. 时间日期设置功能的测试

打开创意水杯应用 App，在设置界面的时间日期子界面中，单击"重置时间"按钮，如图 5.41 所示。此时创意水杯的 OLED 会显示应用 App 设置的时间，如图 5.42 所示。

图 5.41 在创意水杯应用 App 中设置时间日期

图 5.42 创意水杯的 OLED 显示应用 App 设置的时间

2. 闹钟设置功能的测试

打开创意水杯应用 App，在设置界面的闹钟设置子界面中，选择时间和星期后，单击"保存闹钟"按钮，在闹钟设置子界面右上角滑动滑块打开闹钟，如图 5.43 所示。此时创意水杯的 OLED 会显示应用 App 设置的闹钟，如图 5.44 所示。

图 5.43 在创意水杯应用 App 中设置闹钟

图 5.44 创意水杯的 OLED 显示应用 App 设置的闹钟

3. 饮水管理功能的测试

打开创意水杯应用 App，在功能界面的饮水管理子界面中会显示今日目标饮水量和今日当前饮水量，如图 5.45 所示。

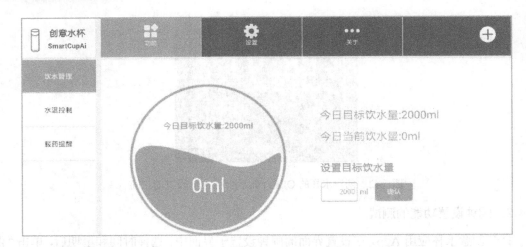

图 5.45　饮水管理子界面中显示的今日目标饮水量和今日当前饮水量

在饮水管理子界面中输入目标饮水量后单击"确认"按钮，如图 5.46 所示。此时创意水杯 OLED 会显示应用 App 设置的目标饮水量，如图 5.47 所示。

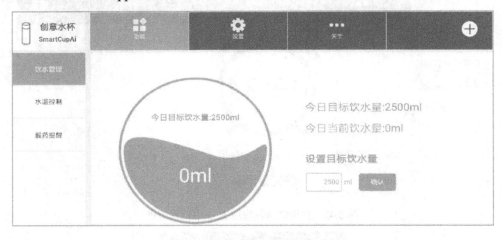

图 5.46　App 设置饮水量

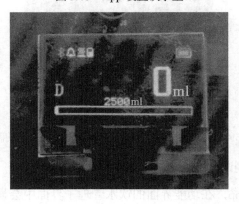

图 5.47　创意水杯的 OLED 显示应用 App 设置的目标饮水量

　　按下创意水杯板卡上的 **K3** 按键可模拟饮水，创意水杯的 OLED 会显示饮水量，如图 5.48 所示。创意水杯应用 App 中会同步更新饮水量，如图 5.49 所示。

图 5.48　创意水杯 OLED 显示的饮水量

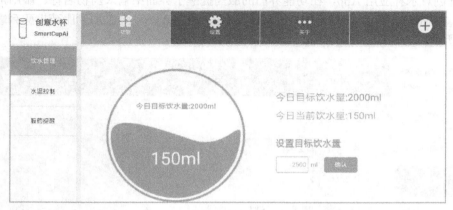

图 5.49　创意水杯应用 App 同步更新饮水量

4．水温控制功能测试

　　打开创意水杯应用 App，在功能界面的水温控制子界面中设置温度上下限，单击"确认"按钮，如图 5.50 所示，此时应用 App 会通过语音播报温度上下限。此时创意水杯的 OLED 会显示创意水杯应用 App 设置的温度上下限，如图 5.51 所示。

图 5.50　在创意水杯应用 App 中设置温度上下限

图 5.51　创意水杯 OLED 会显示创意水杯应用 App 设置的温度上下限

5．服药提醒功能的测试

打开创意水杯应用 App，在功能界面的服药提醒子界面中输入药物名称、服用剂量和提示时间，如图 5.52 所示。单击"确认添加"按钮，可将服药计划添加到服药提醒列表中，如图 5.53 所示。

图 5.52　在创意水杯应用 App 驶入服药的信息

图 5.53　添加服药计划

　　按下创意水杯板卡的 K2 按键，可在创意水杯 OLED 显示服药计划，并通过语音的形式来提示用户服药，如图 5.54 所示。

图 5.54　在创意水杯的 OLED 显示服药计划

5.4.4　小结

　　通过本节的学习和实践，读者可以掌握 WebApp 框架设计和创意水杯应用 App 功能设计的方法，完成创意水杯应用 App 的功能测试，通过测试可验证创意水杯应用 App 的功能是否能实现。

第**6**章

共享单车设计与开发

共享单车可以在校园、地铁公交站点、居民区、商业区、公共服务区等提供自行车共享服务，是一种新型绿色环保共享经济。共享单车如图 6.1 所示。

图 6.1　共享单车

本章介绍共享单车的设计与开发，主要内容如下：

（1）共享单车需求分析与设计：完成了系统需求分析，结合总体架构设计、硬件选型和应用程序分析完成了共享单车的方案设计。

（2）共享单车 HAL 层硬件驱动设计与开发：分析了 GPS 模块、NB-IoT 模块和电子锁的工作原理，结合 Contiki 操作系统完成了硬件驱动 HAL 层驱动设计，并进行了硬件的驱动测试。

（3）共享单车通信设计：分析了程序总体框架，设计了数据通信协议和智云框架，并进行了应用端通信函数的测试。

（4）共享单车应用 App 的设计：分析了 WebApp 框架设计，进行了界面的逻辑分析与设计，完成了共享单车应用 App 的功能设计，包括单车定位、扫码解锁、骑行显示、单车关锁、单车预约、单车充值和时间日期及闹钟设置，并进行了共享单车应用 App 的功能测试。

6.1　共享单车需求分析与设计

6.1.1　共享单车需求分析

1. 系统功能概述

通过对市场上共享单车的功能进行调研，可总结出共享单车的功能，如表 6.1 所示。

305

表 6.1 共享单车功能调研分析

功 能 名 称	功 能 描 述
定位预约	共享单车通过 GPS 定位，可为用户寻找共享单车节省时间，在地图上单击想要的车辆即可定位预约
开/关锁	在每辆共享单车的车身上都印有二维码，用手机扫码二维码即可打开车锁；只要手动将锁扣下压，合上锁环，即可完成还车，结束计费
在线支付	共享单车应用 App 需要绑定支付宝或微信，用户可对账户进行管理，待用户用车完毕之后，通过账户即可支付骑行费用
智能推荐用车	通过精准定位算法，共享单车应用 App 可向用户推荐其附近的车辆
消息推送	通过共享单车应用 App 可推送消息，方便用户关注最新的动态信息

2．功能需求分析设计

本章介绍的共享单车是基于智能产品原型机设计的，由共享单车板卡和共享单车应用 App 组成，主要功能有扫码开锁、一键锁车、语音播报、钱包充值、一键预约等。共享单车的功能设计如表 6.2 所示。

表 6.2 共享单车的功能设计

功 能 名 称	功 能 描 述
扫码开锁	支持扫码开锁，通过扫描 OLED 上动态生成的二维码，即可开锁
一键锁车	通过按键模拟锁车功能
语音播报	可以设置开锁语音、关锁语音和预约车辆发声
钱包充值	钱包用于支付行程费用，支持模拟钱包充值，支持微信支付和支付宝支付，支持多种金额的充值
一键预约	可以在共享单车应用 App 上预约车辆

6.1.2 共享单车的方案设计

1．总体架构设计

共享单车也是基于物联网四层架构模型进行设计的，详见 2.1.2 节，其总体架构设计如图 6.2 所示。

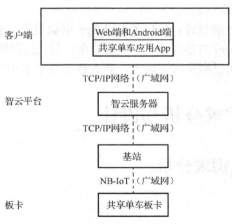

图 6.2 共享单车总体架构设计

2．硬件选型分析

1）处理器选型分析

共享单车的处理器选型和智能台灯相同，请参考 2.1.2 节。

2）通信模块分析

NB-IoT 可直接部署在 GSM 网络、UMTS 网络或 LTE 网络上，可降低部署成本、实现平滑升级。由于 NB-IoT 部署方便、占用资源少，并具有蜂窝网覆盖广泛的特点，使其有着广泛的应用前景，成为"万物互联"的一个重要保障。NB-IoT 属于 LPWAN（低功耗广域网）范畴。NB-IoT 的一个基站可以提供 10 倍于 GSM 网络的面积覆盖，200 kHz 的频率可以提供 10 万个设备连接。NB-IoT 的优势可概括为覆盖广、成本低、海量连接、低功耗。

NB-IoT 具有网络接入量大、覆盖范围广、功耗低、成本低、可靠性高、占用资源少等优势，这些与生俱来的优势使得 NB-IoT 非常适用于智能抄表、智能停车、车辆跟踪、物流监控等领域。

NB-IoT 有以下三种部署方式，如图 6.3 所示。

（1）独立部署：适用于 GSM 网络，GSM 网络的信道带宽为 200 kHz，这对 NB-IoT 需要的 180 kHz 来说已经足够了，还可留出 10 kHz 的保护间隔。

（2）保护带部署：适用于 LTE 网络，利用 LTE 网络的频段边缘保护频带来部署 NB-IoT。

（3）带内部署：适用于 LTE 网络，直接利用 LTE 网络中的资源块来部署 NB-IoT。

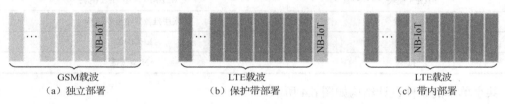

图 6.3　NB-IoT 的部署方式

3）硬件选型分析

（1）GPS 模块。在本章设计的共享单车中，GPS 模块采用和芯星通科技（北京）有限公司的 UM220-III N 型 GPS 模块，该模块是双系统、高性能的 GNSS 模块，能够同时支持 BD2 B1、GPS L1 两个频点。UM220-III N 型 GPS 模块的主要技术参数如下：

● 输入/输出数据接口：具有 2 个 UART 接口，采用 LVTTL 电平，波特率为 4800～115200 bps。

● 频点：BD2 B1 和 GPS L1。

● 首次定位时间：冷启动时间为 32 s，热启动时间为 1 s，重捕获时间<1 s。

● 测速精度：GPS/双模的测速精度为 0.1 m/s，北斗模式的测速精度为 0.2 m/s。

● 灵敏度：北斗模式的跟踪灵敏度为-160 dBm，捕获灵敏度为-145 dBm；GPS 模式的跟踪灵敏度为-160 dBm，捕获灵敏度为-147 dBm。

● 数据更新频率：1 Hz。

● 导航数据格式：采用 NMEA 0183 格式，兼容北斗导航数据格式。

（2）电子锁模块。共享单车中的电子锁通常由中心控制单元、GPS&北斗模块、无线通信模块、机电锁车装置、电池、动能发电模块、充电管理模块等组成。用户通过手机扫描二维码后，由中心控制单元通过无线通信模块与后台管理系统连接，把从 GPS&北斗模块获取的位置信息发送给后台管理系统，后台管理系统标识成功后通过无线通信模块向中心控制单元发送解锁指令，中心控制模块接收到解锁指令后打开车锁，开始计费。当用户锁车后，会触发中心控制单元的锁车控制开关，并通过无线通信模块通知后台管理系统锁车，后台管理系统确认成功后结束计费。

4）硬件方案

共享单车硬件主要有主控芯片（微处理器，STM32F407）、NB-IoT 模块、GPS 模块、OLED 显示模块、电子锁、时钟模块、存储芯片等，如表 6.3 所示。

表 6.3　共享单车硬件选型列表

硬　　件	硬件型号（选型）
主控芯片	STM32F407
OLED 显示模块	中景园电子 0.96 英寸 OLED
语音合成芯片	SYN6288
蓝牙模块	CC2540
存储芯片	W25Q64
NB-IoT 模块	BC95
GPS 模块	UM220-III N 型 GPS 模块
电子锁	采用推拉式电磁铁结构
LED	LED0402
按键	AN 型按键

共享单车的硬件设计结构如图 6.4 所示。

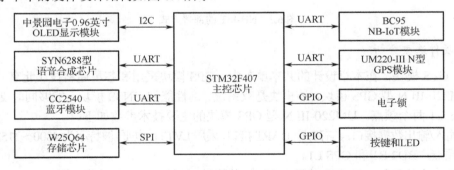

图 6.4　共享单车的硬件设计结构

3．应用程序设计分析

1）App 开发框架分析

共享单车应用 App 是基于 Android 操作系统开发的，开发框架主要包含应用功能开发、数据存储、网络访问三大部分。

（1）应用功能开发。通常，一个标准的 Android 应用程序由四部分组成，即 Activity、Broadcast Intent Receiver、Service、Content Provider。

① Activity。Activity 是使用最频繁的模块之一，在 Android 应用程序中，一个 Activity 就是手机上的一屏，相当于一个网页。每个 Activity 运行结束后会有一个返回值，类似于函数的返回值。Android 操作系统会自动记录从首页到其他页面的跳转记录，并自动将以前的 Activity 压入系统的堆栈，用户可以通过编程的方式删除堆栈中的 Activity 实例。

Activity 是和页面资源文件关联在一起的（如"res/layout"目录下的 xml 资源，也可以不含任何页面资源），其内部包含控件显示设计、界面交互设计、事件的响应设计、数据处理设计、导航设计等。

② Broadcast Intent Receiver。Intent 提供了不同 Activity 间的跳转机制，例如，从 Activity A 跳转到 Activity B，可以使用 Intent 来实现，代码如下：

```
Intent in = new Intent(A.this, B.class);
startActivity(in);
```

Broadcast Intent Receiver 提供了不同的 Android 应用程序进程间的通信机制，例如，当来电时，可以通过 Broadcast Intent Receiver 广播消息。对用户而言，Broadcast Intent Receiver 是不透明的，用户无法看到这个事件，Broadcast Intent Receiver 通过 NotificationManager 来通知用户这些事件发生了，它既可以在资源 AndroidManifest.xml 中注册，也可以在代码中通过 Context.registerReceiver()注册。只要是注册了，当事件发生时，即使没有启动 Android 应用程序，Android 操作系统也在需要的时候会自动启动此 Android 应用程序。另外，某个 Android 应用程序可以很方便地通过 Context.sendBroadcast()将自己的事件广播给其他 Android 应用程序。

③ Service。这里所讲的 Service，跟 Windows 操作系统中的 Service 是同一个概念，用户可以通过 startService(Intent service)启动一个 Service，也可通过 Context.bindService 来绑定一个 Service。

④ Content Provider。Content Provider 提供了 Android 应用程序间的数据交换机制，一个 Android 应用程序可以通过 Content Provider 的抽象接口将自己的数据暴露出去，并且隐蔽具体的数据存储实现。标准的 Content Provider 提供了基本的 CRUD（Create、Read、Update、Delete）接口，并且实现了权限机制，可保护数据交互的安全性。

一个标准的 Android 应用程序的工程文件包含如下部分：

● Java 源代码部分（包含 Activity）：存放在"src"目录当中。
● R.java 文件：该文件是 Eclipse 自动生成的，提供了 Android 对资源全局索引，无须开发者修改。
● Android Library：Android 应用程序运行的 Android 库。
● assets 目录：该目录用于存放多媒体文件。
● res 目录：该目录用于存放资源文件，其中的 drawable 文件夹中存放的是图片文件，layout 文件夹中存放的是布局文件，values 文件夹中存放的是字符串（strings.xml）、颜色（colors.xml）及数组（arrays.xml）资源等。
● AndroidManifest.xml：该文件是整个 Android 应用程序的配置文件，在该文件中声明了 Android 应用程序用到的 Activity、Service、Broadcast Intent Receiver 等。

（2）数据存储。Android 操作系统的存储方式包括 SharedPreferences、文件存储、SQLite 数据库存储方式、内容提供器方式（Content Provider）以及网络方式，具体如下：

① SharedPreferences。SharedPreferences 是 Android 操作系统提供的一种最简单的数据存储方式，默认的存储位置是 Android 应用程序项目文件的"data/<package name>/shared_prefs"，通过 getSharedPreferences 函数可获取 SharedPreferences 对象并进行读写操作。

② 文件存储。可以通过 Android 操作系统提供的 openFileInput、openFileOutput 等 API 进行数据的读写访问。需要特别注意的是，Android 应用程序的数据是私有的，也就是说，其他 Android 应用程序无法访问当前 Android 应用程序所产生的文件。

③ SQLite 数据库存储。SQLite 数据库存储是通过继承 SQLiteOpenHelper 类并获取此类的应用程序级别的实例来进行数据库操作的。SQLiteOpenHelper 类提供了默认的 CRUD 接口，便于对 Android 应用程序进行数据存储操作。

④ ContentProvider。ContentProvider 是通过调用其他 Android 应用程序的数据接口来实现数据存储的。

⑤ 网络存储。网络存储是通过网络访问服务接口（如 WebService 数据访问接口）来实现数据存储的。

（3）网络访问。网络访问主要是对 HTTP 访问技术的封装，通过 java.net.*以及 Android.net.* 提供的 HttpPost、DefaultHttpClient、HttpResponse 等类提供的访问接口来实现 Web 服务访问。

2）App 界面风格分析

共享单车应用 App 的界面风格和智能台灯类似，详见 2.1.2 节。

3）App 交互设计分析

共享单车应用 App 的交互设计和智能台灯类似，详见 2.1.2 节。

6.1.3　小结

通过本节的学习和实践，读者可以掌握共享单车的需求分析和方案设计，可对共享单车的前期方案设计有足够的认知。

6.2　共享单车 HAL 层硬件驱动设计与开发

6.2.1　产品硬件原理

本节主要介绍共享单车中的 GPS 模块、NB-IoT 模块、电子锁的原理。

1. GPS 模块的原理

1）GPS 概述

GPS 的研制始于 20 世纪 70 年代中期，卫星定位系统通过向地面发射电磁波，既可以向地面提供三维坐标信息，还可以测量时间和速度。GPS 系统的研制成功，极大地促进了各个领域的发展。

GPS 系统由三大部分构成，即 GPS 卫星星座（空间部分）、地面监控系统（控制部分）和 GPS 信号接收机（用户部分），如图 6.5 所示。

（1）空间部分。空间部分由绕地球运行的 24 颗卫星构成，分布在不同高度的 6 个轨道上，其中 21 颗是工作卫星，3 颗是备用卫星，运行周期为 12 个小时，可保证在任一时刻、任一地点高度角 15° 以上都能够观测到 4 颗以上的卫星。空间部分示意图如图 6.6 所示。空间部分的主要作用是向地面发射电磁波，提供卫星的基本数据。

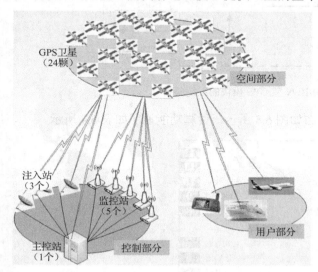

图 6.5 GPS 系统的组成　　　　　　　　　　　　　　图 6.6 空间部分示意图

（2）控制部分。控制部分由分布在全球范围内的各个连续运行参考站组成，控制部分的主要作用是接收卫星发射的信号，通过对信号进行处理来得到一些有用的数据，然后重新传输到卫星上，可以得到卫星星历的相关数据。GPS 系统的控制部分由 1 个主控站、5 个监控站和 3 个注入站组成。

主控站的作用是：从各个监控站收集卫星数据，计算出卫星星历和时钟修正参数，并通过注入站注入卫星；向卫星发布指令，控制卫星，当卫星出现故障时，调度备用卫星。

监控站的作用是：接收卫星信号，监控卫星的运行状态，收集卫星数据，并将这些数据传送给主控站。

注入站的作用是：将主控站计算的卫星星历及时钟修正参数注入卫星。

（3）用户部分。用户设备部分包含 GPS 信号接收器及相关设备。GPS 接收器主要由 GPS 芯片构成，如车载、船载 GPS 导航仪、内置 GPS 功能的移动设备、GPS 测绘设备等。

GPS 信号接收机的主要作用是采集卫星数据，通过跟踪卫星得到每个卫星的数据，经过数据处理软件后可以得到 GPS 信号接收机所测的待测点的三维坐标。

2）UM220-III N 型 GPS 模块

共享单车采用 UM220-III N 型 GPS 模块，其系统架构如图 6.7 所示。

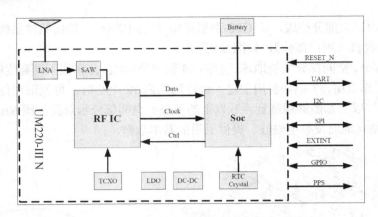

图 6.7　UM220-III N 型 GPS 模块的系统架构

UM220-III N 型 GPS 模块的引脚分布如图 6.8 所示，引脚功能说明如表 6.4 所示。

图 6.8　UM220-III N 型 GPS 模块的引脚分布

表 6.4　UM220-III N 型 GPS 模块的引脚功能说明

序号	名　称	I/O	电平标准	说　明
1	nRESET	I	LVTTL	外部复位，低电位有效
2	AADET_N	I	LVTTL	选择无源天线和有源天线，输入 1 表示无源天线，输入 0 表示有源天线 1：无源天线；0：有源天线
3	TIME PULSE	O	LVTTL	秒脉冲，不用时悬空
4	EXTINT0	I	LVTTL	外部中断引脚，不用时悬空
5	GPIO2	I	LVTTL	选择天线短路，输入 1 表示天线对地短路，输入 0 表示天线对地正常
6	TXD2	O	LVTTL	串口 2 发送数据，不用时悬空
7	RXD2	I	LVTTL	串口 2 接收数据，不用时悬空
8	RSV	—	—	保留引脚，悬空
9	VCC_RF	O	3.0V±10%，100 mA	射频部分输出电压，不用时悬空

续表

序号	名　　称	I/O	电平标准	说　　明
10	GND	I	—	地
11	RF_IN	I	—	GNSS 信号输入（BD2 B1+GPS L1）
12	GND	I	—	地
13	GND	I	—	地
14	SPI_SDO	O	LVTTL	SPI 数据输出，不用时悬空
15	SPI_SDI	I	LVTTL	SPI 输入数据，不用时悬空
16	SPI_SCK	O	LVTTL	SPI 时钟，不用时悬空
17	SPI_CS1	O	LVTTL	SPI 片选信号 1，不用时悬空
18	SDA	I/O	LVTTL	DDC 数据，不用时悬空
19	SCL	I/O	LVTTL	DDC 时钟，不用时悬空
20	TXD1	O	LVTTL	串口 1 发送数据，不用时悬空
21	RXD1	I	LVTTL	串口 1 接收数据，不用时悬空
22	V_BCKP	I	2～3.6 V	当 VCC 断电时，V_BCKP 给 RTC 和 SRAM 供电；不使用热启动时可悬空
23	VCC	—	3 V±10%	供电电压
24	GND	—	—	地

3）控制数据通信协议

UM220-Ⅲ N 型 GPS 模块采用北斗 Unicore 协议。

（1）消息格式。在 Unicore 协议中，输入语句和输出语句统称为消息。每条消息都是由 ASCII 字符组成的字符串，消息的基本格式为 "$MSGNAME,data1,data2,data3,…[*CC]\r\n"。

消息都以 "$"（0x24）开始；后面紧跟着的是消息名（MSGNAME）；然后是数目不确定的参数或数据，消息名与数据之间均以逗号（0x2C）隔开；最后一个参数之后是可选的校验和，以 "*"（0x2A）与前面的数据隔开；输入语句以 "\r"（0x0D）或 "\n"（0x0A）或两者的任意组合结束，输出语句以 "\r\n" 结束。每条消息的总长度不超过 256 B，消息名和参数、校验和中的字母均不区分大小写。

消息中的某些参数可以省略，这些参数可以为空，即在两个逗号之间没有任何字符。如果没有特殊说明，则被省略的参数将被忽略，其控制的选项将不做改变。

大多数的消息名既可以用于输入语句，也可以用于输出语句。在输入语句中，消息名用于设定参数或查询当前的配置；在输出语句中，消息名输出信号接收机的信息或配置。

（2）校验和。消息中 "*" 后的两个字符是校验和，计算校验和时，要计算从 "$" 到 "*" 之间所有字符的异或（以十六进制数的形式表示字符，逐位进行异或运算）。输入语句中的校验和是可选的，如果输入语句中包含 "*" 及后面的两个校验和字符，则会对校验和进行检查。如果校验和不匹配，则不执行命令，信号接收机收到 "$FAIL" 消息，并在收到的消息中指明是校验和错误；如果输入语句中不包含校验和，则直接执行命令。

输出语句中需要包含校验和，如果输出语句的参数为空，则应在其后补加逗号并进行校验和的计算，如 "$PDTINFO,*62"；如果参数不为空时，则不允许额外添加逗号。

（3）消息定义。Unicore 协议中的部分通用消息如表 6.5 到表 6.7 所示。

表 6.5　复位（RESET）消息

消息格式	$RESET,type,clrMask	
示例	$RESET,0,h01	
描述	信号接收机复位（温启动）	
类型	输入（I）	
参数定义		
参数名	类型	描　述
Type	UINT（可选）	复位的类型，0 表示软件复位，1 表示芯片级复位（看门狗复位），2 表示板级复位，3 表示停止信号接收机。常用的启动方式有热启动、温启动和冷启动
clrMask	UINT（可选）	复位时清除接收机保存的信息，对应的位置 1 表示复位时清除保存的信息。bit0 为 1 表示清除星历，bit2 为 1 表示清除信号接收机位置，bit3 为 1 表示清除信号接收机时间，bit4 为 1 表示清除电离层修正参数，bit7 为 1 表示清除星历历书，bit1、bit5 和 bit6 保留

表 6.6　GNSS 定位数据（GGA）消息

消息格式	$--GGA,time,Lat,N,Lon,E,FS,NoSV,HDOP,msl,M,Altref,M,DiffAge,DiffStation*cs	
示例	$GPGGA,063952.000,4002.229934,N,11618.096855,E,1,4,2.788,37.254,M,0,M,,*71	
描述	GNSS 定位数据	
类型	输出	
参数定义		
参数名	类型	描　述
--	STR	定位系统标识，GP 表示 GPS 系统单独定位，BD 表示北斗系统单独定位，GN 表示 GPS 系统与北斗系统混合定位
time	STR	UTC 时间，格式为"hhmmss.sss"，hh 表示小时，mm 表示分钟，ss.sss 表示秒
Lat	STR	纬度，格式为"ddmm.mmmmmm"，dd 表示度，mm.mmmmmm 表示分
N	STR	北纬或南纬，N 表示北纬，S 表示南纬
Lon	STR	经度，格式为"dddmm.mmmmmm"，ddd 表示度，mm.mmmmmm 表示分
E	STR	东经或西经，E 表示东经，W 表示西经
FS	UINT	定位状态标识，0 表示无效，1 表示单点定位，2 表示伪距差分定位
NoSV	UINT	参与定位的卫星数量
HDOP	DOUBLE	水平精度因子，范围为 0.0～127.000
msl	DOUBLE	椭球高
M	STR	椭球高单位，固定填 M
Altref	DOUBLE	海平面分离度
M	STR	海平面分离度单位，固定填 M
DiffAge	DOUBLE	差分校正时延，单位为 s，非差分定位时为空
DiffStation	DOUBLE	参考站的 ID，非差分定位时为空
cs	STR	校验和

表 6.7　航迹向和地速（VTG）消息

消息格式	$--VTG,cogt,T,cogm,M,sog,N,kph,K,mode*cs	
例子	$GNVTG,0.000,T,,M,0.000,N,0.000,K,A*13	
描述	航迹向和地速	
类型	输出	
参数定义		
参数名	类型	描述
--	STR	定位系统标识，GP 表示 GPS 系统单独定位，BD 表示北斗系统单独定位，GN 表示 GPS 系统与北斗系统混合定位
cogt	DOUBLE	以真北为参考基准的地面航迹向（0.000～359.999°）
T	STR	航迹向标志，固定填 T
cogm	DOUBLE	以磁北为参考基准的地面航迹向（0.000～359.999°）
M	STR	航迹向标志，固定填 M
sog	DOUBLE	地面速率，单位为节
N	STR	速率单位，固定填 N
kph	DOUBLE	地面速率，单位为 km/h
K	STR	速率单位，固定填 K
mode	STR	定位模式，N 表示未定位，A 表示单点定位
cs	STR	校验和

（4）消息配置。Unicore 协议中的部分配置消息如表 6.8 到表 6.11 所示。

表 6.8　串口配置（CFGPRT）消息

参　数　名	默 认 配 置	说　　明
串口 1		
baud	9600	
inProto	1	输入 Unicore 协议
outProto	3	输出 Unicore 协议和 NMEA 协议
串口 2		
baud	9600	
inProto	1	输入 Unicore 协议
outProto	3	输出 Unicore 协议和 NMEA 协议

表 6.9　外部触发事件配置（CFGEM）消息

参　数　名	默 认 配 置	说　　明
Enable	0	全部关闭
polarity	0	上升沿触发
clockSync	0	暂不支持，本地信号接收机时钟与外部事件默认不同步

表 6.10　卫星系统配置（CFGSYS）消息

参　数　名	默　认　配　置	说　　　明
sysMask	h11	跟踪 GPS 卫星与北斗卫星

表 6.11　动态配置（CFGDYN）消息

参　数　名	默　认　配　置	说　　　明
mask	h00	不开启
dynModel	0	便携
staticHoldThresh	0	静态保持模式关闭

更详细的 Unicore 协议请参考有关开发文档资料。

2．NB-IoT 模块的原理

窄带物联网（Narrow Band Internet of Things，NB-IoT）是在 NB-CIOT 技术和 NB-LTE 技术的基础上发展起来的。NB-IoT 是基于蜂窝网络基站部署的，支持包交换的频分半双工的数据传输模式，其上行的数据传输采用单载波频分多址技术，分别在频率为 3.75 kHz 和 15 kHz 的带宽中进行单通道低速或双通道高速的数据传输；下行数据的传输在频率为 180 kHz 带宽中进行，使用正交频分多址技术，数据传输速率为 250 kbps 左右。

1）NB-IoT 协议栈

（1）NB-IoT 无线接口协议。无线接口是指用户终端（User Equipment，UE）和接入网之间的接口，也称为空中接口。在 NB-IoT 中，UE 和 eNB（eNodeB，eNB）基站间的 Uu 接口是一个开放的接口，只要遵循 NB-IoT 标准，则不同厂商间的设备就可以相互通信。

NB-IoT 的 E-UTRAN 无线接口协议架构分为物理层（L1）、数据链路层（L2）和网络层（L3）。NB-IoT 有两种数据传输模式，分别是控制面（Control Plane，CP）模式和用户面（User Plane，UP）模式。

① 控制面协议。在 UE 中，控制面协议负责 Uu 接口的管理，包括无线资源控制（Radio Resource Control，RRC）协议、分组数据汇聚（Packet Data Convergence Protocol，PDCP）、无线链路控制（Radio Link Control，RLC）协议、介质访问控制（Media Access Control，MAC）协议、PHY 协议和非接入层（Non-Access Stratum，NAS）协议。

控制面协议要求 NB-IoT 的 UE 和网络支持 CP 模式，IP 数据和非 IP 数据都封装在 NAS 数据包中，采用 NAS 的安全协议进行报头压缩。

当 UE 进入空闲状态后，UE 和 eNB 不保留接入层（AS）的上下文。当 UE 再次进入连接状态时，需要重新建立 RRC 连接请求。控制面协议栈工作原理如图 6.9 所示。

NAS 协议用于处理 UE 和移动管理实体（Mobility Management Entity，MME）之间信

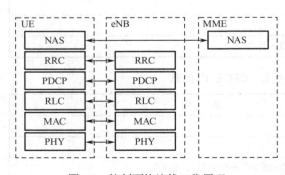

图 6.9　控制面协议栈工作原理

息的传输与控制。NAS 协议包括连接性管理、移动性管理、会话管理和 GPRS 移动性管理等。

无线资源控制（RRC）协议用于管理 UE 和 eNB 之间的信息传输。RRC 协议包括建立、修改、释放 MAC 和 PHY 协议实体需要的所有参数，是 UE 和 E-UTRAN 之间控制信令的主要组成部分，主要用于发送相关信令和分配无线资源。RRC 协议负责建立无线承载，在接入层中实现控制功能，配置 eNB 和 UE 中间的 RRC 信令控制。

② 用户面协议。用于面协议包括 PDCP、RLC 协议、MAC 协议和 PHY 协议，用于报头加密、压缩、调度、混合自动重传请求和自动重传请求。用户面协议栈工作原理如图 6.10 所示。

数据链路层通过 PHY 物理层实现数据传输，PHY 为 MAC 提供传输信道的服务，MAC 为 RLC 提供逻辑信道的服务。

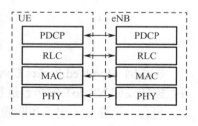

图 6.10　用户面协议栈的工作原理

PDCP 属于 Uu 接口的第二层，负责处理控制面协议中的 RRC 消息和用户面协议中的 IP 数据包。在用户面协议中，PDCP 先收到上层的 IP 数据，对 IP 数据处理完毕后，再传输到 RLC。PDCP 为 RRC 传递信令并完成信令的加密和一致性保护。

③ 控制面 CP 模式和用户面 UP 模式的并存。CP 模式和 UP 模式分别适合传输小数据包和大数据包。当采用 CP 模式传输数据时，如果需要传输大数据包，则可由 UE 发起从 CP 模式到 UP 模式的切换，再进行数据传输。

在空闲状态下，用户通过服务请求过程发起 CP 模式到 UP 模式的切换，MME 收到服务请求后，需要删除和 CP 模式相关的信息，并为用户建立 UP 模式通道。

在连接状态下，用户的 CP 模式到 UP 模式的切换，可以由 UE 通过跟踪区更新（Tracking Area Update，TAU）过程发起，也可以通过 MME 直接发起，MME 收到 UE 携带激活标志的 TAU 消息时，或者检测到下行数据包较大时，MME 将删除和 CP 模式的相关信息，并为用户建立 UP 模式通道。

（2）NB-IoT 物理层。无线通信协议的底层是 PHY，PHY 为物理介质中的数据传输提供所需的全部功能，同时为 MAC 和高层传递信息服务。

NB-IoT 对物理层进行了大量的简化和修改，包括多址工作频段、接入方式、调制/解调方式、帧结构、小区搜索、天线端口、功率控制和同步过程等。物理层信道分为下行物理层信道和上行物理层信道，重新定义了窄带主同步信号（Narrowband Primary Synchronization Signal，NPSS）和窄带辅同步信号（Narrowband Secondary Synchronization Signal，NSSS），NPSS 在每个无线数据帧的第 5 个子帧上发送，NSSS 在偶数无线数据帧的第 9 个子帧上发送。

2）NB-IoT 的架构

（1）IoT 的架构采用端到端系统架构，如图 6.11 所示。

终端（UE）：通过空中接口连接到 eNB。

无线网侧：包括两种组网方式，一种是整体式无线接入网，包括 2G、3G、4G 及 NB-IoT 网，另一种是新建 NB-IoT。无线网侧主要承担空中接口接入处理、小区管理等相关功能，通过 S1 接口与 EPC 连接，将非接入层数据转发给高层处理。

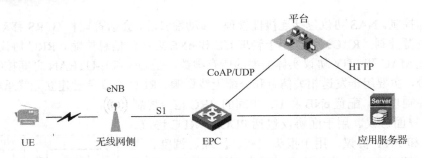

图 6.11 NB-IoT 端到端系统架构

核心网（Evolved Packet Core，EPC）：承担与 UE 非接入层的交互功能，并将 NB-IoT 业务数据转发到 NB-IoT 的平台进行处理。

平台：以移动、电信和联通平台为主。

应用服务器：通过 HTTP、HTTPS 协议和平台通信，通过调用平台开放的 API 来控制设备，平台把设备上报的数据推送给应用服务器。平台可以对设备数据进行协议解析，并转换成标准的 JSON 格式。

（2）网络结构细化。NB-IoT 的架构和 LTE 的架构相同，都称为演进分组系统（Evolved Packet System，EPS）。EPS 包括 3 个部分，分别是 EPC、eNB、UE。EPS 的架构如图 6.12 所示，主要包括 UE、eNB、归属签约用户服务器（Home Subscriber Server，HSS）、移动的管理实体（Mobility Management Entity，MME）、服务网关（Serving Gateway，S-GW）、分组数据网关（PDN Gateway，P-GW）、业务能力开放单元（Service Capability Exposure Function，SCEF）和第三方应用服务器（Application Server，AS）等。

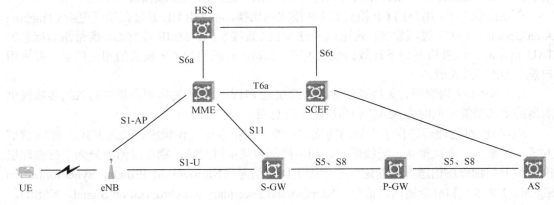

图 6.12 EPS 的架构

MME：接入网络的关键控制节点，负责空闲模式时 UE 的跟踪与寻呼控制，通过与 HSS 的信息交流，完成用户验证功能。

SCEF：新增网元，支持 PDN 类型、非 IP 的控制面数据传输。

S-GW：负责用户数据包的路由和转发。对于闲置状态的 UE，S-GW 是下行数据传输的终点，并且在下行数据到达时触发 UE。

P-GW：提供 UE 与外部分组数据网络连接点的接口传输，进行上、下行业务等级计费。

相关接口解释如下：

① X2 接口。X2 接口用于实现信令和数据在不同的 eNB 之间交互。在 NB-IoT 中，在基于 R13 的版本中，X2 接口不支持 eNB 间的用户面操作，主要在控制面实现跨基站 UE 的上下文恢复处理。

在用户面中，当挂起的 UE 移动到新基站发起 RRC 连接时，该 UE 携带从旧 eNB 中获得的恢复 ID，新 eNB 利用 X2 接口从旧 eNB 中获取 UE 的上下文，从旧 eNB 中获取 UE 在旧 eNB 挂起时保存的上下文信息，在新 eNB 中快速恢复 UE。

② S1 接口。S1 接口用于实现 eNB 和 MME 之间的信令传输，利用 S1 接口的用户面，实现 eNB 和 S-GW 之间的数据传输。在 NB-IoT 中，S1 接口的功能和特性包括上报无线网络接入技术类型、指示 UE 无线传输性能、优化信令流程、优化控制面传输方案，以及在 S1 接口增加连接挂起和恢复处理功能等。

（3）传输方式。从传输内容看，NB-IoT 可以传输三种数据类型：IP 数据、非 IP 数据、SMS 数据。由于单小区内 NB-IoT 的 UE 数量远大于 LTE 的 UE 数量，因此控制面的建立和释放次数远大于 LTE，因此在实现小包数据的发送和接收时，UE 从空闲态切换到连接状态的网络信令开销远大于数据本身的开销。

NB-IoT 的传输方式分为控制面优化传输方式与用户面优化传输方式，下面分别对两种方式进行详细的分析。

① 控制面优化传输方式。控制面优化传输方式针对小包数据传输进行优化，可以将 IP 数据、非 IP 数据或 SMS 数据封装到协议数据单元（PDU）中进行传输，不需要建立无线承载（DRB）和基站与 S-GW 间的 S1-U 承载。

当采用控制面优化传输方式时，小包数据通过 NAS（Non-Access Stratum）信令传输到 MME，并通过与 S-GW 间建立 S11-U 连接来实现小包数据在 MME 与 S-GW 间的传输。当 S-GW 收到下行数据时，如果 S11-U 连接存在，S-GW 则将下行数据发给 MME，否则触发 MME 执行寻呼。

控制面优化传输方式的两个传输路径为：

$$UE \rightarrow eNB \rightarrow MME \rightarrow S\text{-}GW \rightarrow P\text{-}GW$$
$$UE \rightarrow eNB \rightarrow MME \rightarrow SCEF$$

② 用户面优化传输方式。用户面优化传输方式重新定义了挂起流程与恢复流程，处于空闲状态的 UE 可快速恢复到连接态，从而减少相关空中接口的资源和信令开销。

当 UE 从连接状态进入空闲状态时，eNB 挂起暂存该 UE 的 AS 信息、S1AP 关联信息和承载上下文，UE 存储 AS 信息，MME 存储 UE 的 S1AP 信令信息和承载上下文信息，当有数据传输时可快速恢复，不用重新建立承载和安全信息的协商。此外，小包数据通过用户面直接进行传输时，需要建立 S1-U 和 DRB。

3. 电子锁的原理

共享单车中的电子锁采用的是推拉式电磁铁结构的电子锁，推拉式电磁铁主要由牵引杆、线圈、动滑杆、静铁芯、电源控制器等配件组成，如图 6.13 所示。推拉式电磁铁结构采用螺旋管的漏磁通原理，利用动滑杆和静铁芯长距离吸合，实现牵引杆的直线往复运动。根据电磁的原理，推拉式电磁铁由电量来控制整体的动作以及功率的大小，电磁铁通过电流来产生磁性，利用不同的磁圈，加上电源来控制磁性的大小，形成一个推、拉的动作。

图 6.13　推拉式电磁铁

6.2.2　HAL 层驱动开发分析

1. GPS 模块的驱动开发

1）硬件连接

共享单车的 GPS 模块采用 UM220-Ⅲ N 型 GPS 模块，其硬件连接如图 6.14 所示。UM220-Ⅲ N 型 GPS 模块通过 UART 与微控制器（STM32F407）进行通信，其 GPS_RX 引脚连接到微处理器的 PA3 引脚，GPS_TX 引脚连接到微处理器的 PA2 引脚。

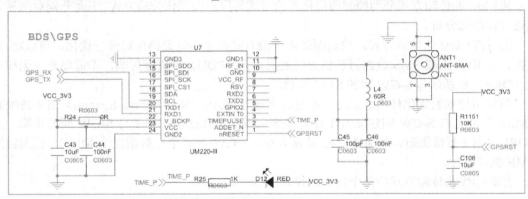

图 6.14　UM220-Ⅲ N 型 GPS 模块的硬件连接

2）驱动函数分析

GPS 模块的驱动函数如表 6.12 所示。

表 6.12　GPS 模块的驱动函数

函 数 名 称	函 数 说 明
void gps_init(void)	功能：初始化 GPS 模块
void gps_en_init(void)	功能：使能 GPS 模块的引脚
void set_gpsEnable(unsigned char cmd)	功能：GPS 模块的使能控制。参数：cmd 为 0 表示失能；cmd 为 1 表示使能
int gps_get(char *lat, char *lng)	功能：获取 GPS 模块测量的经纬度值。参数：*lat 表示经度值；*lng 表示纬度值。返回值：获取数据成功或者失败
static char* next(char *ip, char **ot)	功能：得到指定序号的逗号位置。参数：*ip 表示字符位置；**ot 表示获取字符位置的数据。返回值：返回所需消息位置
int gps_call_back(char ch)	功能：获取 GNSS 定位数据。参数：ch 表示获取的字符。返回值：获取成功或者失败

（1）初始化 GPS 模块。代码如下：

```
void gps_init(void)
{
    uart2_init(9600);
    uart2_set_input(gps_call_back);
}
```

（2）使能 GPS 模块的引脚。代码如下：

```
void gps_en_init(void)
{
    GPIO_InitTypeDef GPIO_InitStruct;
    RCC_AHB1PeriphClockCmd(GPS_EN_RCC, ENABLE);

    GPIO_InitStruct.GPIO_Pin = GPS_EN_PIN;
    GPIO_InitStruct.GPIO_Mode = GPIO_Mode_OUT;
    GPIO_InitStruct.GPIO_OType = GPIO_OType_PP;
    GPIO_InitStruct.GPIO_PuPd = GPIO_PuPd_NOPULL;
    GPIO_InitStruct.GPIO_Speed = GPIO_Low_Speed;

    GPIO_Init(GPS_EN_GPIO, &GPIO_InitStruct);
    set_gpsEnable(0);
}
```

（3）GPS 模块的使能控制。代码如下：

```
void set_gpsEnable(unsigned char cmd)
{
    if((cmd & 0x01) == 0x01)
        GPIO_SetBits(GPS_EN_GPIO, GPS_EN_PIN);
    else
        GPIO_ResetBits(GPS_EN_GPIO, GPS_EN_PIN);
}
```

（4）获取 GPS 模块测量的经纬度值。代码如下：

```
int gps_get(char *lat, char *lng)
{
    double latValue = 0, lngValue = 0;
    if (lat != NULL)
    {
        latValue = atof(gpsLat);
        sprintf(lat, "%.8f", latValue*0.01);
    }
    if (lng != NULL)
    {
        lngValue = atof(gpsLng);
        sprintf(lng, "%.8f", lngValue*0.01);
    }
```

```
        if (gpsStatus == '1' || gpsStatus == '2') {
            return 1;
        }
        return 0;
}
```

（5）得到指定序号的逗号位置。代码如下：

```
static char* next(char *ip, char **ot)
{
    char *e = strchr(ip, ',');
    *ot = ip;
    if (e != NULL) {
        *e = '\0';
        return e+1;
    }
    return NULL;
}
```

（6）获取 GNSS 定位数据。代码如下：

```
int gps_call_back(char ch)
{
    static char f_idx = 0;
    static char tag[128];
    if (f_idx == 0) {
        tag[0] = tag[1];
        tag[1] = tag[2];
        tag[2] = tag[3];
        tag[3] = tag[4];
        tag[4] = tag[5];
        tag[5] = ch;
        if (memcmp(tag, "$GNGGA", 6) == 0) {
            f_idx = 6;
            return 0;
        }
    }
    if (f_idx) {
        tag[f_idx++] = ch;
        if (tag[f_idx-2]=='\r' && tag[f_idx-1]=='\n') {
            tag[f_idx] = '\0';
            char *p = tag, *pt;
            p = next(p, &pt);
            p = next(p, &pt);
            p = next(p, &pt);
            sprintf(gpsLat, pt);
            p = next(p, &pt);
            if (*pt=='S') {
```

```
                char buf[16];
                sprintf(buf, "-%s", gpsLat);
                sprintf(gpsLat, buf);
            }
            p = next(p, &pt);
            sprintf(gpsLng, pt);
            p = next(p, &pt);
            if (*pt == 'W') {
                char buf[16];
                sprintf(buf, "-%s", gpsLng);
                sprintf(gpsLng, buf);
            }
            p = next(p, &pt);
            gpsStatus = *pt;
            f_idx = 0;
        }
    }
    return 0;
}
```

2．NB-IoT 模块的驱动开发

1）硬件连接

共享单车中的 NB-IoT 模块采用 BC95 型 NB-IoT 模块，其硬件连接如图 6.15 所示。该模块通过 UART_TXD、UART_RXD 引脚与微处理器进行连接并实现数据的传输（通过串口传输数据）。

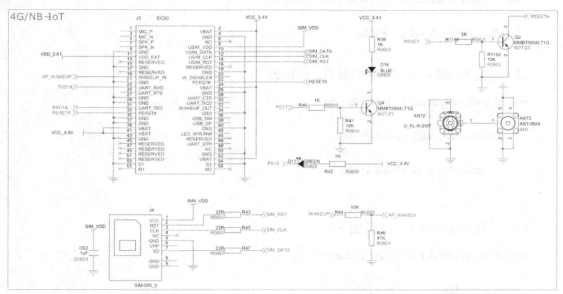

图 6.15　BC95 型 NB-IoT 模块的硬件连接

2）驱动函数分析

NB-IoT 模块的驱动函数如表 6.13 所示。

表 6.13　NB-IoT 模块的驱动函数

函 数 名 称	函 数 说 明
void rfSendByteCallSet(uint8_t index,void (*func)(char))	功能：无线发送单字节数据。参数：index 表示无线通信方式；*func 表示指向 func 函数
void rfUartSendByte(uint8_t index,char ch)	功能：通过无线串口发送单字节数据。参数：index 表示无线通信方式；ch 表示发送的数据
void rfUartSendString(uint8_t index,char *buf, int len)	功能：无线发送字符串。参数：index 表示无线通信方式；*buf 表示发送的字符串；len 表示发送字符串的长度
uint8_t rfUartSendData(uint8_t index, uint8_t* DataACK, char *dat)	功能：无线发送透传数据。参数：index 表示无线通信方式；*DataACK 表示收到数据标志；*dat 表示要发送的数据。返回值：发送成功或者失败
uint8_t RF1_SendData(char* dat)	功能：RF1 发送数据。参数：*dat 表示要发送的数据。返回值：发送成功或者失败
uint8_t RF2_SendData(char* dat)	功能：RF2 发送数据。参数：*dat 表示要发送的数据。返回值：发送成功或者失败
static int RF1_RecvByte(char ch)	功能：RF1 接收单字节数据。参数：ch 表示接收到的数据
static int RF2_RecvByte(char ch)	功能：RF2 接收单字节数据。参数：ch 表示接收到的数据
PROCESS_THREAD(rfUart_process, ev, data)	功能：射频串口进程处理函数。参数：rfUart_process 表示 rfUart 进程；ev 表示事件；data 表示数据

（1）无线发送单字节数据。代码如下：

```
void rfSendByteCallSet(uint8_t index,void (*func)(char))
{
    rfSendByte_call[index-1]=func;
}
```

（2）通过无线串口发送单字节数据。代码如下：

```
void rfUartSendByte(uint8_t index,char ch)
{
    if (rfSendByte_call[index-1] != NULL)
    {
        rfSendByte_call[index-1](ch);
    }
}
```

（3）无线发送字符串。代码如下：

```
void rfUartSendString(uint8_t index,char *buf, int len)
{
    switch(index)
    {
    case 1:RF_PRINT("RF1 <-- %s\r\n",buf);
        break;
```

```
        case 2:RF_PRINT("RF2 <-- %s\r\n",buf);
            break;
    }

    while(len--)
    {
        rfUartSendByte(index,*buf++);
    }
}
```

（4）无线发送透传数据。代码如下：

```
uint8_t rfUartSendData(uint8_t index, uint8_t* DataACK, char *dat)
{
    uint16_t t=0, len=0;
    char pbuf[20]={0};

    *DataACK = 0;
    len = sprintf(pbuf, "AT+SEND=%d\r\n", strlen(dat));
    rfUartSendString(index, pbuf, len);

    while(!(*DataACK))                          //等待收到
    {
        delay_ms(1);
        t++;
        if(t>49)
            return 1;                           //超时
    }

    if(*DataACK)
    {
        rfUartSendString(index, dat, strlen(dat));
    }
    return 0;
}
```

（5）RF1 发送数据。代码如下：

```
uint8_t RF1_SendData(char* dat)
{
    if(rfUartSendData(1, &RF1_SendDataACK, dat))
    return 1;
    return 0;
}
```

（6）RF2 发送数据。代码如下：

```
uint8_t RF1_SendData(char* dat)
{
```

```
        if(rfUartSendData(1, &RF1_SendDataACK, dat))
        return 1;
        return 0;
}
```

（7）RF1 接收单字节数据。代码如下：

```
static int RF1_RecvByte(char ch)
{
    static unsigned char RF1_dataLen=0;
    static unsigned char RF1_bufOffset=0;
    static char RF1_BUF_RECV[2][RF1_BUF_SIZE]={0};
    static char* RF1_pbuf=RF1_BUF_RECV[0];

    if(RF1_bufOffset < RF1_BUF_SIZE)
    {
        if(ch=='>')
        {
            RF_PRINT("RF1 --> >\r\n");
            RF1_SendDataACK = 1;
        }
        else if(RF1_dataLen>0)
        {
            RF1_pbuf[RF1_bufOffset++]=ch;
            RF1_dataLen--;
            if(RF1_dataLen==0)
            {
                RF1_pbuf[RF1_bufOffset]='\0';
                process_post(&rfUartProcess, RF1_commandEvent, RF1_pbuf);

                if(RF1_pbuf==RF1_BUF_RECV[0])
                    RF1_pbuf=RF1_BUF_RECV[1];
                else
                    RF1_pbuf=RF1_BUF_RECV[0];
                RF1_bufOffset = 0;
            }
        } else {
            RF1_pbuf[RF1_bufOffset++]=ch;
            if(memcmp(&RF1_pbuf[RF1_bufOffset-2],"\r\n",2)==0)
            {
                if((RF1_bufOffset>6)&&(memcmp(RF1_pbuf,"+RECV:",6)==0))
                {
                    RF1_dataLen=atoi(&RF1_pbuf[6]);
                }
                else if(RF1_bufOffset>2)
                {
                    RF1_pbuf[RF1_bufOffset]='\0';
                    process_post(&rfUartProcess, RF1_commandEvent, RF1_pbuf);
```

```
                    if(RF1_pbuf==RF1_BUF_RECV[0])
                            RF1_pbuf=RF1_BUF_RECV[1];
                    else
                            RF1_pbuf=RF1_BUF_RECV[0];
                    RF1_bufOffset = 0;
                }
                else
                {
                    RF1_bufOffset = 0;
                }
            }
        }
    }else{
        RF1_bufOffset = 0;
    }
    return 0;
}
```

（8）RF2 接收单字节数据。代码如下：

```
static int RF2_RecvByte(char ch)
{
    static unsigned char RF2_bufOffset=0;
    static char RF2_BUF_RECV[2][RF2_BUF_SIZE]={0};
    static char* RF2_pbuf=RF2_BUF_RECV[0];

    if(RF2_hwTypeGet() != 0)
    {
        switch(RF2_hwTypeGet())
        {
        case 1:gsm_recv_ch(ch);                    //ec20 接收字节处理
            break;
        case 2:bc95_gsm_recv_ch(ch);               //BC95 接收字节处理
            break;
        }
    }else{
        if(RF2_bufOffset<RF2_BUF_SIZE)
        {
            RF2_pbuf[RF2_bufOffset++]=ch;
            if(memcmp(&RF2_pbuf[RF2_bufOffset-2],"\r\n",2)==0)
            {
                if(RF2_bufOffset>2)
                {
                    RF2_pbuf[RF2_bufOffset]='\0';
                    process_post(&rfUartProcess, RF2_commandEvent, RF2_pbuf);

                    if(RF2_pbuf==RF2_BUF_RECV[0])
```

```
                                        RF2_pbuf=RF2_BUF_RECV[1];
                                    else
                                        RF2_pbuf=RF2_BUF_RECV[0];
                                    RF2_bufOffset = 0;
                            }
                            else
                            {
                                    RF2_bufOffset = 0;
                            }
                        }
                    } else {
                        RF2_bufOffset = 0;
                    }
                }
            return 0;
    }


void RF1_InfInit()
{
    uart4_init(38400);                              //BLE
    rfSendByteCallSet(1,uart4_putc);
    uart4_set_input(RF1_RecvByte);                  //RF1 接收字节数据的回调设置
}

void RF2_InfInit()
{
    uart6_init(115200);                             //NB-IoT
    rfSendByteCallSet(2,uart6_putc);
    uart6_set_input(RF2_RecvByte);
}
```

（9）射频串口进程处理函数。代码如下：

```
PROCESS_THREAD(rfUartProcess, ev, data)
{
    PROCESS_BEGIN();

    RF1_InfInit();
    RF2_InfInit();

    uart_command_event = process_alloc_event();
    RF1_commandEvent = process_alloc_event();
    RF2_commandEvent = process_alloc_event();

    process_start(&getHwType_process,NULL);         //启动自动识别无线进程

    while(1)
```

```
    {
        PROCESS_WAIT_EVENT();
        if(ev==RF1_commandEvent)
        {
            RF_PRINT("RF1 --> %s\r\n", (char*)data);
            if(RF1_hwTypeGet() != 0)
            {
                process_post(&ble_process, uart_command_event, data);
            } else{
                process_post(&RF1_GetHwTypeProcess, uart_command_event, data);
            }
        }
        if(ev==RF2_commandEvent)
        {
            RF_PRINT("RF2 --> %s\r\n", (char*)data);
            process_post(&RF2_GetHwTypeProcess, uart_command_event, data);
        }
    }

    PROCESS_END();
}
```

3. 电子锁硬件的驱动开发

1）硬件连接

电子锁的硬件连接如图 6.16 所示。电子锁的 TEMP_SW 引脚连接到微处理器（STM32F407）的 PC4 引脚，微处理器通过输出高电平来导通三极管，从而打开电子锁；微处理器通过输出低电平来截止三极管，从而关闭电子锁。

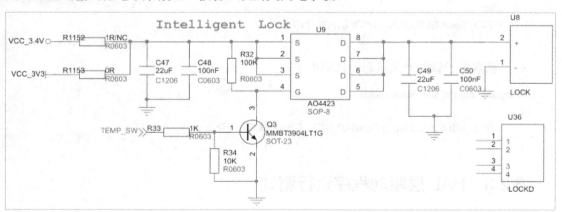

图 6.16　电子锁的硬件连接

2）驱动函数分析

电子锁的驱动函数如表 6.14 所示。

表 6.14　电子锁的驱动函数

函 数 名 称	函 数 说 明
void lock_init(void)	功能：初始化电子锁
void lock_control(unsigned char cmd)	功能：控制电子锁的开关。参数：cmd 为 1 表示打开电子锁；cmd 为 0 表示关闭电子锁
unsigned char get_lockStatus(void)	功能：获取电子锁的当前状态。返回值：电子锁的当前状态

（1）初始化电子锁。代码如下：

```
void lock_init(void)
{
    GPIO_InitTypeDef GPIO_InitStruct;
    RCC_AHB1PeriphClockCmd(LOCK_RCC, ENABLE);
    GPIO_InitStruct.GPIO_Pin = LOCK_PIN;
    GPIO_InitStruct.GPIO_Mode = GPIO_Mode_OUT;
    GPIO_InitStruct.GPIO_OType = GPIO_OType_PP;
    GPIO_InitStruct.GPIO_PuPd = GPIO_PuPd_DOWN;
    GPIO_InitStruct.GPIO_Speed = GPIO_Low_Speed;
    GPIO_Init(LOCK_GPIO, &GPIO_InitStruct);
    lock_control(0);
}
```

（2）控制电子锁开关。代码如下：

```
void lock_control(unsigned char cmd)
{
    if(cmd)
    GPIO_SetBits(LOCK_GPIO, LOCK_PIN);
    else
    GPIO_ResetBits(LOCK_GPIO, LOCK_PIN);
}
```

（3）获取电子锁的开关状态。代码如下：

```
unsigned char get_lockStatus(void)
{
    return GPIO_ReadOutputDataBit(LOCK_GPIO, LOCK_PIN);
}
```

6.2.3　HAL 层驱动程序运行测试

1．GPS 模块的驱动测试

将本书配套资源中"Bicycle-HAL"目录下的"Bicycle"文件夹复制到"contiki-3.0\zonesion\ZMagic"下。打开工程文件，编译代码，将编译生成的文件下载到共享单车板卡上，进入调试模式后，在 gps.c 文件的 gps_get()函数中设置断点，如图 6.17 所示。

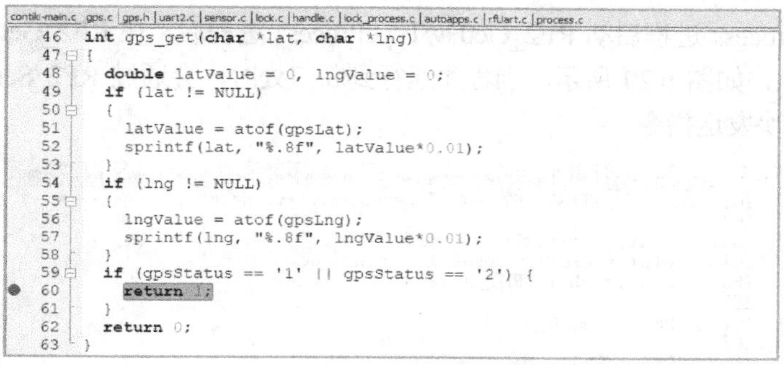

图 6.17　在 gps_get()函数中设置断点

运行程序，程序跳至断点，将变量 latValue 和 lngValue 添加到 Watch 1 窗口，当程序运行到断点处时，可以在 Watch 1 窗口中观察到 GPS 模块测量的经纬度值，如图 6.18 所示。

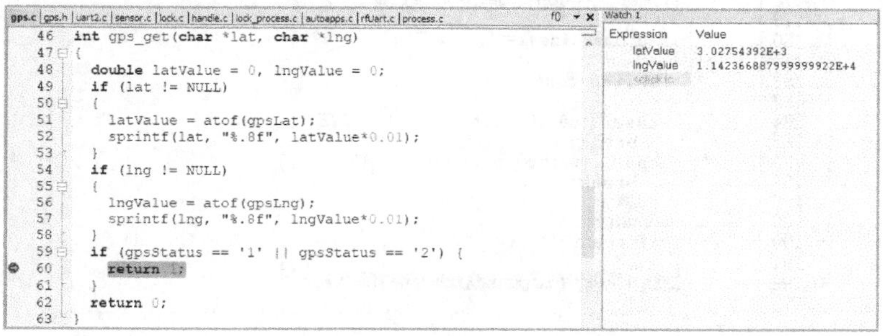

图 6.18　GPS 模块测量的经纬度值

2. NB-IoT 模块的驱动测试

在 rfUart.c 中的 RF2_InfInit()函数中，rfSendByteCallSet()函数调用 uart6_putc()函数，通过 UART6 将数据发送到 NB-IoT 模块；Uart6_set_input()函数通过调用 RF2_RecvByte()函数来接收由 NB-IoT 模块传回来的数据。

在 rfUart_process 进程函数中设置断点，如图 6.19 所示，当程序运行到断点处时，会启动自动识别无线进程 getHwType_process。

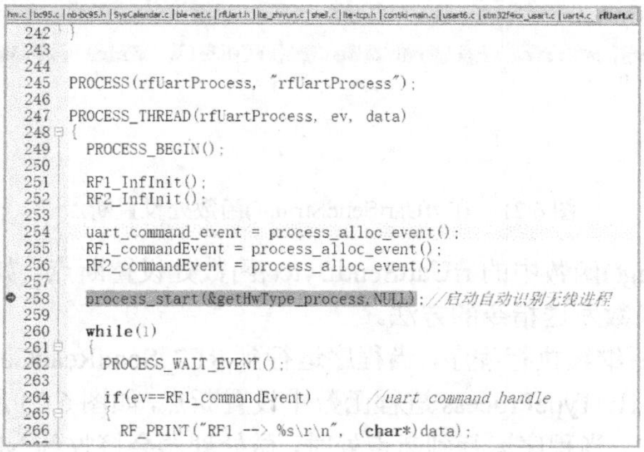

图 6.19　在 rfUart_process 进程函数中设置断点

getHwType_process 进程启动 RF2_GetHwTypeProcess 进程后，在 RF2_GetHwTypeProcess 进程函数中设置断点，如图 6.20 所示，当程序运行到断点处时，会通过 RF2_SendReadCommand() 函数向 NB-IoT 模块发送指令。

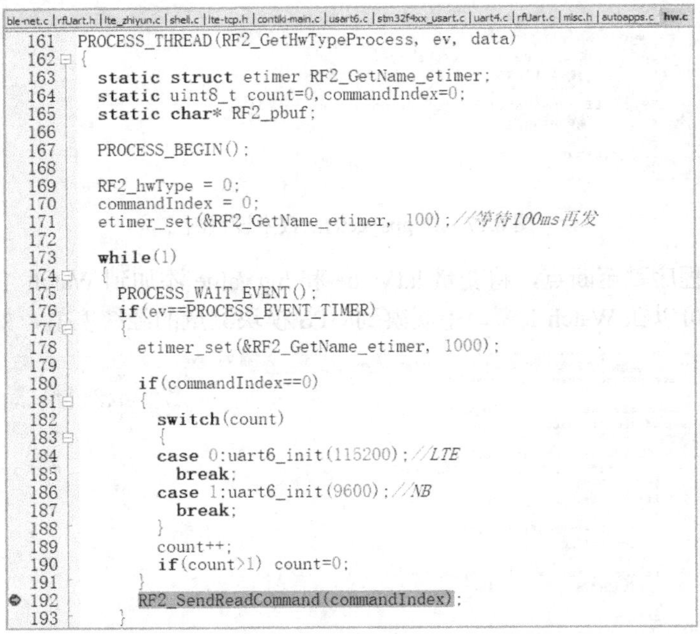

```
161    PROCESS_THREAD(RF2_GetHwTypeProcess, ev, data)
162  □ {
163        static struct etimer RF2_GetName_etimer;
164        static uint8_t count=0, commandIndex=0;
165        static char* RF2_pbuf;
166
167        PROCESS_BEGIN();
168
169        RF2_hwType = 0;
170        commandIndex = 0;
171        etimer_set(&RF2_GetName_etimer, 100); //等待100ms再发
172
173        while(1)
174  □     {
175          PROCESS_WAIT_EVENT();
176          if(ev==PROCESS_EVENT_TIMER)
177  □       {
178            etimer_set(&RF2_GetName_etimer, 1000);
179
180            if(commandIndex==0)
181  □         {
182              switch(count)
183  □           {
184              case 0:uart6_init(115200); //LTE
185                break;
186              case 1:uart6_init(9600); //NB
187                break;
188              }
189              count++;
190              if(count>1) count=0;
191
192              RF2_SendReadCommand(commandIndex);
193            }
```

图 6.20　在 RF2_GetHwTypeProcess 进程函数中设置断点

在 RF2_SendReadCommand()函数中定义 command_list[]数组，在该数组中保存要向 NB-IoT 模块发送的指令，在 rfUartSendString()函数处设置断点，如图 6.21 所示，当程序运行到断点处时，会将 command_list[]数组中保存的指令发送到 NB-IoT 模块。

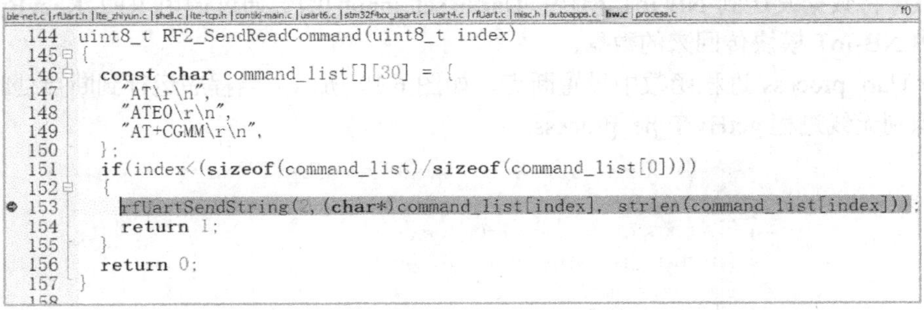

```
144    uint8_t RF2_SendReadCommand(uint8_t index)
145  □ {
146  □   const char command_list[][30] = {
147        "AT\r\n",
148        "ATE0\r\n",
149        "AT+CGMM\r\n",
150      };
151      if(index<(sizeof(command_list)/sizeof(command_list[0])))
152  □   {
153        rfUartSendString(2, (char*)command_list[index], strlen(command_list[index]));
154        return 1;
155      }
156      return 0;
157  }
158
```

图 6.21　在 rfUartSendString()函数处设置断点

在 rfUartSendString()函数中的 rfUartSendByte()函数处设置断点，如图 6.22 所示，可以看到 rfUartSendString()函数发送指令的方法。

取消上面的断点后继续执行程序，当程序运行到 RF2_SendReadCommand()函数时，重新发送指令。在 RF2_GetHwTypeProcess 进程函数中设置断点，如图 6.23 所示，将变量 RF2_pbuf 添加到 Watch 1 窗口中，当程序运行到断点处时，微处理器会接收到 NB-IoT 模块传回来的消息，内容为"OK"。

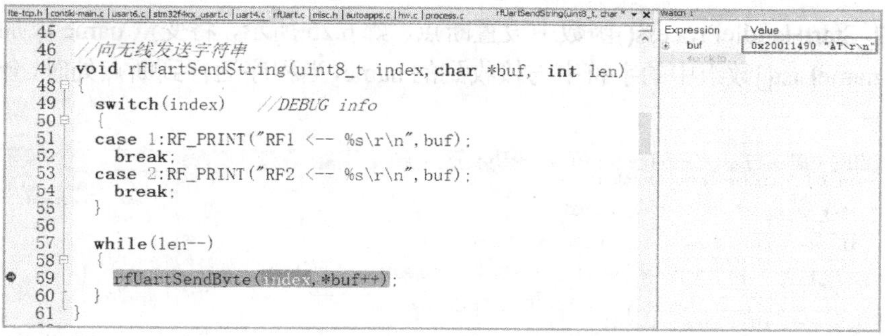

图 6.22 在 rfUartSendByte()函数处设置断点

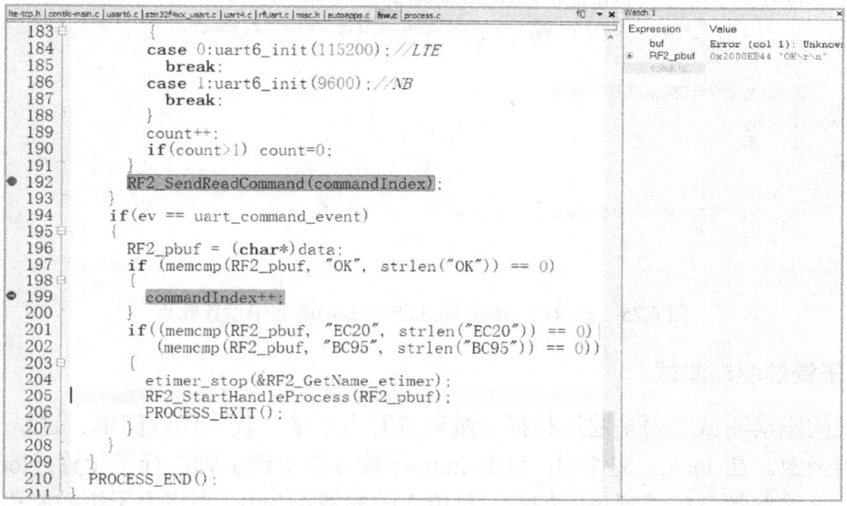

图 6.23 在 RF2_GetHwTypeProcess 进程函数中设置断点

继续运行程序,通过 RF2_SendReadCommand()函数将指令"ATE0"发送到 NB-IoT 模块,将 NB-IoT 模块接收的指令保存在 RF2_pbuf 中,继续运行程序,发送指令"AT+CGMM"到 NB-IoT 模块,在 RF2_GetHwTypeProcess 进程函数中设置断点,如图 6.24 所示,当程序运行到断点处时,微处理器会接收到由 NB-IoT 模块传回来的消息,内容是 NB-IoT 模块的名称信息。

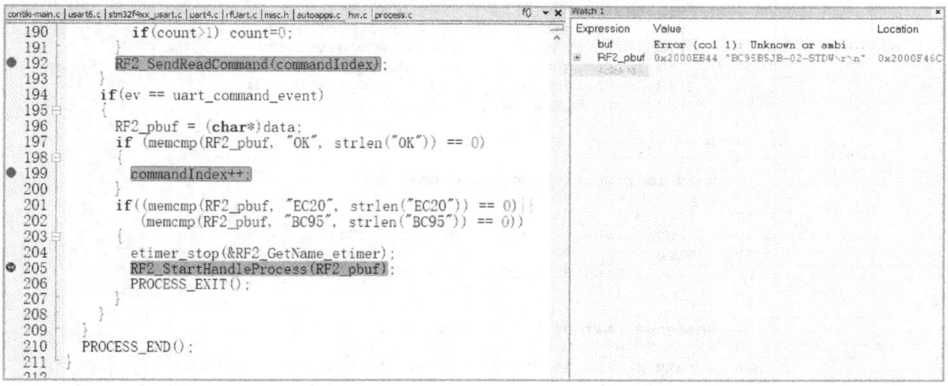

图 6.24 在 RF2_GetHwTypeProcess 进程函数中设置断点

在 RF2_StartHandleProcess()函数中设置断点，如 6.25 所示，将变量 name 添加到 Watch 1 窗口，比较 nameList[]数组中的字符串与接收到的 name，当程序运行到断点处时，会启动 BC95 处理进程。

```
void RF2_StartHandleProcess(char* name)
{
  char nameList[][5]={"EC20", "BC95"};

  if(memcmp(name, nameList[0], strlen(nameList[0])) == 0)
  {
    RF_PRINT(INFO_PREFIX "RF2 wireless type: %s" INFO_POSTFIX "\r\n\r\n",nameLi
    RF2_hwType=1;
    process_start(&gsm_process,NULL);//启动EC20处理进程
    process_start(&u_zhiyun,NULL);
#if XLABTOOLS_ON
    process_start(&AtProcess,NULL);
#endif
  }
  else if(memcmp(name, nameList[1], strlen(nameList[1])) == 0)
  {
    RF_PRINT(INFO_PREFIX "RF2 wireless type: %s" INFO_POSTFIX "\r\n\r\n",nameLi
    RF2_hwType=2;
    //启动BC95处理进程
    NB_ZXBeeInfInit();
    process_start(&nb_process,NULL);

#if XLABTOOLS_ON
    process_start(&AtProcess,NULL);
#endif
  }
  else
  {
    RF_PRINT(INFO_PREFIX "RF2 new wireless type" INFO_POSTFIX "\r\n\r\n");
    RF2_hwType=0xfe;
  }
}
```

Expression	Value
buf	Error (col 1): Unknow
name	0x2000EB44 "BC95B5JB-

图 6.25　在 RF2_StartHandleProcess()函数中设置断点

3. 电子锁的驱动测试

电子锁的驱动测试主要是通过扫描二维码打开电子锁，代码比较简单。这里主要分析电子锁的控制函数。在 lock.c 文件中，lock_init()函数对电子锁引脚进行了设置；lock_control()函数通过传入的参数对电子锁进行控制，若传入的参数不为 0，则将电子锁控制引脚置 1，打开电子锁；若当传入的参数为 0，则将电子锁控制引脚置 0，关闭电子锁；get_lockStatus()函数调用 GPIO_ReadOutputDataBit()函数来读取电子锁当前的 GPIO 引脚状态，并返回状态值。电子锁的控制函数如图 6.26 所示。

```
void lock_init(void)
{
  GPIO_InitTypeDef GPIO_InitStruct;
  RCC_AHB1PeriphClockCmd(LOCK_RCC, ENABLE);
  GPIO_InitStruct.GPIO_Pin = LOCK_PIN;
  GPIO_InitStruct.GPIO_Mode = GPIO_Mode_OUT;
  GPIO_InitStruct.GPIO_OType = GPIO_OType_PP;
  GPIO_InitStruct.GPIO_PuPd = GPIO_PuPd_DOWN;
  GPIO_InitStruct.GPIO_Speed = GPIO_Low_Speed;
  GPIO_Init(LOCK_GPIO, &GPIO_InitStruct);
  lock_control(0);
}

void lock_control(unsigned char cmd)
{
  if(cmd)
    GPIO_SetBits(LOCK_GPIO, LOCK_PIN);
  else
    GPIO_ResetBits(LOCK_GPIO, LOCK_PIN);
}

unsigned char get_lockStatus(void)
{
  return GPIO_ReadOutputDataBit(LOCK_GPIO, LOCK_PIN);
}
```

图 6.26　电子锁的控制函数

6.2.4 小结

通过本节的学习和实践，读者可以了 GPS 模块、NB-IoT 模块和电子锁的原理及驱动程序的设计，并在共享单车板卡上进行驱动程序测试，提高读者编写驱动程序的能力。

6.3 共享单车通信设计

6.3.1 框架总体分析

共享单车的框架总体结构和运动手环的总体框架结构类似，详见 4.3.1 节。

6.3.2 数据通信协议设计

共享单车系统搭载 GPS 模块、NB-IoT 模块、电子锁等，可以实现扫码开锁、一键锁车、语音播报等功能；系统软件内置钱包，用于行程结算；系统还具有一键寻车、路径规划等功能。要实现这些功能，必然会有数据在共享单车、智云平台（智云服务器）和共享单车应用 App 之间流动。要实现数据的流动，就必须按照一定的协议（数据通信协议）来发送和接收这些数据。共享单车数据通信协议如表 6.15 所示。

表 6.15 共享单车数据通信协议

参 数	含 义	读写权限	说 明
A0	GPS 坐标	R	字符串，格式为 "{A0=纬度经度}"
D0(OD0/CD0)	主动上报使能	R/W	D0 的 bit0 对应 A0 主动上报使能，0 表示不允许主动上报，1 表示允许主动上报
D1(OD1/CD01)	开关控制	R/W	bit0~bit2 分别表示电子锁、寻车音乐和预约单车的开关，0 表示关闭，1 表示打开
V0	主动上报时间间隔	R/W	V0 表示主动上报时间间隔
V1	时间日期	R/W	格式为 "{V1=2019/03/26/1/14/25}"，其含义是年/月/日/星期/时/分，星期项为 0 表示星期日
V2	闹钟	R/W	格式为 "{V2=1/1/128/13/25}"，其含义是闹钟序号/开关/提醒星期/时/分，开关项为 1 表示打开闹钟，0 表示关闭闹钟；提醒星期项使用位操作，bit0~bit6 分别对应星期日到星期六，1 表示此日闹钟打开，0 表示此日闹钟关闭
V3	开锁语音	R/W	Unicode 编码，采用十六进制字符串形式
V4	关锁语音	R/W	Unicode 编码，采用十六进制字符串形式
V7	自定义数据	R/W	格式为 "{V7=type/length/indexMax/index/data}"，其含义是数据类型/数据包长度/数据分包大小/数据分包时的序号/数据，用于语音和图片数据的传输

6.3.3 智云框架

共享单车也是基于物联网四层架构来开发的，其中应用层的开发采用智云框架进行，相关函数放在 sensor.c 文件中实现，和运动手环的开发类似。关于智云框架的介绍，请参考 4.3.3 节。

6.3.4 应用端通信函数测试

1. 本地蓝牙通信测试

图 6.27 蓝牙模块和 NB-IoT 模块的 MAC 地址的二维码

（1）将编译后生成的文件下载到共享单车板卡。将本书配套资源中"Bicycle-HAL"下的"Bicycle"文件夹复制到"contiki-3.0\zonesion\ZMagic"中。打开工程文件后编译代码，将编译生成的文件下载到共享单车板卡。为共享单车上电按下 K4 按键，这时 OLED 上显示蓝牙模块和 NB-IoT 模块 MAC 地址的二维码，如图 6.27 所示。

打开手机浏览器，扫描二维码，可以得到蓝牙模块和 NB-IoT 模块的 MAC 地址，如图 6.28 所示。

（2）配置 TruthBlue2_8 软件。通过 USB 连接 Android 端和 PC，安装本书配套资源中的 TruthBlue2_8.apk，打开 Android 端的蓝牙模块后运行 TruthBlue2_8 软件，该软件会进入自动搜索界面。当共享单车板卡处于开机状态时，TruthBlue2_8 软件会搜索到共享单车板卡上蓝牙模块，如图 6.29 所示，图中，共享单车板卡上蓝牙模块的 MAC 地址为 30:45:11:53:1E:0C，TruthBlue2_8 的搜索界面中以"Mac"来标识。当进行多组实验时，TruthBlue_8 软件会搜索到很多蓝牙模块，观察共享单车 OLED 显示的 MAC 地址，和 TruthBlue_8 软件搜索到的蓝牙模块 MAC 地址做比对。

图 6.28 蓝牙模块和 NB-IoT 模块的 MAC 地址　　　图 6.29 TruthBlue2_8 搜索到的共享单车板卡上的蓝牙模块

（3）连接蓝牙模块。在 TruthBlue2_8 软件的自动搜索界面中选择要连接的蓝牙模块，可进入属性界面，单击"unknow"选项，可出现"ZXBee"选项，如图 6.30 所示。

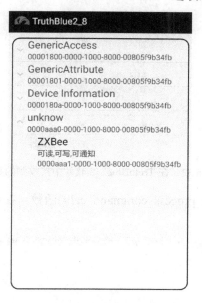

图 6.30 连接蓝牙模块

（4）数据的发送和接收。在 TruthBlue2_8 软件属性界面中单击"ZXBee"选项，可进入数据读写界面。在 sensor.c 文件中找到 sensor_poll()函数，在该函数中设置断点，如图 6.31 所示，程序会在 10 s 后跳转到断点处，此时就可以主动上报数据了。在 TruthBlue2_8 软件中接收到的数据如图 6.32 所示。

```
162  /***********************************************************
163  * 名称: sensor_poll()
164  * 功能: 轮询传感器, 并主动上报传感器数据
165  * 参数: t: 调用次数
166  * 返回:
167  * 修改:
168  * 注释: 此函数每秒钟调用1次, t为调用次数
169  ***********************************************************/
170  void sensor_poll(unsigned int t)
171  {
172      char buf[64] = {0};
173      char *p = buf;
174      if (V0 != 0)
175      {
176          updateA0();
177          if (t % V0 == 0)
178          {
179              zxbeeBegin();
180              if (D0 & 0x01)
181              {
182                  sprintf(buf, "%s", A0);
183                  zxbeeAdd("A0", buf);
184              }
185              p = zxbeeEnd();
186              if (p != NULL)
187              {
188                  RF1_SendData(p);
189                  RF2_SendData(p);
190              }
191          }
192      }
193  }
194
```

图 6.31 在 sensor_poll()函数中设置断点

图 6.32　在 TruthBlue2_8 软件中接收到的数据

在 sensor.c 文件中找到 z_process_command_call()函数，在该函数中设置断点，如图 6.33 所示。

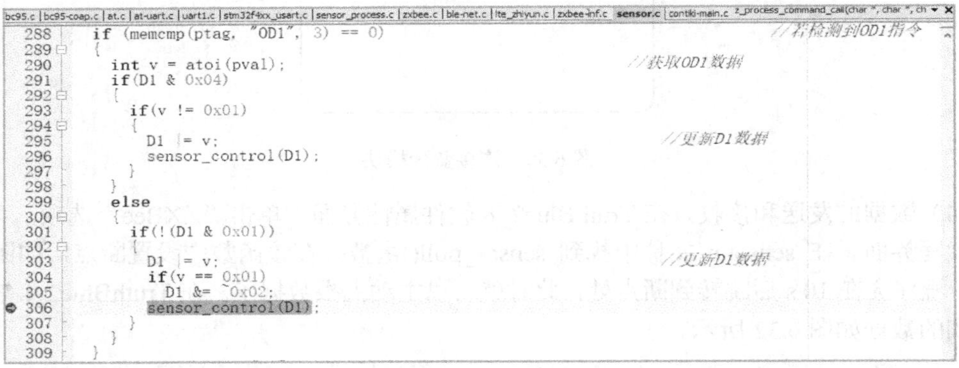

```
bc95.c | bc95-coap.c | at.c | at-uart.c | uart1.c | stm32f4xx_usart.c | sensor_process.c | zxbee.c | ble-net.c | lte_zhiyun.c | zxbee-inf.c | sensor.c | contiki-main.c | z_process_command_call(char *, char *, ch ▼ | X
288        if (memcmp(ptag, "OD1", 3) == 0)                                    //若检测到OD1指令
289        {
290            int v = atoi(pval);                                            //获取OD1数据
291            if(D1 & 0x04)
292            {
293                if(v != 0x01)
294                {
295                    D1 |= v;                                               //更新D1数据
296                    sensor_control(D1);
297                }
298            }
299            else
300            {
301                if(!(D1 & 0x01))
302                {
303                    D1 |= v;                                               //更新D1数据
304                    if(v == 0x01)
305                        D1 &= 0x02;
306                    sensor_control(D1);
307                }
308            }
309        }
```

图 6.33　在 z_process_command_call()中设置断点

在 TruthBlue2_8 软件中发送 "OD1=1"，当程序运行到断点处时，会调用 sensor_control()函数打开电子锁，此时在 TruthBlue2_8 软件中会接收到 "TYPE=72709,D1=1"，如图 6.34 所示。

图 6.34　在 TruthBlue2_8 软件中接收到 "TYPE=72709,D1=1"

在通过 TruthBlue2_8 软件修改开锁的提示语音时，需要用到 Unicode 编码转换，需要将提示语音的中文转换成 Unicode 编码，语音合成芯片才能识别。在 z_process_command_call() 函数中设置断点，如图 6.35 所示，在 TruthBlue2_8 软件中输入提示语音对应中文的 Unicode 编码，如图 6.36 所示，当程序运行到断点处时即可修改开锁的提示语音。

```
zxbee-inf.c  sensor.c  contiki-main.c  api_key.c  handle.c  lock_process.c  syn6288.c  process.c        z_process_command_call(char ▼  ×
321       if (memcmp(ptag, "V3", 2) == 0)
322       {
323         if (pval[0] == '?')
324         {
325           ret = sprintf(obuf, "V3=%s", V3);
326         }
327         else
328         {
329           set_lockVoice(1, pval);
330         }
331       }
332       if (memcmp(ptag, "V4", 2) == 0)
333       {
334         if (pval[0] == '?')
335         {
336           ret = sprintf(obuf, "V4=%s", V4);
337         }
338         else
339         {
340           set_lockVoice(2, pval);
341         }
342       }
343       if (memcmp(ptag, "A0", 2) == 0)
344       {
345         if (pval[0] == '?')
346         {
```

Watch 1
Expression	Value
pval	0x2000EA52 "51714eab"
	'5' (0x35)
<click to>

图 6.35　在 z_process_command_call() 函数中设置断点

图 6.36　在 TruthBlue2_8 软件中输入提示语音对应中文的 Unicode 编码

2. 远程 NB 通信测试

（1）将编译后生成的文件下载到共享单车板卡。详见本地蓝牙通信测试部分的内容。

（2）获取 NB-IoT 模块的 ID 和 KEY。在共享单车板卡上按下 K4 按键，通过手机扫描二维码可以获得 NB-IoT 模块的 ID 和 KEY，如图 6.37 所示。

（3）通过智云平台进行连接。打开 ZCloudWebTools，单击"网络拓扑"，在"应用 ID"和"密钥"文本输入框中输入 ID 和 KEY，单击"连接"按钮，如果在 ZCloudWebTools 显示网络拓扑图，如图 6.38 所示，则表示通过智云平台连接到了 NB-IoT 模块。

图 6.37　扫描二维码获得 NB-IoT 模块的 ID 和 KEY

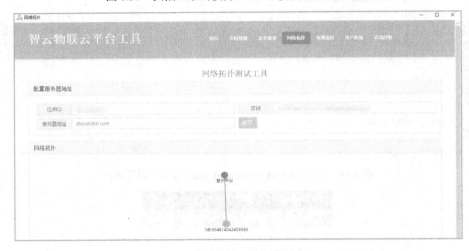

图 6.38　通过智云平台连接 NB-IoT 模块

在 ZCloudWebTools 中先单击"实时数据"，再单击"连接"按钮，可以在 ZCloudWebTools 中显示 NB-IoT 模块的信息，如图 6.39 所示。

图 6.39　在 ZCloudWebTools 中显示 NB-IoT 模块的信息

（4）数据的发送和接收。在 sensor.c 文件中找到 sensor_poll() 函数，在该函数中设置断点，如图 6.40 所示，程序会在 10 s 后跳转到断点处，此时就可以主动上报数据了，A0 是 GPS 测量到的坐标值。

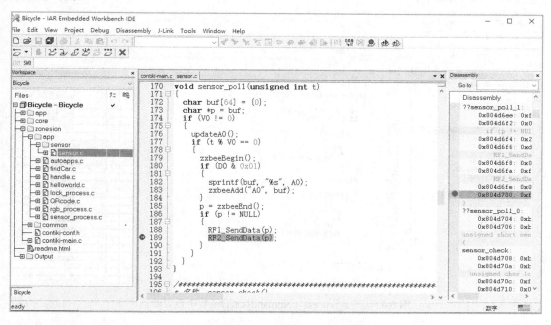

图 6.40　在 sensor_poll() 函数中设置断点

在 ZCloudWebTools 中可以显示主动上报的数据，如图 6.41 所示。

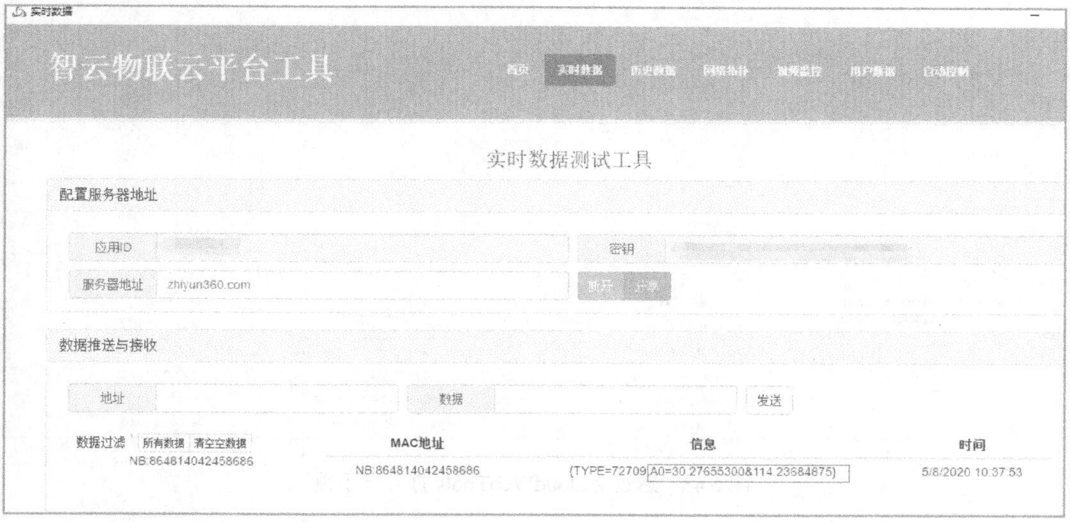

图 6.41　在 ZCloudWebTools 中显示主动上报的数据

在 sensor.c 文件中找到 z_process_command_call() 函数，并在该函数中设置断点，如图 6.42 所示。在 ZCloudWebTools 中的"地址"文本输入框中输入 NB-IoT 模块的 MAC 地址，在"数据"文本输入框中输入"{OD1=1}"，单击"发送"按钮。当程序运行到断点处时，可调用

sensor_control()函数来打开电子锁，ZCloudWebTools 会接收到数据"TYPE=72709，D1=1"，如图 6.43 所示。

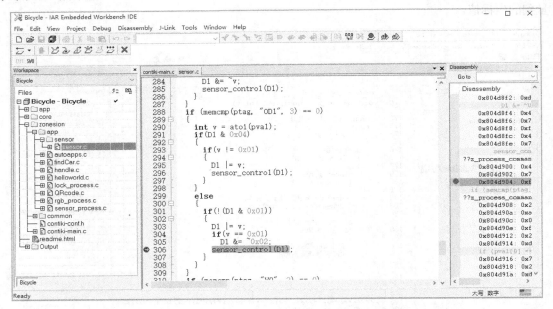

图 6.42 在 z_process_command_call()函数中设置断点

图 6.43 通过 ZCloudWebTools 打开电子锁

6.3.5 小结

通过本节的学习和实践，读者可以掌握共享单车系统程序整体框架的实现，学习数据通信协议的设计，掌握智云框架并通过应用端测试通信能否完成。

6.4　共享单车应用 App 设计

6.4.1　Android 框架设计

1. Android 应用目录结构

理解 Android 应用的目录结构很重要，读者需要很清楚地知道每个目录文件有什么作用、什么时候用、有哪些资源、存放在什么地方、如何增加删除更新。一个比较典型的 Android 应用目录结构如图 6.44 所示。

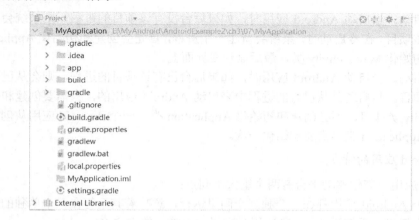

图 6.44　一个比较典型的 Android 应用目录结构

（1）.gradle 和.idea。这两个目录下存放的是 Android Studio 开发环境自动生成的一些文件，无须关心，也不要去手动修改。

（2）app。Android 应用的代码、资源等内容几乎都存放在这个目录下，后面的开发工作也基本都是在这个目录下进行的。

（3）build。该目录主要存放一些在编译时自动生成的文件。

（4）gradle。该目录用于存放 Gradle Wrapper 的配置文件，使用 Gradle Wrapper 时不需要提前将 Gradle Wrapper 下载好，系统会自动根据本地的缓存情况决定是否需要连网下载 Gradle Wrapper。在默认情况下，启动 Android Studio 开发环境时不会打开 Gradle Wrapper，如果需要，则可以通过单击 Android Studio 开发环境的菜单"File→Settings→Build, Execution, Deployment→Gradle"来打开 Gradle Wrapper。

① .gitignore。该文件用来将指定的目录或文件排除在版本控制之外。

② build.gradle。该文件是项目的全局 gradle 构建脚本，通常这个文件中的内容是不需要修改的。

③ gradle.properties。该文件是全局的 gradle 配置文件，在这里配置的属性将会影响到项目中所有的 Gradle Wrapper 编译脚本。

④ gradlew 和 gradlew.bat。这两个文件用来在命令行窗口中执行 Gradle Wrapper 命令，其中，gradlew 文件在 Linux 或 Mac 系统中使用，gradlew.bat 文件在 Windows 系统中使用。

⑤ local.properties。该文件用于指定本机中的 Android SDK 路径，内容都是自动生成的，不需要修改。当 Android SDK 位置发生了变化时，将这个文件中的路径修改成新的路径即可。

⑥ MyApplication.iml。该文件是所有 IntelliJ IDEA 项目都会自动生成的一个文件（Android Studio 是基于 IntelliJ IDEA 开发的），用于表示这是一个 IntelliJ IDEA 项目，不需要修改这个文件中的内容。

⑦ settings.gradle。该文件用于指定项目中所有引入的模块。由于 MyApplication 项目中只有一个 app 模块，因此该文件中也就只引入了 app 这一个模块，模块的引入是自动完成的。

2．Android 应用运行解析

1）应用启动方式

（1）冷启动。当启动 Android 应用时，如果后台没有该项目的进程，则系统会新建一个进程分配给该项目。在冷启动时，系统会新建一个进程，首先会创建和初始化 Application 类，然后创建和初始化 MainActivity 类，最后显示在界面上。

（2）热启动。当启动 Android 应用时，如果后台已有该项目的进程，则会从已有的进程中来启动该项目。热启动是从已有的进程中来启动 Android 应用的，只需要创建和初始化一个 MainActivity 类即可，不必创建和初始化 Application 类。一个 Android 应用从创建进程到销毁进程，Application 类只需要初始化一次。

2）Android 应用的特点

Android 应用与其他移动平台有两个重大不同点：

（1）每个 Android 应用都在一个独立空间里运行，意味着其运行在一个单独的进程中，拥有自己的虚拟机，系统为 Android 应用分配了一个唯一的用户 ID。

（2）Android 应用由多个组件组成，这些组件还可以启动其他项目的组件，因此，Android 应用并没有一个类似程序入口的 main()函数。

3）应用启动流程

Android 进程与 Linux 进程一样，每个 apk 运行在自己的进程中。另外，在默认情况下，一个进程里面只有一个线程，即主线程，这个主线程中有一个 Looper 实例，通过调用 Looper.loop()函数可从消息队列里面取出消息来做相应的处理。Android 应用运行流程如图 6.45 所示。

Android 应用的运行流程可以分为以下三步：

（1）创建进程。用户单击 Android 应用图标时，Click 事件会调用 startActivity(intent)，通过 Blinder IPC 机制来调用 ActivityManagerService，通过 startProcessLocked()方法（也可称为函数）来创建新的进程。该方法会通过 Socket 将传递参数给 Zygote 进程。Zygote 进程调用 ZygoteInit.main()函数来实例化 ActivityThread 对象，并最终返回新进程的 PID。ActivityThread 对象依次调用 Looper.prepareLoop()和 Looper.loop()来开启消息循环。

（2）绑定 Android 应用。首先通过 ActivityThread 对象调用 bindApplication()函数可以将进程和指定的 Application 绑定起来，该方法会发送一个 BIND_APPLICATION 消息到消息队列中；然后最终通过 handleBindApplication()函数处理 BIND_APPLICATION 消息；最后调用 makeApplication()函数将 Android 应用中的类加载到内存中，从而启动 Activity。

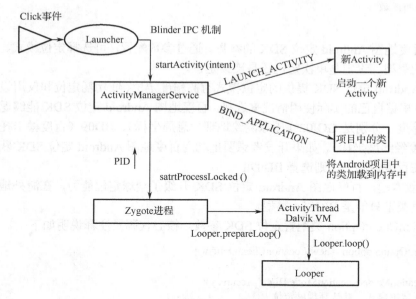

图 6.45　Android 应用运行流程

（3）启动新 Activity。此时系统已经拥有了 Android 应用的进程，这时就可以从一个已经存在的进程中启动一个新 Activity。

3. Android 地图单车定位功能开发

共享单车 Android 应用开发的重点是地图定位，本章介绍的共享单车使用的是百度地图 Android 定位 SDK 来实现的。百度地图 Android 定位 SDK 是为 Android 端应用提供的一套简单易用的定位服务接口，专注于为广大开发者提供最好的综合定位服务。通过百度地图 Android 定位 SDK，开发者可以轻松地在应用程序中实现智能、精准、高效的定位功能。

通过百度地图 Android 定位 SDK 可获取经纬度，开发者只需按照以下步骤进行操作，即可获取用户定位信息。

（1）准备工作。在使用百度地图 Android 定位 SDK 进行具体的开发之前，需要获取密钥（AK），并进行环境配置的工作。此外，Android 6.0 引入了动态权限获取机制，开发者在使用百度地图 Android 定位 SDK 之前，请详细了解关于 Android 6.0 的开发须知。

（2）初始化 LocationClient 类。在主线程中声明 LocationClient 类对象，在初始化该对象时需要传入 Context 类型的参数。推荐使用 getApplicationConext()函数获取全进程有效的 Context 类型的参数。核心代码如下：

```
public LocationClient mLocationClient = null;
private MyLocationListener myListener = new MyLocationListener();
//BDAbstractLocationListener 为 7.2 版本新增的 Abstract 类型的监听接口
//原有 BDLocationListener 接口暂时同步保留，具体介绍请参考步骤（4）的说明
public void onCreate() {
    mLocationClient = new LocationClient(getApplicationContext());
    //声明 LocationClient 类
    mLocationClient.registerLocationListener(myListener);
```

```
    //注册监听函数
}
```

（3）配置百度地图 Android 定位 SDK 的参数。通过参数配置，可选择定位模式、设定返回经纬度坐标的类型、设定是单次定位还是连续定位。

百度地图 Android 定位 SDK 提供的定位模式有高精度定位、低功耗定位和仅用设备定位三种，开发者可根据自己的实际使用情况来选择。百度地图 Android 定位 SDK 能够返回三种坐标类型的经纬度，分别是 GCJ02（国家测绘地理信息局坐标）、BD09（百度墨卡托坐标）和 BD09ll（百度经纬度坐标）。如果开发者想要把利用百度地图 Android 定位 SDK 获得的经纬度直接标注在百度地图上，则选择 BD09ll。

自 V6.2.3 版本起，百度地图 Android 定位 SDK 升级了全球定位能力，在海外地区定位所获得的经纬度类型只能是 WGS84 类型。

利用 LocationClientOption 类配置定位 SDK 参数。核心代码及注释说明如下：

```
LocationClientOption option = new LocationClientOption();

option.setLocationMode(LocationMode.Hight_Accuracy);
//可选，设置定位模式，默认高精度定位
//LocationMode.Hight_Accuracy：高精度定位
//LocationMode. Battery_Saving：低功耗定位
//LocationMode. Device_Sensors：仅用设备定位

option.setCoorType("bd09ll");
//可选，设置返回经纬度坐标类型，默认 GCJ02
//GCJ02：国家测绘地理信息局坐标
//BD09ll：百度经纬度坐标
//BD09：百度墨卡托坐标
//海外地区定位，无须设置坐标类型，统一返回 WGS84 类型坐标

option.setScanSpan(1000);
//可选，设置发起定位请求的间隔，int 类型，单位为 ms
//如果设置为 0，则代表单次定位，即仅定位一次，默认为 0
//如果设置非 0，需设置 1000 ms 以上才有效

option.setOpenGps(true);
//可选，设置是否使用 GPS，默认 false
//使用高精度定位和仅用设备定位两种模式时，参数必须设置为 true

option.setLocationNotify(true);
//可选，设置是否当 GPS 有效时按照每秒 1 次的频率输出 GPS 结果，默认 false

option.setIgnoreKillProcess(false);
//可选，百度地图 Android 定位 SDK 内部是一个 Service，并放到了独立进程。
//设置是否在进程停止时杀死这个进程，默认（建议）不杀死，即 setIgnoreKillProcess(true)

option.SetIgnoreCacheException(false);
//可选，设置是否收集 Crash 信息，默认收集，即参数为 false

option.setWifiCacheTimeOut(5*60*1000);
```

//可选，V7.2 版本新增能力

//如果设置了该接口，在启动定位时会先判断 Wi-Fi 是否超出有效期，若超出有效期则先重新扫描 Wi-Fi 再定位

```
option.setEnableSimulateGps(false);
```
//可选，设置是否需要过滤 GPS 仿真结果，默认需要，即参数为 false

```
option.setNeedNewVersionRgc(true);
```
//可选，设置是否需要最新版本的地址信息，默认不需要，即参数为 false

```
mLocationClient.setLocOption(option);
```
//mLocationClient 为步骤（2）中的 LocationClient 对象

//需将配置好的 LocationClientOption 对象，通过 setLocOption 方法传递给 LocationClient 对象使用

//更多 LocationClientOption 的配置，请参照类参考中 LocationClientOption 类的详细说明

（4）实现 BDAbstractLocationListener 接口。自 V7.2 版本起，百度地图 Android 定位 SDK 对外提供了 Abstract 类型的监听接口 BDAbstractLocationListener，用于实现定位监听。原有的 BDLocationListener 暂时保留，推荐开发者使用 Abstract 类型的监听接口，该接口会异步获取定位结果，核心代码如下：

```
public class MyLocationListener extends BDAbstractLocationListener{
    @Override
    public void onReceiveLocation(BDLocation location){
        //此处的 BDLocation 为定位结果信息类，通过它的各种 get()函数可获得与定位相关的全部结果
        //以下只列举了部分获取经纬度相关（常用）的结果信息
        //更多结果信息获取说明，请参照类参考中 BDLocation 类中的说明

        double latitude = location.getLatitude();            //获取纬度信息
        double longitude = location.getLongitude();          //获取经度信息
        float radius = location.getRadius();                 //获取定位精度

        String coorType = location.getCoorType();
        //获取经纬度坐标类型，以 LocationClientOption 中设置过的坐标类型为准

        int errorCode = location.getLocType();
        //获取定位类型、定位错误返回码，具体信息可参照 BDLocation 类的说明
    }
}
```

（5）获取定位经纬度。只需发起定位，便能够从 BDAbstractLocationListener 监听接口中获取定位结果信息。核心代码如下：

```
mLocationClient.start();
```
//mLocationClient 为步骤（2）中的 LocationClient 对象

//调用 LocationClient 的 start()函数便可发起定位请求

start()函数用于启动百度地图 Android 定位 SDK，stop()函数用于关闭百度地图 Android 定位 SDK，调用 start()函数之后只需要等待定位结果自动回调即可。如果开发者使用单次定位，则在获得定位结果后直接调用 stop()函数即可。如果在调用 stop()函数后仍然想进行定位，则可以再次调用 start()函数等待定位结果自动回调即可。

自 V7.2 版本起，百度地图 Android 定位 SDK 新增了 LocationClient.reStart()函数，该方法用于在某些特定的异常环境下重启百度地图 Android 定位 SDK。

如果开发者想按照自己的逻辑请求定位，则可以在调用 start()函数后按照自己的逻辑请求调用 LocationClient.requestLocation()函数。该函数会自动触发百度地图 Android 定位 SDK 的内部定位逻辑，开发者等待定位自动回调即可。

4．共享单车 Android 应用界面分析与设计

在开发共享单车应用 App 之前，需要先为应用 App 的界面设计一套界面逻辑，然后按照设计的界面逻辑编写代码。

共享单车应用 App 的界面采用两级菜单的形式，主界面（属于主菜单，一级菜单）部署在应用 App 界面的左上方，通过主界面可以切换子界面（子菜单，二级菜单），子界面用于显示更加详细的信息，以及主界面底部的"扫码解锁"按钮。共享单车应用 App 界面的主体框架如图 6.46 所示。

扫码解锁子界面的框架如图 6.47 所示。

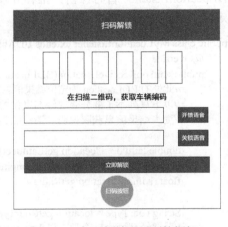

图 6.46　共享单车应用 App 界面的主体框架　　　图 6.47　扫码解锁子界面的框架

预约子界面的框架如图 6.48 所示。

图 6.48　预约子界面的框架

系统设置子界面的框架如图 6.49 所示。

我的钱包子界面的框架如图 6.50 所示。

图 6.49 系统设置子界面的框架

图 6.50 我的钱包子界面的框架

我的行程子界面的框架如图 6.51 所示。

图 6.51 我的行程子界面的框架

邀请好友子界面的框架如图 6.52 所示。

图 6.52 邀请好友子界面的框架

6.4.2 共享单车应用 App 的功能设计

1. 单车定位功能的设计

单车定位功能是通过百度地图 Android 定位 SDK 来实现的，具体步骤如下：

（1）获取百度地图 Android 定位 SDK 并获取包名，在 app 目录下的 build.gradle 文件中找到"applicationId"，并确保其值与 AndroidManifest.xml 中定义的 package 相同。百度地图 Android 定位 SDK 的配置如图 6.53 所示。

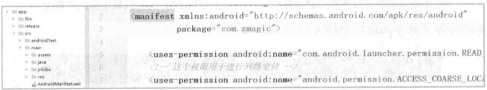

图 6.53 百度地图 Android 定位 SDK 的配置

（2）在共享单车系统中集成百度地图 Android 定位 SDK。将百度地图 Android 定位 SDK 中的文件 BaiduLBS_Android.jar 复制到"app/libs"目录下，如图 6.54 所示。

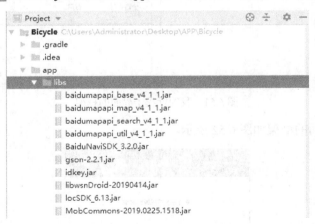

图 6.54 将文件 BaiduLBS_Android.jar 复制到"app/libs"目录下

（3）配置 AndroidManifest.xml 文件，在<application>中加入配置开发密钥（AK）的代码：

```
<meta-data
    android:name="com.baidu.lbsapi.API_KEY"
    android:value="cCfxRsxmndC6w9Tr8ZONMSmLMjBoP8j3"/>
```

在<application/>外部添加权限声明，代码如下：

```
<uses-permission android:name="com.android.launcher.permission.READ_SETTINGS"/>
<!-- 这个权限用于进行网络定位 -->
<uses-permission android:name="android.permission.ACCESS_COARSE_LOCATION"/>
<!-- 这个权限用于访问 GPS 定位 -->
<uses-permission android:name="android.permission.ACCESS_FINE_LOCATION"/>
```

（4）百度地图的初始化。在使用百度地图 Android 定位 SDK 的各个功能组件使用之前，需要先调用 SDKInitializer.initialize(getApplicationContext())函数，然后在"app/src/main/java/com/zmagic"目录下，找到 MainActivity.java 文件，调用该文件中的 onCreate()函数来完成百度地图的初始化。代码如下：

```java
@Override
protected void onCreate(Bundle savedInstanceState) {
    super.onCreate(savedInstanceState);
    //在 Application 中调用 onCreate()函数不行，必须在 Activity 中调用 onCreate()函数
    SDKInitializer.initialize(getApplicationContext());
    ……
    initMap();
    initView();
}
```

调用"app/src/main/java/com/zmagic"目录下的 MainActivity.java 文件中的 initMap()函数来进行开启定位初始化等相关配置。代码如下：

```java
private void initMap() {
    //地图初始化
    mMapView = (MapView) findViewById(R.id.id_bmapView);
    mBaiduMap = mMapView.getMap();
    //开启定位图层
    mBaiduMap.setMyLocationEnabled(true);
    //定位初始化
    mlocationClient = new LocationClient(this);
    mlocationClient.registerLocationListener(myListener);
    //通过 LocationClientOption 设置 LocationClient 的相关参数
    LocationClientOption option = new LocationClientOption();
    option.setOpenGps(true);                     //打开 GPS
    option.setCoorType("bd09ll");                //设置坐标类型
    option.setScanSpan(span);                    //设置 onReceiveLocation()获取位置的频率
    option.setIsNeedAddress(true);               //如想获得具体位置就需要设置为 true
    //设置 locationClientOption
    mlocationClient.setLocOption(option);
    mlocationClient.start();
    mCurrentMode = MyLocationConfiguration.LocationMode.FOLLOWING;
    mBaiduMap.setMyLocationConfigeration(new MyLocationConfiguration(mCurrentMode, true, null));
    myOrientationListener = new MyOrientationListener(this);
    //通过接口回调来实现实时方向的改变
    myOrientationListener.setOnOrientationListener(new MyOrientationListener.OnOrientationListener() {
```

```
        @Override
        public void onOrientationChanged(float x) {
            mCurrentX = x;
        }
    });
    myOrientationListener.start();
    mSearch = RoutePlanSearch.newInstance();
    mSearch.setOnGetRoutePlanResultListener(this);
    initMarkerClickEvent();
}
```

（5）调用"app/src/main/java/com/zmagic"目录下的 MainActivity.java 文件中的 MyLocationListenner 类，实现百度地图 Android 定位 SDK 的监听函数。代码如下：

```
public class MyLocationListenner implements BDLocationListener {

    @Override
    public void onReceiveLocation(BDLocation bdLocation) {
        //销毁 map view 后不再处理新接收的位置
        if (bdLocation == null || mMapView == null) {
            return;
        }
        MyLocationData locData = new MyLocationData.Builder()
            .accuracy(bdLocation.getRadius())
            .direction(mCurrentX)//设定图标方向，此处设置开发者获取到的方向信息，顺时针 0～360°
            .latitude(bdLocation.getLatitude())
            .longitude(bdLocation.getLongitude()).build();
        mBaiduMap.setMyLocationData(locData);
        currentLatitude = bdLocation.getLatitude();
        currentLongitude = bdLocation.getLongitude();
        current_addr.setText(bdLocation.getAddrStr());
        currentLL = new LatLng(bdLocation.getLatitude(), bdLocation.getLongitude());
        LocationManager.getInstance().setCurrentLL(currentLL);
        LocationManager.getInstance().setAddress(bdLocation.getAddrStr());
        startNodeStr = PlanNode.withLocation(currentLL);
        //option.setScanSpan(2000)，每隔 2000 ms 调用一次该方法，若只想调用一次，就要判断 isFirstLoc
        if (isFirstLoc) {
            isFirstLoc = false;
            LatLng ll = new LatLng(bdLocation.getLatitude(), bdLocation.getLongitude());
            MapStatus.Builder builder = new MapStatus.Builder();
            //将地图缩放比设置为 18
            builder.target(ll).zoom(18.0f);
            mBaiduMap.animateMapStatus(MapStatusUpdateFactory.newMapStatus(builder.build()));
            changeLatitude = bdLocation.getLatitude();
            changeLongitude = bdLocation.getLongitude();
            if (!isServiceLive) {
                addOverLayout(currentLatitude, currentLongitude);
            }
```

```
        }
      }
    }
```

2．扫码解锁功能的设计

扫码解锁功能涉及底层与上层的通信，上层首先通过智云接口向底层发送查询命令，底层接收到上层发送的查询命令后返回底层的状态。例如，当通过手机扫描二维码后，如果扫描得到的信息和共享单车的信息相匹配，则上层将向底层发送开锁命令，底层收到开锁命令后打开车锁，然后向上层发送开锁状态，当用户不再使用共享单车而关闭车锁时，再向上层发送关锁的状态。上层根据对底层发送数据的解析结果执行相应的响应事件。扫码解锁子界面如图 6.55 所示。

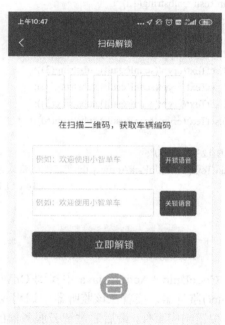

图 6.55　扫码解锁子界面

（1）调用"app/src/main/java/com/zmagic"目录下的 MainActivity.java 文件中的 gotoCodeUnlock()函数，如果网络连接则在该方法中启动 CodeUnlockActivity。

```
//解锁
public void gotoCodeUnlock(View view) {
    if(item.size()!=0) {
        startActivity(new Intent(this, CodeUnlockActivity.class));
    }else {
        Toast.makeText(MainActivity.this, "正在努力抓取小车信息，请稍后再试……", Toast.LENGTH_
SHORT).show();
    }
}
```

（2）通过扫描二维码获取车辆编码。代码如下：

```
@Override
protected void onActivityResult(int requestCode, int resultCode, Intent data) {
    super.onActivityResult(requestCode, resultCode, data);
    //扫描二维码
    if (requestCode == REQUEST_CODE_SCAN && resultCode == RESULT_OK) {
        if (data != null) {
            String scanResult = data.getStringExtra(Constant.CODED_CONTENT);
            int i = scanResult.indexOf(",");
            boolean status = scanResult.contains("NB");
            if(status) {
                NB = scanResult.substring(1,i);
                BLE = scanResult.substring(i+4,scanResult.length());
                editText1.setText(crypt(scanResult).substring(1));
                editText2.setText(crypt(scanResult).substring(2));
                editText3.setText(crypt(scanResult).substring(3));
                editText4.setText(crypt(scanResult).substring(4));
                editText5.setText(crypt(scanResult).substring(5));
                editText6.setText(crypt(scanResult).substring(6));
            }else {
                NB = "NB:1234567890";
                Toast.makeText(CodeUnlockActivity.this,"二维码格式错误，请核对后重新扫描",
                                                Toast.LENGTH_SHORT).show();
            }
        }
    }
}
```

（3）语音控制。首先在 CodeUnlockActivity.java 中找到 OnWSNDataListener 接口类，其次在该接口类中调用 onCreate()监听器，接着在该监听器中调用 setOnClickListener()函数，然后在该函数中调用 onClick()按钮响应事件，最后通过智云服务器的 sendMessage()接口向底层发送开锁和关锁的语音命令。代码如下：

```
btnUnlock.setOnClickListener(new View.OnClickListener() {
    @Override
    public void onClick(View v) {
        if(!NB.equals("NB:1234567890")) {
            final String query = editQuery.getText().toString().trim();
            if(!TextUtils.isEmpty(query)) {
                new Thread(new Runnable() {
                    @Override
                    public void run() {
                        mTApplication.sendMessage(NB,"{V3="+string2Unicode(query)+"}");
                    }
                }).start();
            }else {
```

```
                Toast.makeText(CodeUnlockActivity.this, "不能为空", Toast.LENGTH_SHORT).show();
            }
        }else {
                Toast.makeText(CodeUnlockActivity.this,"请先扫描二维码",Toast.LENGTH_SHORT).show();
        }
    }
});
btnColse.setOnClickListener(new View.OnClickListener() {
    @Override
    public void onClick(View v) {
        if(!NB.equals("NB:1234567890")) {
            final String close = editClose.getText().toString().trim();
            if(!TextUtils.isEmpty(close)) {
                new Thread(new Runnable() {
                    @Override
                    public void run() {
                        mTApplication.sendMessage(NB,"{V4="+string2Unicode(close)+"}");
                    }
                }).start();
            }else {
                Toast.makeText(CodeUnlockActivity.this, "不能为空", Toast.LENGTH_SHORT).show();
            }
        }else {
            Toast.makeText(CodeUnlockActivity.this,"请先扫描二维码",Toast.LENGTH_SHORT).show();
        }
    }
});
new Utils(this).showIMM();
}
```

（4）开启共享单车的车锁。首先判断用户账户的余额是否足够，如果不足，则显示提示余额不足的信息；如果余额足够则调用" app/src/main/java/com/zmagic/activity "下文件 CodeUnlockActivity.java 中 unlockSucess()函数，在该方法中通过 sendMessage()函数来开启共享单车的车锁。代码如下：

```
//立即解锁
public void unlockSucess(View view) {
    if(!NB.equals("NB:1234567890")) {
        if(balance != null && Double.valueOf(balance) > 1) {
            new Thread(new Runnable() {
                @Override
                public void run() {
                    mTApplication.sendMessage(NB,"{OD1=1,D1=?}");
                }
            }).start();
        }else {
            Toast.makeText(CodeUnlockActivity.this, "余额不足，请充值", Toast.LENGTH_SHORT).show();
        }
```

```
    }else {
        Toast.makeText(this,"请先扫描二维码",Toast.LENGTH_SHORT).show();
    }
}
```

3．骑行显示功能的设计

骑行显示功能的设计方法是：在共享单车骑行的过程中，底层调用文件 MainActivity.java 中的 onZXBee()函数向上层发送自己的状态，由于骑行过程中车锁是打开的，因此如果上层接收到的信息是 D1=1（车锁是打开状态），就表明共享单车处于骑行状态，上层根据 D1=1 的信息来进行骑行显示。代码如下：

```
private void onZXBee(final String mac, String tag, String val){
    ......
    if(item.size()!=0) {
        for(int i = 0; i <item.size() ; i++) {
            if(mac.equals(item.get(i))) {
                ......
                if(item.get(i).equals(mac) && "D1".equals(tag)) {
                    if(val.equals("0") && D1 == 1) {
                        balance = sharedPreferences.getString("balance", null);
                        balastate = sharedPreferences.getBoolean("balastate", false);
                        String price = bike_price.getText().toString();
                        Pattern p = Pattern.compile("[^0-9]");
                        Matcher m = p.matcher(price);
                        String arge;
                        if(balance !=null && balastate) {
                            arge = String.valueOf(Double.valueOf(balance) - Double.valueOf(m.replaceAll("").
trim()));

                            editor.putString("balance",arge);
                            editor.putBoolean("balastate",true);
                            editor.commit();
                        }else {
                            arge  =  String.valueOf(Double.valueOf("0")  -  Double.valueOf(m.replaceAll("").
trim()));

                            editor.putString("balance",arge);
                            editor.putBoolean("balastate",true);
                            editor.commit();
                        }
                        Intent intent = new Intent(MainActivity.this, RouteService.class);
                        stopService(intent);
                        D1 = 0;
                    }
                    ......
                }
            }
        }
    }
```

```
        }
    }
```

4．共享单车关锁功能的设计

当共享单车关闭车锁时，底层主动向上层发送 D1=0，表示车锁已经关闭，通过命令"｛D1 = 4｝"来开启关锁车锁时的语音，接着通过骑行里程计算费用，并将费用显示在计费子界面中。代码如下：

```
private void onZXBee(final String mac, String tag, String val){
    ……
    if(item.size()!=0) {
        for(int i = 0; i <item.size() ; i++) {
            if(mac.equals(item.get(i))) {
                if(item.get(i).equals(mac) && "A0".equals(tag)) {
                    poInt(mac,val);
                }
                if(item.get(i).equals(mac) && "D1".equals(tag)) {
                    if(val.equals("0") && D1 == 1) {
                        ……
                    }
                    if(val.equals("4") && D1==0) {
                        D1 = 4;
                        bike_info_layout.setVisibility(View.VISIBLE);
                        confirm_cancel_layout.setVisibility(View.VISIBLE);
                        prompt.setVisibility(View.VISIBLE);
                        bike_distance_layout.setVisibility(View.GONE);
                        book_bt.setVisibility(View.GONE);
                        bike_code.setText(bInfo.getName());
                        countDownTimer.start();
                    }
                    if(val.equals("0") && D1==4) {
                        cancelBook();
                        D1=0;
                    }
                    if(val.equals("1") && D1 == 0) {
                        D1=1;
                    }
                }
            }
        }
    }else {
        new Thread(){
            public void run(){
                mTApplication.sendMessage(mac,"{TYPE=?}");
            }
        }.start();
```

```
        }
    }
```

共享单车的行程是通过"app/src/main/java/com/zmagic/activity"下文件 RouteDetailActivity. java 中的 Handler 对象进行处理的。代码如下：

```
Handler handler = new Handler() {
    public void handleMessage(Message msg) {
        switch (msg.what){
            case UPDATE_PROGRESS:
                currentIndex = currentIndex + spanIndex;
                routeBaiduMap.clear();
                if(currentIndex<routePointsLength)
                subList = points.subList(0, currentIndex);
                if (subList.size() >= 2) {
                    OverlayOptions ooPolyline = new PolylineOptions().width(10).color(0xFF36D19D).
points(subList);
                    routeBaiduMap.addOverlay(ooPolyline);
                }
                if (subList.size() >= 1) {
                    LatLng latLng = points.get(subList.size() - 1);
                    MarkerOptions options = new MarkerOptions().position(latLng) .icon(currentBmp);
                    //在地图上添加并显示 Marker
                    routeBaiduMap.addOverlay(options);
                    MapStatusUpdate update = MapStatusUpdateFactory.newLatLng(latLng);
                    //移动到某经纬度
                    routeBaiduMap.animateMapStatus(update);
                }
                if (currentIndex < routePointsLength) {tv_current_time.setText(
                            Utils.getDateFromMillisecond(routePoints.get(currentIndex).time));
                    tv_current_speed.setText(routePoints.get(currentIndex).speed + "km/h");
                    int progress = (int) currentIndex * 100 / routePointsLength;
                    seekbar_progress.setProgress(progress);
                    handler.sendEmptyMessageDelayed(UPDATE_PROGRESS, 1000);
                } else {
                    OverlayOptions ooPolyline = new PolylineOptions().width(10).color(0xFF36D19D).
points(points);
                    routeBaiduMap.addOverlay(ooPolyline);
                    seekbar_progress.setProgress(100);
                    handler.removeCallbacksAndMessages(null);
                    Toast.makeText(RouteDetailActivity.this, "轨迹回放结束", Toast.LENGTH_LONG).
show();
                }
            break;
        }
    }
};
```

调用"app/src/main/java/com/zmagic/activity"下文件 RouteDetailActivity.java 文件中的 onCreate()函数可以显示用户的骑行里程以及余额支付数据。代码如下：

```
total_time.setText("骑行时长：" + time );
total_distance.setText("骑行距离：" + distance );
total_price.setText("余额支付：" + price );
```

5．共享单车预约功能的设计

共享单车的预约子界面主要包括确定预约、取消预约以及车辆播放语音等功能。共享单车的预约方法是：首先调用文件 MainActivity.java 中的 initNearestBike()函数来初始化用户附近共享单车；其次调用 onInfoWindowClick()函数来显示共享单车的信息；接着调用 updateBikeInfo()函数来更新共享单车的信息；然后调用 drawPlanRoute()函数来绘制用户到共享单车的路线图；最后调用 CountDownTimer()函数计时，如果未在 60 s 内预约，则预约取消。代码如下：

```
private void initNearestBike(final BikeInfo bikeInfo, LatLng ll) {
    ImageView nearestIcon = new ImageView(getApplicationContext());
    nearestIcon.setImageResource(R.mipmap.nearest_icon);
    InfoWindow.OnInfoWindowClickListener listener = null;
    listener = new InfoWindow.OnInfoWindowClickListener() {
        public void onInfoWindowClick() {
            updateBikeInfo(bikeInfo);
            mBaiduMap.hideInfoWindow();
        }
    };
    InfoWindow mInfoWindow = new InfoWindow(BitmapDescriptorFactory.fromView(nearestIcon), ll,
-108, listener);
    mBaiduMap.showInfoWindow(mInfoWindow);
}

private void updateBikeInfo(BikeInfo bikeInfo) {

    if (!hasPlanRoute) {
        bike_layout.setVisibility(View.VISIBLE);
        bike_time.setText(bikeInfo.getTime());
        bike_distance.setText(bikeInfo.getDistance());
        bInfo = bikeInfo;
        endNodeStr = PlanNode.withLocation(new LatLng(bikeInfo.getLatitude(), bikeInfo.getLongitude()));
        drawPlanRoute(endNodeStr);
    }
}
private void drawPlanRoute(PlanNode endNodeStr) {
    if (routeOverlay != null)
        routeOverlay.removeFromMap();
    if (endNodeStr != null) {
        mSearch.walkingSearch((new WalkingRoutePlanOption())
```

```
                            .from(startNodeStr).to(endNodeStr));
        }
    }
    private CountDownTimer countDownTimer = new CountDownTimer(1 * 60 * 1000, 1000) {
        @Override
        public void onTick(long millisUntilFinished) {
            book_countdown.setText(millisUntilFinished / 60000 + "分" + ((millisUntilFinished / 1000) % 60) +
"秒");
        }
        @Override
        public void onFinish() {
            book_countdown.setText("预约结束");
            Toast.makeText(MainActivity.this, getString(R.string.cancel_book_toast), Toast.LENGTH_SHORT).
show();
        }
    };
```

在 onClick()函数中，首先通过 switch 判断具体发生的事件，然后调用 getId()函数来获得 id。这里需要注意，预约共享单车时程序会跳到 R.id.book_bt 处，向底层发送 "{OD1=4}" 命令；取消预约共享单车时程序会跳到 R.id.cancel_book 处，向底层发送 "{CD1=4}" 命令；共享单车播放语音时，程序会跳到 R.id.bike_sound 处，向底层发送 "{OD1=2,D1=?}" 命令。代码如下：

```
@Override
public void onClick(View view) {
    switch (view.getId()) {
        case R.id.book_bt:
            new Thread(new Runnable() {
                @Override
                public void run() {
                    mTApplication.sendMessage(item.get(0),"{OD1=4}");
                }
            }).start();
            break;
        case R.id.cancel_book:
            if(item.size() != 0) {
                new Thread(new Runnable() {
                    @Override
                    public void run() {
                        mTApplication.sendMessage(item.get(0),"{CD1=4}");
                    }
                }).start();
            }
            break;
        case R.id.btn_locale:
            getMyLocation();
            if (routeOverlay != null)
```

```
                routeOverlay.removeFromMap();
            addOverLayout(currentLatitude, currentLongitude);
        break;
        case R.id.btn_refresh:
            if (routeOverlay != null)
                routeOverlay.removeFromMap();
            addOverLayout(changeLatitude, changeLongitude);
        break;
        case R.id.end_route:
        break;
        case R.id.menu_icon:
            openMenu();
        break;
        case R.id.bike_sound:
            new Thread(new Runnable() {
                @Override
                public void run() {
                    mTApplication.sendMessage(item.get(0),"{OD1=2,D1=?}");
                }
            }).start();
        break;
        case R.id.shadow:
            closeMenu();
        break;
    }
}
```

6. 单车充值功能的设计

共享单车应用 App 的充值子界面如图 6.56 所示。

图 6.56 共享单车应用 App 的充值子界面

　　充值子界面首先在文件 WalletActivity.java 中找到监听事件，然后通过 switch 选择支付金额、交易类型、马上充值等，接着创建一个充值对象，最后通过充值对象调用 setPasswordListener()函数来监听事件，从而获取充值金额。代码如下：

```java
@Override
public void onClick(View view) {
    switch (view.getId()) {
        case R.id.wechat_layout:
            wechat.setImageResource(R.mipmap.type_select);
            alipay.setImageResource(R.mipmap.type_unselect);
        break;
        case R.id.alipay_layout:
            wechat.setImageResource(R.mipmap.type_unselect);
            alipay.setImageResource(R.mipmap.type_select);
        break;
        case R.id.book_bt:
            if(!booBt.getText().toString().equals("马上充值")) {
                String bt = booBt.getText().toString();
                Pattern p = Pattern.compile("[^0-9]");
                m = p.matcher(bt);
                final MyPwdInputDialog pwdDialog = new MyPwdInputDialog(this).builder().setTitle("请输入支付密码");

                pwdDialog.setPasswordListener(new MyPwdInputDialog.OnPasswordResultListener() {
                    @Override
                    public void onPasswordResult(String s) {
                        if(s.equals("888888")) {
                            if(balance != null && balastate) {
                                arge = String.valueOf(Double.valueOf(balance) +
                                                        Double.valueOf(m.replaceAll("").trim()));
                                editor.putString("balance",arge);
                                editor.putBoolean("balastate",true);
                                editor.commit();

                            }else {
                                arge = String.valueOf(Double.valueOf("0") +Double.valueOf(m.
replaceAll("").trim()));

                                editor.putString("balance",arge);
                                editor.putBoolean("balastate",true);
                                editor.commit();
                            }
                            ballance.setText("账户余额为:"+arge+"元");
                            pwdDialog.dismiss();
                        }else {
                            Toast.makeText(WalletActivity.this, "密码错误，请您重新输入",
                                            Toast.LENGTH_SHORT).show();
                            pwdDialog.dismiss();
                        }
```

```
            }
        });
        pwdDialog.show();
        Toast.makeText(WalletActivity.this, "充值成功", Toast.LENGTH_SHORT).show();
    }else {
        Toast.makeText(WalletActivity.this, "请选择充值金额", Toast.LENGTH_SHORT).show();
    }
    break;
    }
}
```

6.4.3　共享单车应用 App 的功能测试

1. 扫码解锁功能的测试

打开共享单车应用 App，单击"扫码解锁"按钮后扫描 OLED 上显示的二维码，可获取共享车辆的编码，如图 6.57 所示。

在扫描解锁子界面中，通过开锁语音和关锁语音可以修改开锁和关锁时语音，修改后需要单击"开锁语音"按钮和"关锁语音"按钮进行保存。单击"立即开锁"按钮可打开共享单车的车锁，这时共享单车会通过语音合成芯片播报"共享单车开锁"，并在共享单车 OLED 上显示"按 K2 关锁"，如图 6.58 所示。

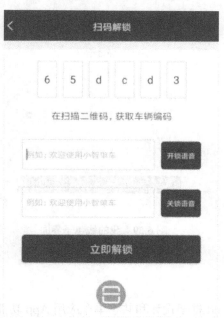

图 6.57　通过共享单车应用 App 获取共享车辆的编码　　图 6.58　共享单车 OLED 上显示"按 K2 关锁"

2. 骑行信息显示功能的测试

共享单车应用 App 的骑行信息子界面可以显示当前骑行时长、骑行距离、费用等信息。

3．关锁功能的测试

按下 K2 按键，共享单车会通过语音合成芯片播报"共享单车关锁"，并在 OLED 上显示 MAC 地址的二维码，同时在共享单车应用 App 上显示行程的详情。

4．共享单车预约功能的测试

在共享单车应用 App 中，单击附近的车辆可弹出预约信息，包括用户到共享单车的距离、需要的时间、骑行预计要产生的费用。单击"确定预约"按钮后，会在共享单车应用 App 中显示共享单车的编码，并在倒计时时间内保持有效；单击"车辆发声"按钮时，共享单车会通过语音合成芯片播报提示音。

5．共享单车充值功能的测试

单击共享单车应用 App 左上角菜单，可显示我的钱包、我的行程、邀请好友、问题反馈、设置等菜单，如图 6.59 所示。

单击"我的钱包"，可以查看账户余额，还可以进行充值，交易类型有两种，即支付宝和微信。先选择充值金额，再选择交易类型，最后单击"马上充值"按钮，输入用户的密码后即可完成充值，如图 6.59 所示。

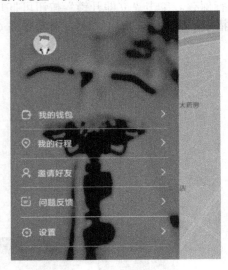

图 6.59　共享单车应用 App 显示的菜单

图 6.59　我的钱包子界面

6.4.4　小结

通过本节的学习和实践，读者可以掌握 Android 框架设计和共享单车应用 App 功能设计的方法，完成共享单车应用 App 的功能测试，通过测试可验证共享单车应用 App 的功能是否能实现。

参考文献

[1] 工业和信息化部，国家发展和改革委员会. 智能硬件产业创新发展专项行动（2016—2018 年）. 工信部联电子〔2016〕302 号.

[2] 邹德宝. 智能产品：终端持续放量　产业走向高端[N]. 中国电子报，2020-01-17(008).

[3] 邹德宝. 四个环节构成智能产品产业链[EB/OL]. (2020-1-7)[2020-5-13]. http://www.cena.com.cn/infocom/20200117/104549.html.

[4] 为智能设备设计适合的控制架构[EB/OL]. (2016-07-28)[2020-5-13]. http://article.cechina.cn/16/0728/09/20160728093204.htm.

[5] 智能电子产品，让生活变得更简单[EB/OL]. (2018-09-23)[2020-5-13]. https://www.wx2share.com/Article/p/1986.html.

[6] 崔雍浩，商聪，陈锶奇，等. 人工智能综述：AI 的发展[J]. 无线电通信技术，2019(03)：225-231.

[7] 廖建尚，张振亚，孟洪兵. 面向物联网的传感器应用开发技术[M]. 北京：电子工业出版社，2019.

[8] 高伟民. 基于 ZigBee 无线传感器的农业灌溉监控系统应用设计[D]. 大连：大连理工大学，2015.

[9] 云中华，白天蕊. 基于 BH1750FVI 的室内光照强度测量仪[J]. 单片机与嵌入式系统应用，2012，12(06)：27-29.

[10] 王蕴喆. 基于 CC2530 的办公环境监测系统[D]. 长春：吉林大学，2012.

[11] 段志杰. 光距离传感器驱动研究和数据优化算法[J]. 科技创新与应用，2016(25)：40-41.

[12] 舒莉. Android 系统中 LIS3DH 加速度传感器软硬件系统的研究与实现[D]. 长沙：国防科技大学，2014.

[13] 李月婷，姜成旭. 基于 nRF51 的智能计步器系统设计[J]. 微型机与应用，2016，35(21)：91-93+97.

[14] 周大鹏. 基于 TI CC2540 处理器的身姿监测可穿戴设备的研究与实现[D]. 长春：吉林大学，2016.

[15] 韩文正，冯迪，李鹏，等. 基于加速度传感器 LIS3DH 的计步器设计[J]. 传感器与微系统，2012，31(11)：97-99.

[16] 晏勇，雷航，周相兵，等. 基于三轴加速度传感器的自适应计步器的实现[J]. 东北师大学报（自然科学版），2016，48(03)：79-83.

[17] 张斌，全昌勤，任福继. 语音合成方法和发展综述[J]. 小型微型计算机系统，2016，37(01)：186-192.

[18] 北京宇音天下科技有限公司. SYN6288 语音合成芯片数据手册[EB/OL]. [2020-7-13]. http://www.tts168.com.cn/Upload/download/6288/SYN6288 中文语音合成芯片数据手册

V17-17122272017.pdf.

[19] 李亭亭. 影响 OLED 寿命因素的研究[D]. 西安：陕西科技大学，2018.

[20] 袁进. 双发光层白光 OLED 器件制备及性能研究[D]. 西安：西安理工大学，2014.

[21] 推拉电磁铁的工作原理. [EB/OL]. (2019-09-28)[2020-7-13]. http://www.elecfans.com/d/1081063.html.

[22] 尧小强. GPS 技术在高速铁路特大桥控制测量中的应用研究[D]. 南昌：华东交通大学，2019.

[23] GPS 定位基本原理浅析[EB/OL]. [2020-7-19]. https://www.cnblogs.com/sddai/p/9692722.html.

[24] 刘火良，杨森. STM32 库开发实战指南[M]. 北京：机械工业出版社，2013.